Eberhard Kittler

TRAUMAUTO VOLKSWAGEN

Wie Käfer, Golf und Bulli in die DDR kamen

Motor buch Verlag

Einbandgestaltung: Sven Rauert
Titelmotive: Archiv Eberhard Kittler; wikimedia commons/public domain

Dieser Buchtext wurde von einem Menschen ohne jegliche Zuhilfenahme künstlicher Intelligenz erstellt.

ISBN: 978-3-613-04640-5

1. Auflage 2024

Lektorat: Joachim Kuch
Innengestaltung: Jürgen Knopf, 74321 Bietigheim
Druck und Bindung: DZS GRAFIK d.o.o, 1210 Ljubljana,
Printed in Slovenia

Inhalt

DDR
GOLF L

Vorwort

Dr. Carl Hahn und der Autor (rechts): bei ihrem letzten Treffen, 6. April 2021
Foto: Sammlg. Kittler

35 Jahre ist es mittlerweile her, seit Ende 1989 Mauer und Grenze zwischen beiden Teilen Deutschlands gefallen sind. Nahezu alles zur Historie der DDR ist inzwischen aufgearbeitet worden, zahllose Bücher und diverse Museen beschäftigen sich mit der Geschichte Ostdeutschlands in allen ihren Aspekten – wobei dies gelegentlich in eine merkwürdig verklärte Ostalgie ausartet. Auch zum Thema Auto ist fast alles gesagt, mehr noch: Die einst geschmähten Fahrzeuge des Ostens bereichern heute ganz selbstverständlich die gesamtdeutsche Oldtimerszene und steigen im Wert.

Die mitunter abenteuerlich anmutende Geschichte von Käfer und ab Ende der 70er von Golf & Co in der DDR ist aber bislang noch nie umfassend recherchiert worden. Gleiches gilt für die Politik des Wolfsburger Automobilgiganten, der sich jahrzehntelang mit wechselndem Erfolg mühte, im östlichen Teil Deutschlands Fuß zu fassen. Als ich vor einem Jahrzehnt die erste Rohfassung eines Buchmanuskripts erstellt hatte, zeigte sich, dass viele Zeitzeugen zögerten, ihr Wissen preiszugeben. Mutmaßungen, Schuldzuweisungen und Halbwahrheiten, die sich durch viele Publikationen zogen, machten die Sache nicht einfacher.

Glücklicherweise fand sich im früheren Volkswagen-Chef Dr. Carl Hahn ein ernsthafter Förderer dieses Buchprojekts. Er unterstützte geduldig mit Wissen und Kontakten, mit Fotos und Dokumenten – und nahm sich sehr viel mehr Zeit dafür als erhofft. Umso mehr bedaure ich, dass Dr. Hahn – der 2023 verstorben ist – das Erscheinen dieses Werkes nicht mehr erleben kann. Ich bin ihm großen Dank schuldig und widme ihm das vorliegende Buch, wissend, dass es ihm Freude gemacht hätte.

Die zahllosen anderen Unterstützer und Zeitzeugen, denen gleichermaßen Dank gebührt, finden sich im Anhang ab Seite 252. Fehler kann ich ganz und gar nicht ausschließen. Für jedwede konstruktive Kritik und jede belastbare Richtigstellung bin ich dankbar. Und ich bitte um Nachsicht, dass die Kapitelanordnung vielleicht nicht immer logisch erscheinen mag – eine strikt chronologische Abhandlung der unterschiedlichen Handlungsstränge mit all ihren dann notwendigen Redundanzen hätte den Umfang des Buches wohl gesprengt.

1. Einführung

Volkswagen war immer präsent in der DDR und zuvor in der Sowjetischen Besatzungszone - dies also bereits lange vor der legendären Golf-Lieferung von 1978. Bis zur politischen Wende 1989 stieg die Anzahl von Wolfsburger Autos mit luft- und wassergekühlten Motoren in der DDR auf mindestens 50.000. Nur für die Wenigsten war der Besitz eines solchen Fahrzeugs lediglich die Erfüllung eines Transportbedürfnisses - für viele galt der eigene Volkswagen als Statusbeweis mit Renitenzpotenzial.

Vielleicht wäre aber alles anders gekommen, wenn die vier Besatzungsmächte nach dem Ende des Zweiten Weltkriegs anders entschieden hätten - dann nämlich hätte Wolfsburg vielleicht in der sowjetischen Zone gelegen und Volkswagen unter planwirtschaftlichen Kriterien nie und nimmer seine spätere Bedeutung erlangt. Denn auf den Konferenzen in Jalta und Potsdam wurde die Teilung Deutschlands entsprechend der Grenzziehung zwischen den deutschen Königreichen und Herzogtümern nach dem Wiener Kongress fixiert - aber offensichtlich im Detail so nicht durchgesetzt. Ansonsten wäre, wenn man dem Historiker Walter Nelson Glauben schenken darf[1], die Grenze zwischen der Sowjetzone (vormals Königreich Preußen) und dem britischen Teil Deutschlands (vormals Herzogtum Braunschweig) mitten durchs Volkswagen Werk verlaufen - das Heizkraftwerk und alles östlich davon (einschließlich der Stiftung AutoMuseum) hätte bereits zur sowjetischen Zone gehört.

Die Engländer hatten zunächst vergeblich versucht, das marode Volkswagen Werk der Firma Ford und anderen Automobilherstellern der Alliierten anzubieten. Offensichtlich auch der UdSSR. Die ersten 50 Volkswagen, die ins Ausland gingen, wurden Ende 1946 »von 50 Sowjetrussen abgeholt, alle mit Maschinenpistolen bewaffnet«[2]. Dazu der Berryman-Report[3]: »Etwa 30 Mann und zwei Offiziere waren in Wolfsburg stationiert. Deutsche Befürchtungen erweisen sich als grundlos, es kam zu guten Kontakten zwischen den Engländern und den Russen. Den Anstoß gab Major Hirsts Vorname Ivan. Die Abholer ... für die 50 braunlackierten Volkswagen (blaue Wagen gingen an die Engländer, hellgraue an die Franzosen, dunkelgraue an die Amerikaner - d.V.) waren aber technisch so unbedarft, dass man ihnen alle Funktionen des Wagens erst erklären musste ... Russische Interessen bestanden auch an den Maschinen, die im Keller des Volkswagenwerkes lagerten. Das Volkswagenwerk stand auf der Demontageliste«.

1 H. Nelson: Die Volkswagen Story

2 K. Schenzinger u.a.: Nordhoff

3 Berryman-Report (in: Safer Motoring)

CCG-Käfer (»Control Commission for Germany«), wie er an die vier Siegermächte geliefert wurde (Prototyp Museum Hamburg)
Foto: Kittler

Der US-amerikanische Historiker Walter Henry Nelson schreibt zudem[4]: »Die Russen, denen die Briten das Werk, wie den anderen Siegermächten, zuschanzen wollten, lehnten es ursprünglich ab. 1948 änderten sie plötzlich ihre Meinung. ... Inzwischen aber hatten sich die Briten entschlossen, die Treuhänderschaft über das Werk westdeutschen Behörden ... zu übertragen. ... Die Beziehungen zwischen den Westmächten und der Sowjetunion hatten sich bereits sehr verschlechtert. Doch Mitte 1948 ließen die Russen wissen, sie seien nun doch an dem Werk interessiert und unterbreiteten Vorschläge für die Übernahme unter angemessenen Bedingungen. Da Wolfsburg nur wenige Kilometer westlich der Zonengrenze liegt, forderten die Russen eine entsprechende Grenzberichtigung, durch die Stadt wie Werk auf ostzonales Gebiet zu liegen kommen sollten. Dieser Vorschlag wurde entschieden zurückgewiesen«. Major Ivan Hirst - der damalige »Platzkommandant« - konnte sich im Gespräch mit dem früheren Volkswagen Archivar Dr. Bernd Wiersch[5] aber nicht an eine solche Note entsinnen, und die Historische Kommunikation von Volkswagen verfügt über keine Unterlagen zu diesem Vorgang.

Wie auch immer - Volkswagen galt keineswegs als exotische, unerreichbare Marke für Bürger der DDR. Erstaunlich viele Volkswagen-Fahrzeuge waren auf den Straßen in einem Land unterwegs, in dem Autos als knappes Gut und wichtiger Wertindikator galten. Der Wunsch nach einem automobilen Untersatz blieb ungeachtet aller anderslautenden Gleichmacher-Parolen der Parteiobrigkeit ungebrochen und nahm immer weiter zu. Aber mit den im Lande produzierten und den offiziell importierten Autos ließ sich die Nachfrage niemals abdecken - eigentlich hätte dies Tür und Tor für eine freiere Privateinfuhr aus dem Westen öffnen müssen. Was aber aus ideologischen Gründen und wegen der generell unzureichenden Ersatzteil- und Service-Situation in der DDR nicht geschah. So war der Mangel mit teilweise aberwitzigen Randerscheinungen allgegenwärtig, und jedes Auto zu einem nahezu ewigen Leben verdammt. Schrottfahrzeuge wurde in der Regel immer wieder neu aufgebaut.

4 H. Nelson: Die Volkswagen Story

5 Interview B. Wiersch (2015)

Dieter Voigt, bis 1990 Generaldirektor IFA Kombinat Pkw, berichtete im »Deutschen Straßenverkehr«, dass 1988 insgesamt 488.000 Pkw-Bestellungen neu eingingen, aber nur 146.000 Auslieferungen erfolgten[6]. Und Dr. Winfried Sonntag, ab 1985 Hauptverantwortlicher für das Volkswagen Motorenprojekt, konstatierte zum 30. November 1988[7] eine in Summe aufgelaufene Zahl von offenen 6,2 Mio Pkw-Bestellungen. Dem standen 135 Milliarden Ostmark an Spareinlagen gegenüber. Es war also kein Problem fehlender Kaufkraft, sondern es mangelte an Ware! Die beiden landeseigenen Automobilwerke in Eisenach und Zwickau bauten zwischen 1949 und 1989 insgesamt nur zirka fünf Millionen Pkw (von denen etwa die Hälfte exportiert wurde), dazu kamen mehrere Hunderttausend Importe. Die Lieferzeiten betrugen 1989 unglaubliche 13 Jahre für einen Pkw Trabant und 18 Jahre für einen Pkw Lada[8].

Obwohl die DDR – mit zugelassenen 3,7 Millionen Pkw im Herbst 1988 (davon etwa die Hälfte Privat-, die andere Dienstwagen) – bei der Motorisierung die einsame Spitze im Ostblock markierte, lag sie weit hinter der Bundesrepublik Deutschland zurück. Ganz sicher war die Unzufriedenheit der Bevölkerung auch wegen der katastrophalen Lage bei der Pkw-Versorgung einer der auslösenden Faktoren der friedlichen Revolution in der DDR. Dass die Zahl der Bürgereingaben an das ZK der SED (»offene Kritik der bestehenden Lage und der unzureichenden

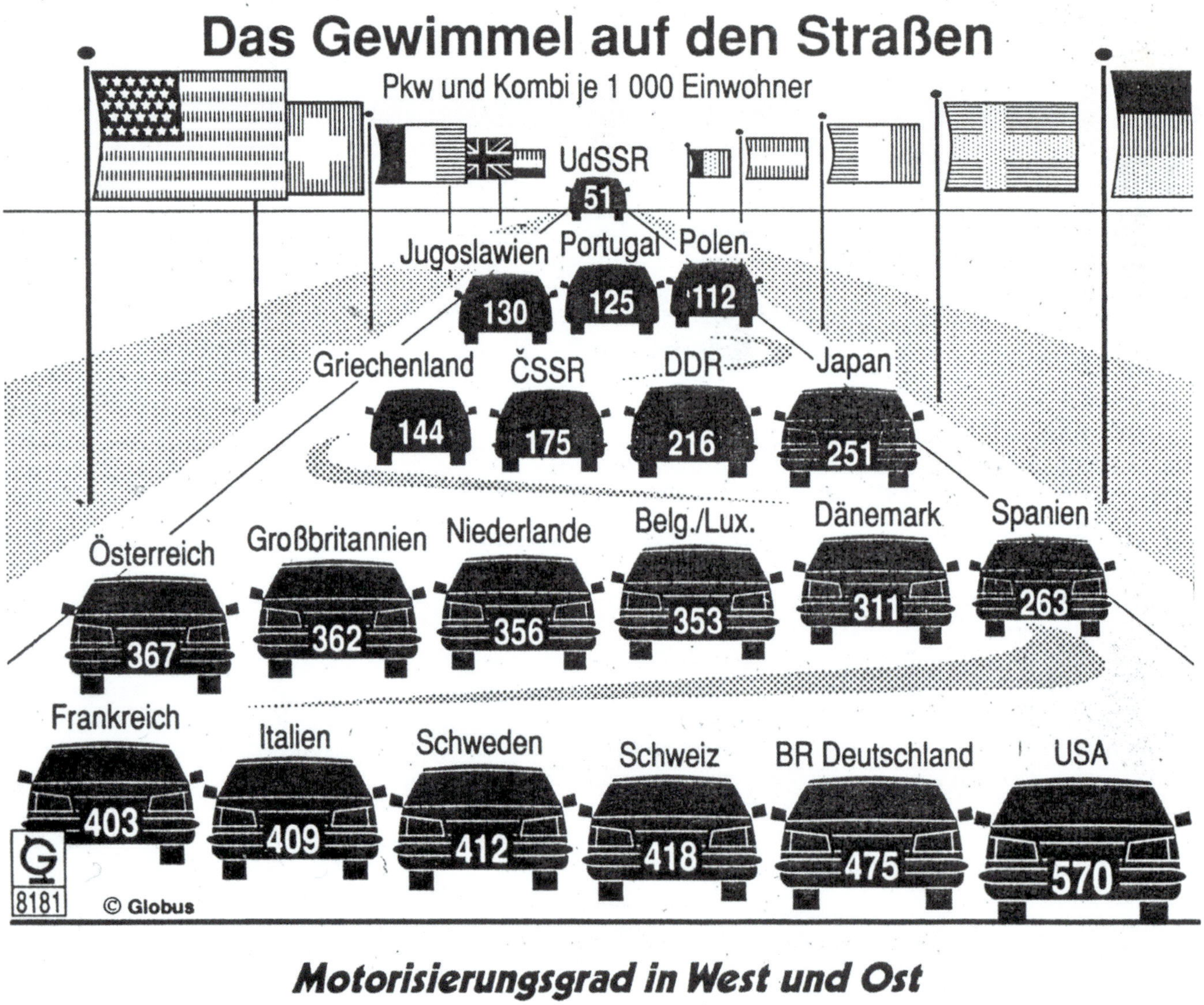

Motorisierung in Ost- und Westeuropa 1989/90 *Quelle Schweizer Automobil Revue, 1990*

6 D. Voigt in: Dt. STRASSENVERKEHR 12/89 (01.12.1989)

7 Infos W. Sonntag

8 Sammlg. Schinz/Bundesarchiv/ ZK Abt. Maschinenbau u. Metallurgie: Fakten, Argumente, 29.09.1989

Die Sonderausstellung »Vorboten der Einheit. Volkswagen in der DDR« zeigte offiziell versandte VW-Importe wie den Golf I L und den T3 Transporter (Stiftung AutoMuseum Volkswagen 2014) **Foto: Kittler**

Schritte zur Veränderung«) in dieser Frage immer weiter zunahm – 1988 waren es 16.000 solcher Beschwerden – machte den Genossen durchaus Sorgen[9].

Volkswagen hatte – im ureigensten Interesse – schon früh versucht, Autos nach Ostdeutschland zu liefern. Mit den ersten 10.000 Golf ab 1978 und sich anschließende weitere Verhandlungen war endlich ein klarer Vorstoß gemacht worden. Die Stiftung AutoMuseum Volkswagen gedachte im Jahr 2014 anlässlich des 25sten Jahrestags des Mauerfalls dieser und der folgenden Bemühungen – mit der Themenausstellung »Vorboten der Einheit«, welche die Idee zu diesem Buch lieferte.

Dass Volkswagen nach der Wende zwischen Oder und Elbe so schnell Fuß fassen konnte, hat mit dem schnellen Handeln des Volkswagen-Vorstands zu tun, der sich noch vor der politischen Wende vor allem in Sachsen einbrachte. Heute ist Volkswagen größter industrieller Arbeitgeber Mitteldeutschlands.

9 Sammlg. Schinz/Bundesarchiv/ ZK Abt. Maschinenbau u, Metallurgie: Fakten, Argumente, 29.09.1989

2. Von automobiler Vielfalt zum sozialistischen Einerlei

Bis zu Beginn des Zweiten Weltkriegs entfiel fast die Hälfte des deutschen Automobilbaus auf Mittel- und Ostdeutschland, allein aus Sachsen kamen ca. 33 % aller deutschen Kraftfahrzeuge[1]. Allen voran die Auto Union mit den Marken Audi, DKW, Horch und Wanderer, aber auch Firmen wie BMW (Eisenach), Brennabor (Brandenburg), Opel Nutzfahrzeuge (Brandenburg) und Stoewer (Stettin) sowie Zweigbetriebe und Zulieferer wie die Firmen Ambi BUDD/Berlin, ESEM/Schwarzenberg und Thümmler/Döbeln verfügten über eine gigantische automobile Kompetenz.

Der Wiederaufbau nach 1945 gestaltete sich in beiden Teilen Deutschlands sehr mühsam – wobei die Automobilindustrie infolge ihres Umstiegs auf Rüstungsgüter während des Kriegs besonders schwer getroffen war. In Ost und West mussten zunächst die Besatzungsmächte davon überzeugt werden, dass

Ganzstahl-Karosserien von Baur auf IFA-F8-Fahrgestellen
Foto: August Horch Museum

1 P. Kirchberg: Plaste, Blech und Planwirtschaft

sich ein Wiederaufbau auch für Russen, Amerikaner, Briten und Franzosen auszahlen würde. Für die westlichen Mächte waren Automobile nichts Exotisches. Für die Russen dagegen – die bislang überwiegend Lizenzprodukte in Moskau und Nishni Nowgorod (Gorki) hergestellt hatten –, war die Automobilproduktion zunächst nur als Reparationsware interessant. Dennoch stimmten sie sowohl in Eisenach als auch in Zwickau einem Wiederanfang zu.

Im früheren BMW-Werk Eisenach wurde die Herstellung des vormaligen Typ 326 in erneuertem Gewand fortgeführt – der Typ 340 und der sportliche 327 liefen bis 1955, wobei ein Gutteil in den Export ging. In Zwickau setzte man von Anfang an auf die DKW-Zweitakter, anfangs soll es sogar eine mündliche Freigabe für die Nutzung der in Sachsen verbliebenen Konstruktionsunterlagen durch einen früheren Auto Union-Manager gegeben haben. Bei Karossier Baur in Stuttgart entstanden 1949 zumindest einige Hundert DKW-Stahlblech-Limousinen auf Zwickauer Fahrgestellen. Als allerdings ostdeutsche BMW und DKW auch im Westen Deutschlands angeboten werden sollten, beendeten Gerichtsurteile dieses forsche Unterfangen.

ENW 340 mit Sechszylinder-Viertakter aus Eisenach

Foto: AWE

Mit den viertaktenden Oberklassewagen von Audi und Horch hatte man in Zwickau nichts mehr am Hute. Von einer Ausnahme abgesehen – von 1956 bis 1959 lief in kleiner Serie der neu entwickelte Horch Sachsenring P240, mit dem Parteichef Walter Ulbricht dem Mercedes-Benz 220 (»Ponton«) Paroli bieten wollte. Nicht zuletzt ein Machtwort der sowjetischen

Sachsenring P240 mit Sechszylinder-Viertakter aus Zwickau *Foto: August Horch Museum*

Partner, die ihren geräumigen GAZ M21 Wolga als Maß aller Dinge vermarkteten, beendete den halbherzigen Versuch der Zwickauer Autobauer, an alte Zeiten anzuknüpfen.

Fortan entstanden in der DDR einzig und allein Automobile mit Zweitakt-Motoren. Bis Mitte der 60er-Jahre galten diese Fahrzeuge, die zunächst auch in den Westen exportiert wurden, keineswegs als technisch überholt. Bis 1960 ging der Wartburg sogar in die USA (über 1.000 Einheiten), und für 1963 war gar eine Lizenzfertigung des Wartburg in Argentinien geplant[2].

Auch die Formensprache von Wartburg und Trabant war durchaus zeitgemäß. Hätte man in der DDR gleichermaßen auf eine leistungsfähige Zuliefererindustrie zählen können, wäre vermutlich manches leichter gewesen – aber angesichts der politischen Verhältnisse hatten sich viele bisherige Geschäftspartner der Automobilindustrie in den Westen abgesetzt. Diejenigen, die blieben, bereuten dies später bitter.

Quasi auf dem kleinen Dienstweg pflegten die ostdeutschen Hersteller ihre guten Kontakte zu Firmen wie Sekurit in Stuttgart weiter – von dort kamen bis Anfang der 60er die gebogenen Scheiben für Wartburg 311 Camping Limousine und Coupé. Als besondere Petitesse gilt ein Geschäft, das über Mittelsleute der frühere Auto Union eingefädelt worden sein soll – es ging um Probeläufe des Müller-Andernach-Zweitakt-V6-Motor in Zwickau, der versuchshalber in das Coupé DKW Monza, aber eben auch in den Allradler DKW Munga eingebaut wurde. Nicht zuletzt, weil der Munga aber ein militärisch genutztes Fahrzeug der Bundeswehr war, stoppten die Verhandlungen.

In der Bundesrepublik endete die Zweitakt-Ära, bislang vor allem getrieben von der Auto Union und einigen Kleinstwagen-Produzenten, bereits Mitte der 60er-Jahre. Einige westliche Exportmärkte wie Großbritannien drohten mit einem Importstopp für Zweitakter ab Anfang der 70er-Jahre – was den Ausschlag für die devisenschwache DDR gegeben haben dürfte, endlich zu handeln. Man arbeitete nun verstärkt an eigenen Viertaktprojekten und erwarb laut Vertrag vom 18. Februar 1965 von der NSU-Wankel GmbH teure Lizenzen für den Kreiskolbenmotor. Fatalerweise verhob man sich an diesem, 1969 von der DDR gekündigten Projekt. Andererseits hatte es wegen dieses Abkommens »zugunsten des weltweit modernsten Motorenkonzepts« (das doch tatsächlich nirgendwo richtig funktionierte, wie sich im Anschluss zeigen sollte) auch in Westdeutschland starke öffentliche Kritik gegeben[3].

Die DDR-Führung schenkte dem Automobilsektor nach dem anschließenden Desaster um die Umsetzbarkeit des Konzepts kaum noch Beachtung – im Zuge der allgegenwärtigen Egalisierung glaubte man gar daran, dass die Werktätigen auch mit Bus und Bahn glücklich würden.

Straßenverkehr in Dresden Mitte der 60er mit den damals üblichen nahezu leeren Straßen. Hier überraschenderweise sowohl ein Mercedes als auch ein VW auf der Ernst-Thälmann-Straße am Altmarkt ***Foto: Siegfried Kramer/VMD***

2 SPIEGEL 37/63 (10.09.1963)

3 SPIEGEL 7/66 (06.02.1966)

Irrweg Wankelmotor – hier ein Einscheibenaggregat für den nie in Serie realisierten P603 **Foto: Kittler .**

Ein von Generalimporteur Norwed Bauer als Testwagen für Eckard Schimpf zur Verfügung gestellter Wartburg 311 mit DDR-Kennzeichen um 1963 bei der Kurvenhatz auf dem Nürburgring **Foto: Sammlg. Schimpf**

Keineswegs eine Auftragsarbeit für den Osten war der Sechszylinder-VW-Prototyp EA 128, hier gab es eine Verwechselung mit dem eigentlich streng geheimen P100 aus der DDR
Fotos: Kittler, August Horch Museum

Wartburg 311 (1957-1966) in zeitgemäßem Design, aber mit rückständiger Zweitakt-Technik **Foto: AWE**

Dass Porsche für die DDR ein neues, zeitgemäßes Auto entwickelt habe, war eine Zeitungs-Ente[4]. NSU-Pressechef Arthur Westrup hatte nahe Heilbronn einen »Erlkönig« fotografiert, den er für eine Weiterentwicklung des Wartburg 312/353 hielt. Verschwörungsexperten, wie sie heute zuhauf im Web auftauchen, halten das abgebildete Foto noch heute für den P100, eine moderne DDR-Limousine mit Unterflurmotor, deren Entwicklung 1965 eingestellt wurde. Tatsächlich aber ging es um den von Porsche für Volkswagen entwickelten EA 128 mit Sechszylinder-Heckmotor von 1965. Huschke von Hanstein, Porsche PR-Chef, machte sich einen Spaß daraus, die Öffentlichkeit irrezuführen: »Möglich wäre es schon – Professor Ferd. Porsche hatte ja auch ernsthaft überlegt, in der Sowjetunion Autos zu konstruieren. Warum nicht für die Brüder jenseits der Werra arbeiten?« Immerhin zeigt diese Episode, dass auch Mitte der 60er solche Kooperationen noch nicht als völlig ausgeschlossen galten.

Den Import von DDR-Fahrzeugen besorgte bis 1970 die Braunschweiger Firma Norwed Bauer, wobei die meisten dieser Autos mit Tageszulassung aus Österreich kamen. mot, auto motor und sport und andere - wie die Braunschweiger Zeitung - lobten den günstigen Preis und die Anspruchslosigket gerade des Wartburg, kritisierten aber das fehlende Servicenetz[5].

4 SPIEGEL 35/66 (21.08.1966) u. 45/66 (30.10.1966), ams 17.09.1966

5 Infos E. Schimpf (09.01.2024)

3.

Westautos in der jungen DDR

Natürlich wuchs der Automobilbestand in der DDR mit wachsendem Wohlstand und dem zunehmenden Wunsch nach individueller Mobilität. Neben den im Land gefertigten Fahrzeugen kamen ab Mitte der 50er auch Exporte aus der Sowjetunion (Moskwitsch, Pobjeda/Wolga) und aus der ČSSR (Skoda, Tatra) ins Land. Dazu gab es einen Grundbestand aus Autos, die den Zweiten Weltkrieg komplett oder in Teilen überlebt hatten – neben den von der Wehrmacht verschmähten Zweitakt-DKW waren dies zurückgelassene KdF-Kübelwagen und -Schwimmkübelwagen.

Zudem gelangten im Folgenden auch westliche Fahrzeuge ins Land – durch Umzug, Erbschaft oder Schenkung, aber auch durch offizielle Einfuhr. Als Genehmigungsbehörde fungierte das Ministerium für Außenhandel. Bis zum Mauerbau 1961 konnten Pkw westlicher Herkunft ohne aufwändige Formalitäten in die DDR importiert werden – es musste allerdings ein »Kapitalnachweis« erbracht werden. Zumindest diese Form der Einfuhr war künftig nur noch für Prominente und dem Staat besonders genehmen Personen möglich. Allerdings gab es schon in den 50er-Jahren eine Reihe von westlichen Automobilen, die offiziell für DDR-Mark angeboten wurden – beispielsweise in »Zentren der Arbeiterklasse«, wie in Aue/Bad Schlema (SAG Wismut), Schwedt oder Eisenhüttenstadt.

Zu den VIPs, die gewissen Extravaganzen für sich beanspruchten, gehörte Helene Weigel, Intendantin des Berliner Ensembles in Ostberlin, die 1967 einen bordeauxroten Mercedes 180 erwarb. Erstaunliches kam auch für weniger Prominente in die DDR – beispielsweise mindestens 120 Exemplare der Renault Dauphine (zwischen 1956 und 1958), die für 18.000 Ostmark abgegeben wurde: Angeblich habe es sich um einen fehlgeleiteten Güterzug gehandelt. Derartige nassforsche Behauptungen, wie sie in abgeschlossenen politischen Systemen gang und gäbe sind, hört man bei den unterschiedlichsten Sachverhalten – wirklich beweisen lassen sie sich kaum. Der rundliche Renault war relativ populär in der DDR – zu sehen war er unter anderen in der TV-Komödie »Geliebte weiße Maus«.

Sicher ist, dass die unterschiedlichsten, teilweise exotischen Fahrzeuge ihren Weg in den Osten fanden – eine Reihe davon wurden 2013 im Rahmen einer Sonderausstellung des Museums für sächsische Fahrzeuge in Chemnitz gezeigt bzw. erwähnt[1]. Standard 8/10, Simca Aronde, Renault 4 CV und Renault R8 sowie Citroën DS gehörten dazu.

Das Verkehrsmuseum Dresden nennt einen in Sachsen gelaufenen Hillman Minx III sein Eigen, von dem ebenfalls vor 1961

1 Infos H. Bernotat

Offiziell in die DDR gelieferte Renault Dauphine in Ostberlin ***Foto: Elsing***

Citroën DSé hier 1986 am Bahnhof Friedrichstraße. Wie mag er wohl in den Bezirk Leipzig (Kennzeichen »SAK«) gelangt sein? ***Foto: Kittler***

Hillman Minx III von 1961, der heute zum Bestand des Verkehrsmuseums Dresden gehört ***Foto: VMD***

DKW Schnelllaster mit Kennzeichen aus dem Bezirk Karl-Marx-Stadt beim »F-Treffen« in Garitz 1985 **Foto: Kittler**

einige für ca. 21.000 DDR-Mark offiziell ins Land gelangten[2]. Das Dresdner Fahrzeug wurde durch das Ministerium für Handel und Versorgung am 6. Oktober 1960 einem Arzt in Hermsdorf/Thüringen zugewiesen. Weitere 22,30 Mark musste er für einen Feuerlöscher, 24,55 für einen Verbandskasten sowie 9,60 für ein Warndreieck zuzahlen. In der populär-technischen Zeitschrift Jugend + Technik fand sich in der »Kleinen Typensammlung Kraftwagen« ein entsprechendes Sammelbild mit technischen Daten[3].

In seiner Ausgabe vom 28. Februar 1965 vermeldete das SED-Parteiblatt NEUES DEUTSCHLAND[4] westliche Automobilaussteller auf der Leipziger Messe und benannte konkret Simca 1300/1500; Renault Caravelle 1100, R4, R8 und Dauphine sowie Fiat 600 D, 1300/1500, 1800 B und 2300. Von vornherein war festgelegt worden, dass einige dieser Fahrzeuge gegen die Standgebühren aufgerechnet wurden und im Land blieben. Dies war übrigens auch später zu Zeiten wassergekühlter Volkswagen-Modelle üblich – beispielsweise verblieben definitiv alle Golf-Exponate der Leipziger Herbstmesse 1979 in der DDR[5].

Selbst ein Exot wie der Messerschmitt Kabinenroller KR200 war in der DDR zugelassen **Foto: Kittler**

2 Infos J. Breuninger/VMD

3 Jugend + Technik 10/1961

4 NEUES DEUTSCHLAND 28.02.1965

5 Infos H. Enge

Pkw-Schrottplätze im üblichen Sinne existierten nicht in der DDR, es wurde prinzipiell alles weiterverwertet. Und weiter veräußert – auf freien Tausch- und Kaufmärkten, mittels Verkaufsangebot-Zettel am Pkw oder über Kleinanzeigen in den Tageszeitungen, vor allem im CDU-Blatt NEUE ZEIT. Der Besitzerwechsel selbst ging meist sehr schnell; langwieriges Verhandeln war angesichts des schmalen Angebots nicht zielführend. So ließ sich im Prinzip alles erwerben – wenn man denn bereit war, viel Geld dafür hinzulegen. Die tatsächlich gezahlten, nicht aktenkundigen »Liebhaberpreise« lagen meist erheblich über den offiziellen Schätzpreisen. Erstaunlich, dass – ungeachtet verschiedener Versuche, dies zu unterbinden – diese Praxis staatlicherseits letztlich resignierend hingenommen wurde.

Im Anzeigenmarkt der Ost-CDU-Tageszeitung NEUE ZEIT fanden sich überraschend viele West-Pkw ***Quelle: Bernotat***

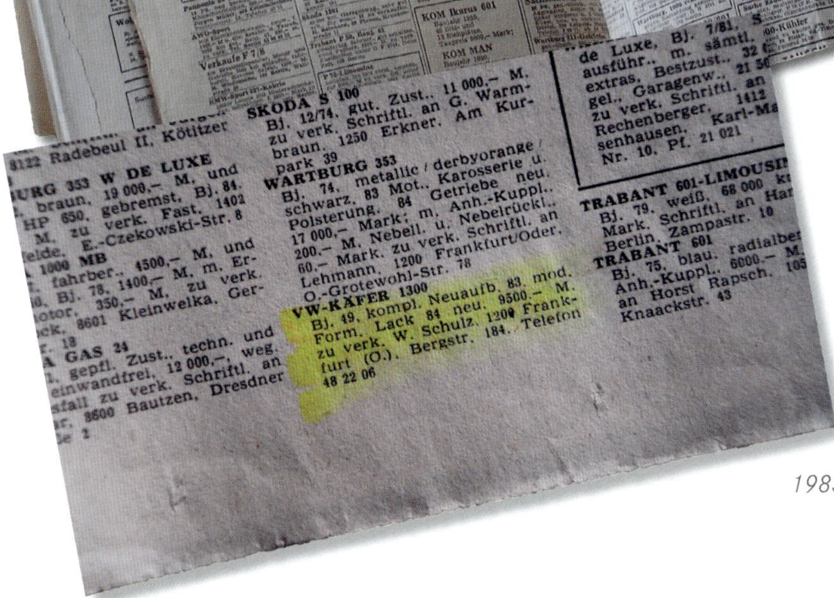

»VW Käfer 1300, Bj. 1949, kompl. Neuaufbau 1983, 9.500 Mark« ***Quelle: H. Bernotat***

Es gab nahezu nichts, was es nicht gab - wie die Autos ins Land kamen, nährte die Legendenbildung. Belegt sind diverse Fälle, in denen ausländische Vertretungen in Ost-Berlin oder Studenten afrikanischer oder asiatischer Länder ihre West-Autos in der DDR verkauften. In den jeweiligen Zulassungsbescheiden war allerdings vermerkt: »Weiterveräußerung nur an einen Betrieb des Staatlichen Kontors für Maschinen- und Materialreserven«.

Im Falle von Schenkungen aus Westdeutschland in die DDR hatten sich die Behörden anfangs gesträubt. Zum einen wegen der schwierigen Ersatzteilversorgung, zum anderen, weil dadurch keine Deviseneinnahmen zu erzielen waren. Das änderte sich mit einer 1968 erstellten Gebührenordnung, welche die private Einfuhr in Einzelfällen erlaubte, aber hohe Gebühren in Ostmark plus einen DM-Anteil mit sich brachte[6].

Björn Hermann zeigt in seinem Buch »Westautos in der DDR«[7] einen Mercedes 300 SL Flügeltürer der 50er-Jahre mit Leipziger Zulassung, andere Beispiele sind auf diesen Seiten abgebildet. Der Ostberliner Gastwirt »Hühner-Gustl«, der mindestens 50 Klassiker besaß und gern für Filmproduktionen verlieh, besorgte sich 1980 einen 1970er-Mercedes 280 Pagoden-SL 280. Damit fuhr er sogar gelegentlich Clubrennen mit. Zu sehen war dieses Auto auf der Berliner Motorworld 2019. Den Vogel abgeschossen hatte sicher der Rennfahrer und GFK-Produzent Hartmut Thassler aus Leipzig-Wiederitzsch, der 1977 den einzigen Porsche 911 turbo der DDR importierte. Dabei half ein nordafrikanischer Student, der dank seiner freien Reisemöglichkeit dieses Auto aus Westdeutschland überführte und über einige kostspielige Umwege seinem Auftraggeber übereignete. Heute steht der metallicgrüne Wagen in einer Sammlung in Seesen im Harz[8].

Mercedes Pagoden-SL 280 eines Berliner Gastwirts (Alte Meister Rallye Schmalkalden 1984) ***Foto: Sammlg. Elsing***

6 A. Hager: Diplomarbeit

7 B. Hermann: Westautos

8 OLDTIMER MARKT 4/2013

Der einzige Porsche 911 turbo in der DDR, von Hartmut Thassler ins Land geholt. Vom 356 sollen 25 Stück in der DDR zugelassen gewesen sein[9] **Foto: Elsing, Kittler**

Andere zeitweilig mit DDR-Nummernschild ausgestattete West-Pkw, die beispielsweise von ausländischen Monteuren gefahren wurden, mussten nach dem befristeten Aufenthalt allerdings wieder aus dem Land. Ursprünglich waren diese Autos mit blauen Kennzeichen versehen[10]. Ein spezieller Fall waren die auf östlichen Straßen verunfallten und im Land verbleibenden Westautos, auf die im Kapitel 4 näher eingegangen werden soll.

9 Infos H. Enge

10 Ebenda

4. Volkswagen in der ostdeutschen Nachkriegsgesellschaft

Von Anfang an entfiel ein Teil des Fahrzeugbestands in der Sowjetischen Besatzungszone und später in der DDR auf Autos aus Wolfsburg. Es handelte sich zum einen um Militärfahrzeuge, die sogar von der Kasernierten Volkspolizei als auch von Privatleuten genutzt wurden. Es gab aber auch wiederaufgebaute CCG-Käfer (CCG = Control Commission for Germany), die aus Beständen der westlichen Alliierten stammten[1] – wie und warum sie Richtung Ostdeutschland weitergereicht wurden, ist bislang nicht belegt. Sie waren nach der Nutzung durch die Militärs zur Generalüberholung zurück ins Werk Wolfsburg gegangen, bekamen dann neue Kfz-Briefe, um anschließend weiterveräußert zu werden.

KdF Kübelwagen als Dienstfahrzeug der Kasernierten Volkspolizei [2] ***Quelle: Sammlg. Bernotat***

Diverse Volkswagen kamen in den 50er-Jahren bei noch offenen Grenzen durch Umzüge, Schenkungen und Erbschaften ins Land. Ein Vertriebsnetz von VW gab es allerdings nicht in der DDR. Käfer sowie die Transporter T1 und T2 wurden nie auf offiziellem Wege in der DDR angeboten. Aber beispielsweise westliche Kirchen fanden Mittel und Wege, ihren ostdeutschen Partnergemeinden mit mobilen Untersätzen weiterzuhelfen. Für Prominente gab es, siehe Kapitel 3, ebenfalls verschiedene Möglichkeiten, einen nagelneuen VW zu übernehmen. So überraschte in den 2000ern ein Händler mit dem Verkaufsangebot eines VW Karmann Ghia, den Manfred von Brauchitsch – aus dem Westen Anfang der 50er in die DDR übergewechselter Rennfahrer – als Privatfahrzeug genutzt hatte.

1 Infos H. Enge

2 Wilfried Hanisch: Vom schweren Anfang

Karmann Ghia Typ 14 mit Golde-Schiebedach des einstigen Grand-Prix-Stars Manfred von Brauchitsch, der 1955 in die DDR gewechselt war. Das Coupé wurde anschließend mehrfach weiterveräußert
Foto: unbekannt

Auch der große VW Karmann-Typ 34 und der »Große Käfer« Typ 3 waren vereinzelt in der DDR anzutreffen ***Fotos: Steffens (4x)***

Käfer-Fahren in der DDR war Kult - und entsprach dem Lebensgefühl nichtangepasster Nonkonformisten, hier 1979 in Neulobeda
Foto: Bernotat

Wichtiger als die Originalität war, dass der Wagen seinem Werbemotto entsprechend »läuft und läuft und läuft«, hier 1965
Foto: Bernotat

Friedliches Nebeneinander: Das kleine Mädchen mochte wohl nicht nur die Käfer, sondern auch die 601er-Trabis, hier 1976
Foto: Bernotat

Man kannte und half sich in der Käfer-Szene der DDR, auch wenn diese nicht offiziell organisiert war ***Foto: Pohl***

Ab den 70er-Jahren hatten auch Devisen-erwirtschaftende Betriebe die Chance, im Rahmen des »Bezugs für gesellschaftliche Bedarfsträger« bestimmte West-Pkw zu erwerben – so verfügten das Reifenwerk Riesa über vier T2a von 1971 und der Antikhandel Pirna über mindestens zehn T2b Pritschen (1975/76)[3]. Mehr zu den VW-Bezügen in die DDR ab Kapitel 8.

Neben den Käfern, die laut GUTE FAHRT die westdeutschen Typen dominierten, gab es die verschiedensten Umbauten auf Basis von KdF Kübel- und Schwimmkübelwagen (Typ 82 und 166), die von Fachbetrieben mit den verschiedensten Karossen als Limousine, Coupé, Transporter und sogar als allradgetriebene Zugmaschinen und Traktoren versehen wurden. Dass diese Umbauten aus politischen Gründen – keine Militärautos in der friedliebenden DDR! – staatliche angeordnet worden seien, ist eines der vielen Gerüchte, die sich bis heute gehal-

3 Infos H. Enge

Etwas mitgenommener Brezel-Käfer vor einem VW Schwimmwagen *Foto: Bernotat*

Zum Umfeld dieser ordnungsliebenden, weiblichen Käfer-Fans gehörte das auf den Folgeseiten vorgestellte Rovomobil
Foto: Scharnowski

ten haben. Zeitzeuge Hartmut Bernotat[4] aus Frankfurt/Oder, der bis weit in die 80er-Jahre hinein mit offiziell zugelassenen Kübel- und Schwimmwagen im Alltagsverkehr unterwegs war, berichtet allenfalls von individuellen Neidattacken.

Vielmehr konnte sich der Besitz eines solchen Fahrzeugs später sogar auszahlen, wenn beispielsweise die staatliche Film-Gesellschaft DEFA in Berlin und Potsdam derartige Autos für Filmaufnahmen suchte und ihre Nutzung nach den geltenden Honorarsätzen bezahlte. Ähnliches wurde aus dem Südwesten der DDR berichtet[5], als über die Zulassungsstellen in den Bezirken Suhl und Erfurt Halter von Fahrzeugen aus »imperialistischer Produktion« angeschrieben wurden, weil der staatliche Fernsehfunk in Suhl eine Straßenszene aus Westdeutschland nachstellen wollte.

Wer es – wie einige Gastwirte und Fuhrgeschäftsinhaber im Berliner Umfeld (vgl. Kapitel 3) – geschickt anstellte und beispielsweise Ehefrauen und andere Familienmitglieder als Scheinselbstständige die Geschäfte tätigen ließ, konnte mit

4 Infos H. Bernotat

5 Infos K. Bezold

In der Frühzeit der DDR in den 50er-Jahren war so ein Anblick durchaus üblich. Gleich mehrere Käfer sind zu sehen, aber auch IFA F8, F9 und EMW 340 ***Foto: Dietrich***

Käfer und Wartburg 311 Cabrio in den späten 50ern auf dem wie leergefegten Dresdner Altmarkt
Foto: Dünnebier

Käfer-Sammler auf dem platten Land - mit dem großen Vorteil, Unterstellmöglichkeiten zu haben. Vorn eine Schiebedach-Version (Basis 1957er-Modell) ***Foto: Bernotat***

dem Verleih solcher Fahrzeuge gutes Geld verdienen. Allerdings war es ab Mitte der 60er nicht mehr erlaubt, alte VW-Fahrgestelle mit Karosserien aus DDR- und Ostblock-Produktion zu versehen. Die Umbauten hatten bis dahin Karosserien des IFA F9, des Wartburg 311 und des Skoda Octavia, aber auch Traum- und Phantasieaufbauten erhalten. Beim F9-Aufsatz musste der Volkswagen-Achskörper vorn schmaler gemacht werden - oder es kamen die Bauteile des Schwimmwagens zum Einsatz. Man wusste sich zu helfen: Für den Aufbau eines Wartburg-VW in Berlin wurde das Kübel-Fahrgestell verlängert, die Motorkühlluft durch eine von Skoda stammende Hutze geführt. Die Fa. Gerecke in Ilfeld[6] baute in den 50ern 50 bis 60 Fremdkarosserien wie F9 und Wartburg 311 vor allem auf Kübel-Fahrgestellen auf, wie sie damals hundertfach in den Wäldern zurückgelassen worden sind. Allerdings erwiesen sich die 25-PS-Kübelwagen als zu schwach für die relativ schweren geschlossenen Karosserien, so dass oft maximal nur 80 km/h möglich waren. Auch die Fa. Lorenz in Wilkau-Hasslau setzte mehrere F9- und Wartburg-Karossen auf VW-Fahrgestelle[7].

Landluft-Familienidylle mit Brezel-Käfer in den 50er-Jahren ***Foto: Dietrich***

6 Infos Uwe Gerecke

7 Infos Heinz Lorenz

Dieser Ovali - neben einem 353er-Wartburg - existiert noch heute: Er gehört Dr. Holger Enge, der sich seit Jahrzehnten mit dem Thema beschäftigt
Foto: Sammlg. Enge

Eine so große Käfer-Ansammlung wie hier 1984 in Mecklenburg musste man lange suchen... Hier trafen sich Besitzer der unterschiedlichsten Modelle aus allen Bezirken der DDR
Foto: Bernotat

Frühes Käfer-Cabrio in Ostberlin. Offenfahren war ein ganz rares Vergnügen, hatte es doch ab Mitte der 60er mit dem Stopp der Skoda-Felicia-Importe und dem auslaufenden Wartburg 312 HT keine neuen Open-Air-Autos mehr gegeben ***Fotos: Steffens***

Würde heute für Ohnmachtsanfälle sorgen: Der Besitzer dieses Brezels sägte die Fensterstege heraus und machte aus dem wertvollen Oldie einen Ovali ***Foto: Bernotat***

Von Karossier Neumann in Spremberg stammte ein gelungen proportioniertes eigenständiges Coupé mit Panoramascheiben. Und vom bekannten Omnibus-Karossier Fritz Fleischer in Gera kamen wunderschöne Volkswagen-Umbauten, die u.a. an Porsche 356 und Rometsch Banane erinnerten.

Gern wurde die Form des Porsche 356 imitiert: Das Brüderpaar Knut und Falk Reimann ließ ab 1952 bei der Firma Arno Lindner in Mohorn bei Dresden Porsche-ähnliche Karossen auf Kübel-Fahrgestelle aufsetzen – 30 cm länger und deutlich breiter als das Original und mit vier vollwertigen Sitzen. Die Vorderradaufhängung an den beiden Längslenkern wurde im Interesse einer geringeren Bodenfreiheit verändert, hinten wurden das Untersetzungsgetriebe amputiert und die Getriebehalbachsen direkt in die Bremstrommeln geführt. Das Sperrdifferenzial im Getriebe blieb aber erhalten. Das Karosseriegerüst bestand aus Eschenholz und feinen Stahlblechprofilen, über die Blechtafeln getrieben wurden, die aus alten Ford-Lkw-Motorhauben gewonnen worden waren. Die erste Karosserie kostete nur 3.500 Mark, Interieur und Inneneinrichtung wurden handwerklich angefertigt.

Stolzes junges Paar im Bezirk Magdeburg im Jahr 1984, das seinen Käfer etwas aufgemotzt hatte ***Foto: Wall***

Meist waren Wehrmachts-Kübelwagen Basis für Umbauten, gar nicht so wenige wurden aber auch in der DDR von Privat gefahren ***Bernotat (2), Elsing (1)***

Als Hinterlassenschaften der Wehrmacht existierte ein erstaunlich hoher Bestand an Schwimmkübeln (vor allem Typ 166, aber auch Typ 128) in Ostdeutschland **Fotos: Bernotat**

Diese stilistisch gewagte Coupé-Kreation mit der hinteren Plexiglas-Panoramascheibe und der niedrigen Gürtellinie hatte Karossier Neumann in Spremberg / Lausitz im Jahr 1958 aufgebaut. Natürlich saß ein Käfer-Chassis darunter
Foto: Sammlg. Kittler

Der damals 33 Jahre junge Erhard Neumann baute dieses 880 kg schwere Unikat auf Basis eines Kübelwagen-Chassis (Typ 82). Wo irgend möglich, nutzte er Bauteile gängiger Autos wie des Wartburg 311. Getriebe und Motor stammten vom 30-PS-Käfer. Das ursprüngliche Kennzeichen wurde auch für die spätere H-Nummer beibehalten **Fotos: Sammlg. Kittler**

Insgesamt sollen 13 dieser Nachbauten entstanden sein. Mit so einem Coupé waren die Brüder in den 50er-Jahren auch in Stuttgart, um dort ihr Fahrzeug vorzustellen. Sie bekamen bei Porsche kostenlos Motorteile, um ihren 1100er zum 1300er umbauen zu können. Gezeigt wurde ihr von dem österreichischen Sammler Alexander Fritz komplett sanierter Wagen 2020 im Rahmen der Sonderausstellung »Purer Luxus« im Zeitgeschichtlichen Forum in Leipzig. Ein zweites überlebendes Fahrzeug der Lindner-Kleinserie steht heute bei einem Enthusiasten in Würzburg: Dieses Auto hatte Schuhfabrikant Hans Miersch aus Nossen 1953 bis 1954 ebenfalls auf Kübelwagen-Basis, aber mit Teilen einer Hanomag-Karosserie aufbauen lassen. Den Antrieb besorgte ein 30-PS-Käfer-Motor, der 1968 offiziell gegen ein 75-PS-Porsche-Triebwerk getauscht wurde[8].

---

8 Christopherus 2/2020

Wartburg-311-Karosserie auf Käfer- oder Kübelwagen-Chassis (Luftschlitze für Motor!) und IFA F9-Aufbau auf Kübelwagen von der Firma Bührig (mit VW-Logo!)
Fotos: Lottermann, Schmerschneider

1955er Sportwagen-Karosserie aus Stahlblech der Dresdner Firma Thonfeld auf Basis eines 1942er-Kübelwagens **Foto: Kittler**

Sportcoupé-Aufbau im Porsche-Look von den Gebrüdern Lindner **Foto: Kittler**

Gewagt-schnittige Coupé-Ableitung auf VW-Chassis **Foto: Sammlg. Enge**

Targa-Umbau, wie er in einer Sonderausstellung in Chemnitz zu sehen war **Foto: Kittler**

Formschöner Zweitürer aus den 60er-Jahren **Foto: Sammlg. Enge**

Unikate aus der DDR-Umbauszene in einer Sonderausstellung in Chemnitz 2011: oben eine Art Shooting Brake von 1958 auf 1944er Kübelwagen. Unten das 1966er Sportcoupé von R. Schmoz aus Teilen von Trabant, Wartburg, Dacia, Lada, Skoda Zastava und natürlich von VW

Fast schon eine Sensation war das Rovomobil-Flügeltürcoupé von 1976. Dr. Eberhardt Scharnowski, Formgestalter an der Fachhochschule Burg Giebichenstein, baute die Stromlinienflunder auf Kübelwagen-Basis auf, um es dann im öffentlichen Verkehr einzusetzen. Zwei dieser Fahrzeuge entstanden, eines gehört heute der Stiftung AutoMuseum Volkswagen, das andere dem Sohn des Erbauers. In Wolfsburg wurde erstmals der Luftwiderstandsbeiwert des strömungsgünstig gezeichneten Zweisitzers im Windkanal ermittelt: Der cW-Wert betrug hervorragende 0,23. Scharnowski hatte zuvor die Windschnittigkeit seines Autos geprüft, indem anhand aufgeklebter Wollfäden, die man aus einem nebenherfahrenden Auto fotografierte, den Strömungsverlauf nachvollzogen. Zuvor testete Scharnowski dieses rustikale Verfahren an seinem Zweitwagen – natürlich einem Käfer. Selbst die DDR-Fachzeitschrift KFT berichtete seinerzeit darüber[9].

9 E. Scharnowski in: KFT 2/1982

Rovomobil mit einem Phantasieaufbau unter Nutzung von Trabant- und Wartburg-Teilen, rechts im Windkanal von Volkswagen
Fotos: Scharnowski

Die Harzer Firma Bührig baute und vermietete Pkw und Kleinbusse im T1-Look. Immer wurden dafür KdF-überlebende Restbestände aus dem Zweiten Weltkrieg genutzt
Fotos: Sammlg. Schmerschneider

Vom VW Bus T1 kamen in den 50er-Jahren diverse Exemplare ganz offiziell in die DDR. Gern wurde das Design aber auch für Eigenbauten (unten rechts, Exemplar von 1958) übernommen ***Fotos: Sammlg. Pohl (2), Sammlg. Kittler (1)***

Eigenbau-Bus mit »Selbstmördertüren« ***Foto: C. Gahno***

Arg mitgenommener Umbau im T1-Look ***Foto: Suhr***

Der T1 Samba-Vielfenster-Bus war nicht nur in der DDR eine Rarität - und wird heute sehr hoch bewertet ***Foto: Pohl***

Links ein T2 Kombi und rechts ein T3, der nicht über die offzielle 1985er-Lieferung ins Land kam ***Foto: Enge***

Kollektion von in der DDR kreierten VW-Umbauten in der gut sortierten Grundmann-Sammlung in Hessisch Oldendorf. Der Bus ist bereits auf der Vorseite zu sehen ***Foto: Kittler***

Einige Betriebe hatten sich speziell auf Umbauten im Stil des Volkswagen Transporters verlegt. Spezialisten, darunter die Firma Deckwerth in Wurzen[10], bauten auf Kübelwagen-Basis zirka 80 Busse mit beplankten Holzgestellen auf. Einige davon waren für Reisebus-Unternehmen unterwegs. Die Transportfirma Bührig in Thale/Harz setzte zum einen solche Busse ein (wie ein Werbeplakat von 1954 belegt), die sie zuvor aufbauen ließ – gesichert ist, dass in ihrem Auftrag 1951 im Karosseriewerk Halle ein 1943er Kübel zerlegt wurde, um einen Bus aufzubauen. In Halle wurden insgesamt mindestens drei Musterbusse gefertigt[11]. Björn Schewe weiß von der Werkstatt Heinz Grobes in Leipzig-Engelsdorf, der direkt nach dem Krieg Volkswagen reparierte und dann in Halle/S Kleinbusse auf Kübelwagen-Basis herstellte[12].

Eine überaus gefragte Adresse war zudem der bereits erwähnte VEB Maschinenhandel, Abt. Maschinen- und Materialreserven, wie es ihn in jeder Bezirkshauptstadt gab. Dort wurden Fahrzeuge veräußert, die zuvor in staatlichen Diensten waren, von diplomatischen Vertretungen gefahren wurden oder auf andere Weise ins Land kamen. Dafür gab es Wartelisten, Bedingung war eine bereits laufende Pkw-Bestellung. Wer Glück (und Beziehungen) hatte, konnte hier auch zu einem Volkswagen kommen.

Der Bezug von auf den Transitautobahnen verunfallten, nicht mehr reparablen West-Pkw (vgl. Kapitel 3) war offiziell nur Spezialbetrieben in der DDR möglich. Deren ursprüngliche Besitzer wollten sich meist die in DM erhobenen Kosten des DDR-Abschleppdienstes sparen und unterzeichneten darum eine Abtretungserklärung. Wieder zugelassen wurden diese als »Ersatzteilspender« eingelagerten Fahrzeugreste nur sehr selten. Aber es war möglich – dank einer KTA-Einzelbetriebserlaubnis. Bei Fahrzeugen, die offiziell aus Westdeutschland ins Land gelangten, wurde der bundesdeutsche Brief eingezogen und dank der Einfuhrgenehmigung relativ problemlos die Betriebserlaubnis erteilt (Kosten Einzelabnahme 191 Mark) [13].

10 Infos H. Bernotat

11 Infos H. Enge

12 Infos B. Schewe

13 Infos H. Enge

VW T2 als Rallye-Servicefahrzeug in Thüringen **Foto: Santoro**

Die Preise waren erstaunlich fair: So zahlte die Firma Fromm in Krostitz/Krensitz bei Leipzig 1965 für eine verunfallte Käfer-Karosserie gerade mal 100 Mark an den Maschinenbauhandel, der verbogene Rahmen kostete 50 Mark. 1973 vermittelte die Firma einen 1957er Käfer für 5.854 Mark weiter, so der Journalist Martin Santoro[14].

Schon wegen der grenzwertigen Ersatzteilversorgung hielten Volkswagen-Besitzer zusammen. Offizielle VW-Clubs gab es nicht in der DDR, aber natürlich fanden sich inoffizielle Stammtische und Freundeskreise zusammen, argwöhnisch beäugt von den Sicherheitsorganen.

VW-Freundeskreise gab es in der DDR einige, aber sie wurden zumindest misstrauisch beäugt. Einige wenige »Clubs« schlossen sich dem ADMV (»Allgemeiner Deutscher Motorsport-Verband«) an und waren damit gesellschaftlich integriert **Foto: Pohl**

14 M. Santoro in: GF/Porsche Klassik online, 23.03.2023

Dieses 1303er-Cabrio mit DDR-Zulassung war ein vielbestaunter Hingucker, nicht nur bei Treffen von Volkswagen-Fans
Foto: Bernotat

Bei solchen Zusammenkünften wurde immer auch Know-how weitergegeben ***Foto: Pohl***

Wer konnte, »verschönerte« seinen Käfer mit Anbauteilen, hier bei einem Treffen in Tschechien 1988 ***Foto: Behrendt***

In der westdeutschen ZEIT vom 20. Juli 1984 (»Konferenz der Käfer«)[15] konnte man von einem Treffen von rund 40 Käfern am Kyffhäuser lesen. Zwei bis drei Ausflüge jährlich habe man unternommen, wird die Vorsitzende dieses »Klubs der Käfer-Freunde« – Monika Reich – zitiert. Den Beitrag unter Pseudonym erstellt hatte der Weimarer Käfer-Freund Frank Schüttig (Käfer 1200 von 1963, für 7.000 M über Anzeige erworben), der genau wie die Gründerin besagten Clubs zeitnah in die Bunderepublik übersiedelte. Käfer-Fahrer waren, wie dieses Beispiel zeigt, in der Regel nie sonderlich systemnah.

»Die jungen Leute«, so schrieb der Berichterstatter, »kommen vorwiegend aus den Käfer-Ballungsgebieten Leipzig, Dresden und Weimar/Jena. Auch einige Berliner sind darunter… Welche Menschen fahren in der DDR Käfer? Es sind Nischen-Typen: Jung-Intellektuelle mit Bart und Cordhosen, Theaterleute, Junggesellen um die 30, unverheiratete Frauen, wohlhabende

15 ZEIT, 20.07.1984

Junge und junggebliebene DDR-Bürger mit einem Hang zu Unabhängigkeit und Renitenz mit ihren Käfern. Gern traf man sich in der ČSSR, hier 1988 in Most/Brünn **Foto: Behrendt**

Studenten mit Arzt- oder Professorvater, gepflegte ältere Paare, Erben. Technisch versierte Mechaniker und Bastler, Leute mit gediegenen Westbeziehungen. Immerhin muss man für das begehrte Modell 1303 derzeit 20.000 Mark bezahlen«.

Auch anderswo fand man sich zu gemeinsamen Ausfahrten zusammen, bei denen – so der Magdeburger Eberhard Pohl[16] – schon mal zwischen 10 und 20 Käfer zusammenkamen. Zu seinen besonderen Spezl'n gehörten die Mitglieder der Magdeburger Rockband Klosterbrüder, die sämtlichst Käfer und Bulli fuhren – mit vier, fünf Autos mit schicken »Rallyestreifen«, darunter zwei Cabrios, sorgten sie Ende der 70er-Jahre in Magdeburg für Aufsehen[17]. Unübersehbar hängten sich gelegentlich Sicherheitsleute an den Korso dran, Pohl berichtete auch von einem Stasi-Dienstfahrzeug mit bundesdeutscher Zulassung.

M. Köpfel aus Stralsund – stolzer Eigner und Tuner eines 1956er Käfers, der am Ende 135 km/h lief und aussah wie ein 1303 – organisierte ab den 70er-Jahren für Käfer-, Typ 3- und Karmann Ghia-Freunde zwei Treffen jährlich; von irgendwelchen Schikanen blieb er verschont[18]. Hartmut Bernotat, einer der Protagonisten der Szene, berichtete dagegen von willkürlichen Kontrollen durch die Volkspolizei. Abgehalten von der Faszination für Volkswagen hat dies niemanden.

Ab etwa 1985 organisierten sich einige Volkswagen Clubs dann über den ADMV in der Sektion Touristik – auf diese Art hatte man ein ideologisches Deckmäntelchen gefunden und leistete nunmehr »gesellschaftliche Arbeit«. Eine offizielle Käfer-Sparte im ADMV gab es allerdings nur in Thüringen[19].

Bleibt die Frage, wie viele Volkswagen sich dauerhaft in der DDR befanden. Laut SPIEGEL[20] waren es 1977 rund 8.000 Käfer und andere VW, während die GUTE FAHRT 1964[21] von 20.000 Käfern geschrieben hatte. 1956 soll die Zahl noch bei 15.000 gelegen haben. Vermutlich dürften es bis zum Ende der DDR aber sogar 30.000 Käfer, Typ 3, Typ 4 und Bulli gewesen sein (plus ca. 20.000 Golf, Passat usw.). Daraus ergibt sich die am Anfang des Buches genannte Gesamtzahl von ca. 50.000 VW-Fahrzeugen in Ostdeutschland vor der politischen Wende.

16 Infos E. Pohl

17 Infos Wolfgang Wall

18 Infos M. Köpfel

19 B. Hermann: Westautos

20 SPIEGEL 50/1977 (05.12.1977)

21 GUTE FAHRT 10/1964

5.

Volkswagen-Service in den frühen Jahren

Schon in den 50er Jahren existierten in den Bezirksmetropolen – aber auch in zahlreichen kleineren Städten – Servicebetriebe für BMW, Ford, Mercedes, Opel und Volkswagen, die meist aus der Vorkriegszeit weitergeführt worden waren. Bis 1970 gab es allein rund 20 autorisierte Volkswagen-Werkstätten zwischen Rostock bis Bautzen, wie sie die Volkswagen-Zeitschrift GUTE FAHRT in Ausgabe 11/1964 aufgelistet hatte – nur sie bekamen offiziell Teile geliefert. Andere Quellen sprechen von 22 bzw. 23 Betrieben[1]. Im Gegenzug schickte die DDR laut VW-Vorstand Horst Münzner »ein paar Elektromotoren und Kleingerät« in den Westen – im Wert von nicht einmal 100.000 Mark jährlich[2]. Tatsächlich existierten weit mehr Werkstätten im deutschen Osten, bei denen aber die Kunden ihre Ersatzteile meist mitbringen mussten. Direkte Kontakte dieser Firmen zu Volkswagen waren weder erwünscht noch wirklich möglich.

Offiziell als Volkswagen-Werkstatt anerkannt waren folgende Firmen, hier geordnet nach Größe und Lieferpriorität[3]:
- Grabowitz, Berlin (Bezirke Berlin, Rostock, Schwerin)
- Zetsch, Dessau (Bezirk Halle, Kreise Dessau, Zerbst, Wittenberg)
- Richter, Dresden (Bezirk Dresden) – später Fa. Pattusch
- Schräger, Dresden (Bezirk Dresden)
- Grosch, Erfurt (Bezirk Erfurt)
- Berthold, Gotha (Bezirk Suhl)
- Gerecke, Ilfeld (Bezirk Magdeburg, Harzkreis)
- Strauß, Karl-Marx-Stadt (Bezirk Karl-Marx-Stadt)
- Plarre, Kauern bei Gera (Bezirk Gera)
- Fromm, Krensitz
- Lorenz, Wilkau-Hasslau (Bezirk Karl-Marx-Stadt, Kreis Vogtland)
- Tkaczyck, Leipzig
- Rauschenbach, Leipzig (Bezirk Leipzig)
- Marczinski, Bautzen (Bezirk Dresden, Kreise Bautzen, Görlitz und Zittau)
- Kupke, Neuendorf a.S. (Bezirk Frankfurt/O, Cottbus)
- PGH Halle-Süd (Bezirk Halle)
- PGH AMO Magdeburg (Bezirk Magdeburg)
- Ussener, Jessnitz
- Troltsch, Ostrau (Bezirk Erfurt, Kreise Wurzen, Döbeln, Riesa) - später Fa. Enge
- Kirchner, Erfurt
- Ziegenbein, Umpferstedt
- Griebner, Potsdam (Bezirke Potsdam, Neubrandenburg).

1 Infos H. Enge
2 SPIEGEL 50/77 (05.12.1977)
3 GUTE FAHRT 10+11/1964

Alle Werkstätten mussten eine entsprechende Gewerbegenehmigung haben und genossen dann mehr oder weniger große Freiheiten. Meist trugen sie das Volkswagen Logo am Eingang und auf ihren Briefbögen, eine von Volkswagen verfolgte CI-Regelung im späteren Sinne gab es freilich nicht. Als besonders rührigen Betrieb hatte die GUTE FAHRT die republikweit bekannte Firma Grabowitz in Ost-Berlin, Pappelallee 44, vorgestellt.

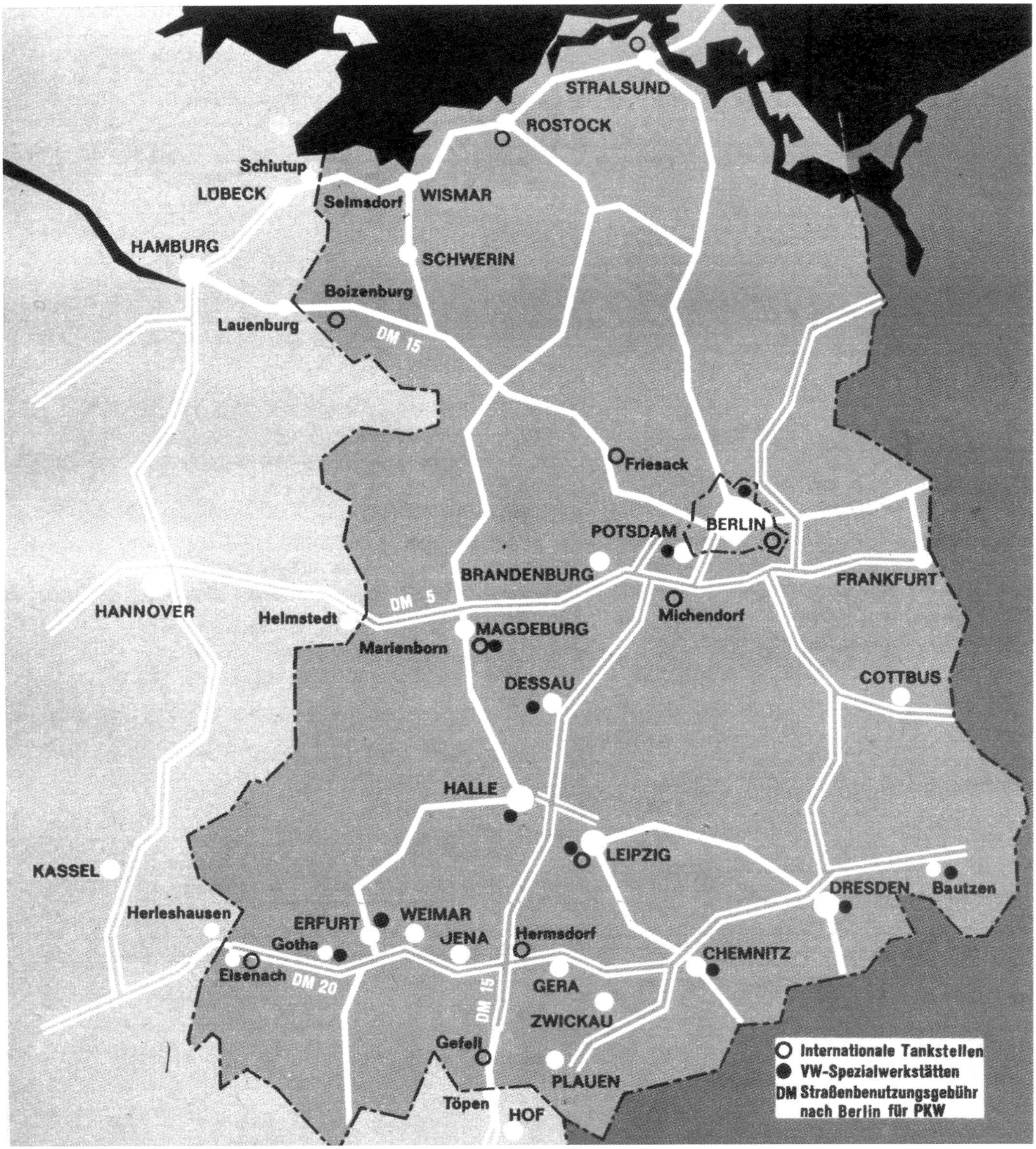

GUTE FAHRT stellte 1964 einige VW-Betriebe in der DDR vor. *Foto: GUTE FAHRT, 1964*

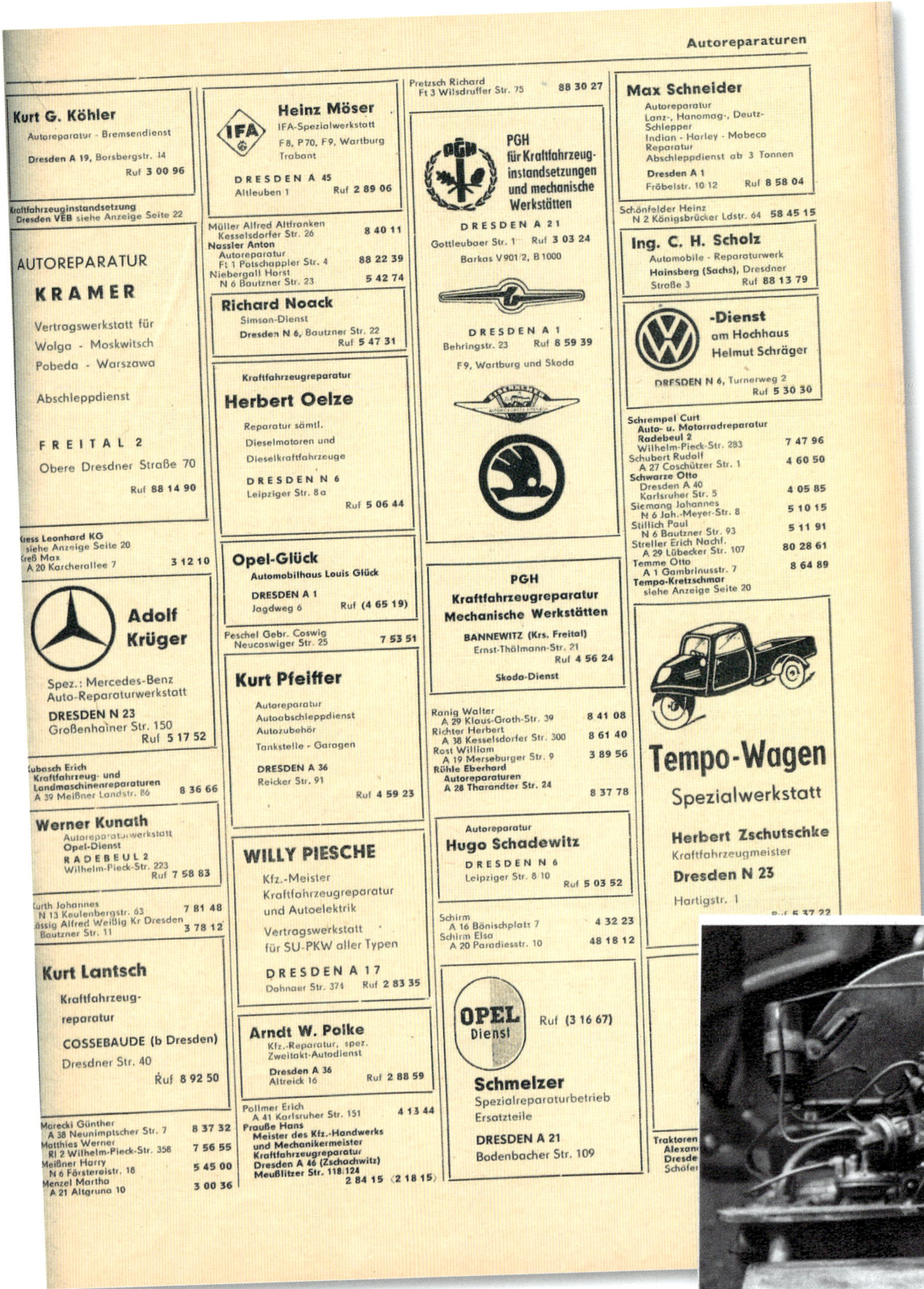

Autoreparaturen

Kurt G. Köhler
Autoreparatur · Bremsendienst
Dresden A 19, Borsbergstr. 14
Ruf 3 00 96

Kraftfahrzeuginstandsetzung Dresden VEB siehe Anzeige Seite 22

AUTOREPARATUR
KRAMER
Vertragswerkstatt für
Wolga · Moskwitsch
Pobeda · Warszawa
Abschleppdienst
FREITAL 2
Obere Dresdner Straße 70
Ruf 88 14 90

Kress Leonhard KG siehe Anzeige Seite 20
Kreß Max
A 20 Karcherallee 7 3 12 10

Adolf Krüger
Spez.: Mercedes-Benz
Auto-Reparaturwerkstatt
DRESDEN N 23
Großenhainer Str. 150
Ruf 5 17 52

Kubasch Erich
Kraftfahrzeug- und Landmaschinenreparaturen
A 39 Meißner Landstr. 86 8 36 66

Werner Kunath
Autoreparaturwerkstatt
Opel-Dienst
RADEBEUL 2
Wilhelm-Pieck-Str. 223
Ruf 7 58 83

Kurth Johannes
N 13 Keulenbergstr. 63 7 81 48
Lässig Alfred Weißig Kr Dresden, Bautzner Str. 11 3 78 12

Kurt Lantsch
Kraftfahrzeug-
reparatur
COSSEBAUDE (b Dresden)
Dresdner Str. 40
Ruf 8 92 50

Marecki Günther
A 38 Neunimptscher Str. 7 8 37 32
Matthies Werner
Rl 2 Wilhelm-Pieck-Str. 358 7 56 55
Meißner Harry
N 6 Förstereistr. 18 5 45 00
Menzel Martha
A 21 Altgruna 10 3 00 36

Heinz Möser
IFA-Spezialwerkstatt
F 8, P 70, F 9, Wartburg
Trabant
DRESDEN A 45
Altleuben 1 Ruf 2 89 06

Müller Alfred Altfranken
Kesselsdorfer Str. 26 8 40 11
Nassler Anton
Autoreparatur
Ft 1 Potschappler Str. 4 88 22 39
Niebergall Horst
N 6 Bautzner Str. 23 5 42 74

Richard Noack
Simson-Dienst
Dresden N 6, Bautzner Str. 22
Ruf 5 47 31

Kraftfahrzeugreparatur
Herbert Oelze
Reparatur sämtl.
Dieselmotoren und
Dieselkraftfahrzeuge
DRESDEN N 6
Leipziger Str. 8a
Ruf 5 06 44

Opel-Glück
Automobilhaus Louis Glück
DRESDEN A 1
Jagdweg 6 Ruf (4 65 19)

Peschel Gebr. Coswig
Neucoswiger Str. 25 7 53 51

Kurt Pfeiffer
Autoreparatur
Autoabschleppdienst
Autozubehör
Tankstelle · Garagen
DRESDEN A 36
Reicker Str. 91
Ruf 4 59 23

WILLY PIESCHE
Kfz.-Meister
Kraftfahrzeugreparatur
und Autoelektrik
Vertragswerkstatt
für SU-PKW aller Typen
DRESDEN A 17
Dohnaer Str. 374 Ruf 2 83 35

Arndt W. Polke
Kfz.-Reparatur, spez.
Zweitakt-Autodienst
Dresden A 36
Altreick 16 Ruf 2 88 59

Pollmer Erich
A 41 Karlsruher Str. 151 4 13 44
Prauße Hans
Meister des Kfz.-Handwerks
und Mechanikermeister
Kraftfahrzeugreparatur
Dresden A 46 (Zschachwitz)
Meußlitzer Str. 118/124
2 84 15 (2 18 15)

Pretzsch Richard
Ft 3 Wilsdruffer Str. 75 88 30 27

PGH
für Kraftfahrzeug-
instandsetzungen
und mechanische
Werkstätten
DRESDEN A 21
Gottleubaer Str. 1 Ruf 3 03 24
Barkas V 901/2, B 1000
DRESDEN A 1
Behringstr. 23 Ruf 8 59 39
F 9, Wartburg und Skoda

PGH
Kraftfahrzeugreparatur
Mechanische Werkstätten
BANNEWITZ (Krs. Freital)
Ernst-Thälmann-Str. 21
Ruf 4 56 24
Skoda-Dienst

Ranig Walter
A 29 Klaus-Groth-Str. 39 8 41 08
Richter Herbert
A 38 Kesselsdorfer Str. 300 8 61 40
Rost William
A 19 Merseburger Str. 9 3 89 56
Rühle Eberhard
Autoreparaturen
A 28 Tharandter Str. 24 8 37 78

Autoreparatur
Hugo Schadewitz
DRESDEN N 6
Leipziger Str. 8/10 Ruf 5 03 52

Schirm
A 16 Bönischplatz 7 4 32 23
Schirm Elsa
A 20 Paradiesstr. 10 48 18 12

OPEL Dienst Ruf (3 16 67)
Schmelzer
Spezialreparaturbetrieb
Ersatzteile
DRESDEN A 21
Bodenbacher Str. 109

Max Schneider
Autoreparatur
Lanz-, Hanomag-, Deutz-Schlepper
Indian · Harley · Mobeco
Reparatur
Abschleppdienst ab 3 Tonnen
Dresden A 1
Fröbelstr. 10/12 Ruf 8 58 04

Schönfelder Heinz
N 2 Königsbrücker Ldstr. 64 58 45 15

Ing. C. H. Scholz
Automobile · Reparaturwerk
Hainsberg (Sachs), Dresdner Straße 3 Ruf 88 13 79

-Dienst
am Hochhaus
Helmut Schräger
DRESDEN N 6, Turnerweg 2
Ruf 5 30 30

Schrempel Curt
Auto- u. Motorradreparatur
Radebeul 2
Wilhelm-Pieck-Str. 283 7 47 96
Schubert Rudolf
A 27 Coschützer Str. 1 4 60 50
Schwarze Otto
Dresden A 40
Karlsruher Str. 5 4 05 85
Siemang Johannes
N 6 Joh.-Meyer-Str. 8 5 10 15
Stillich Paul
N 6 Bautzner Str. 93 5 11 91
Streller Erich Nachf.
A 29 Lübecker Str. 107 80 28 61
Temme Otto
A 1 Gambrinusstr. 7 8 64 89
Tempo-Kretzschmar siehe Anzeige Seite 20

Tempo-Wagen
Spezialwerkstatt
Herbert Zschutschke
Kraftfahrzeugmeister
Dresden N 23
Hartigstr. 1

Traktoren
Alexan...
Dresde...
Schöfer...

In den Branchentelefonbüchern der 60er gab es noch erstaunlich viele Kfz-Werkstätten für Westmarken
Quelle: Sammlg. Dünnebier

Volkswagenmotor mit volkseigenen Teilen. Der Auspuff ist drüben angefer... Im übrigen sieht man eine 30-PS-Maschine, wie sie läuft und läuft und lä... Und das trotz sehr ungünstigen Betriebsbedingungen.

Quelle: GUTE FAHRT, 196...

Die Firma Gerecke in Ilfeld/Thüringen bediente ein weites Einzugsgebiet und war eng vernetzt mit den verschiedensten Handwerksbetrieben, die auch Teile nachfertigten. Sogar ein Kübelwagen Typ 82 und ein VW Typ 3 präsentieren sich hier

Fotos: Sammlg. Gerecke

Zu den besonders zuverlässigen und damit besonders gefragten VW-Partnern gehörte die Fa. Enge. Aber auch in den Bezirksstätten – wie hier in Dresden – gab es Ansprechpartner
Quellen: Enge (2x), Sammlg. Dünnebier

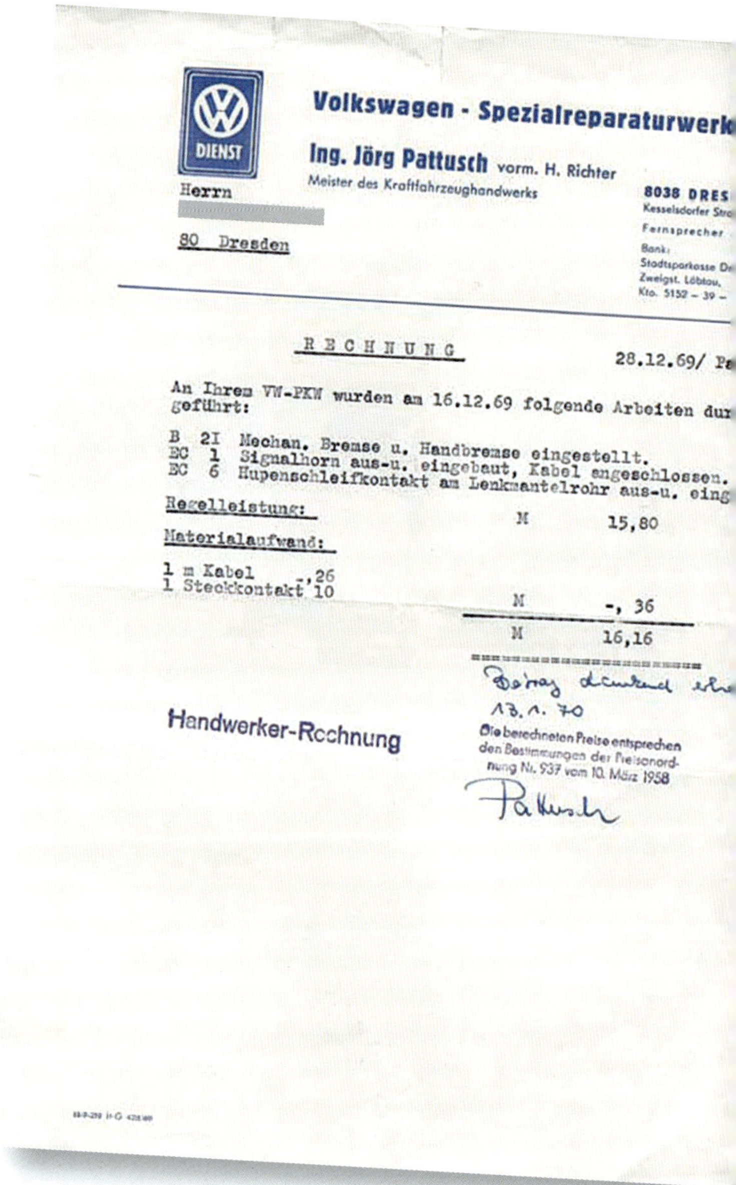

DIENST

Volkswagen - Spezialreparaturwerk

Ing. Jörg Pattusch vorm. H. Richter
Meister des Kraftfahrzeughandwerks

Herrn

80 Dresden

8038 DRES
Kesselsdorfer Str
Fernsprecher
Bank:
Stadtsparkasse Dr
Zweigst. Löbtau,
Kto. 5152 – 39 –

RECHNUNG 28.12.69/ P

An Ihrem VW-PKW wurden am 16.12.69 folgende Arbeiten dur geführt:

B 21 Mechan. Bremse u. Handbremse eingestellt.
EC 1 Signalhorn aus-u. eingebaut, Kabel angeschlossen.
EC 6 Hupenschleifkontakt am Lenkmantelrohr aus-u. eing

Regelleistung: M 15,80

Materialaufwand:

1 m Kabel -,26
1 Steckkontakt ,10 M -,36

M 16,16

Handwerker-Rechnung

Betrag dankend erh
13.1.70

Die berechneten Preise entsprechen den Bestimmungen der Preisanordnung Nr. 937 vom 10. März 1958

Pattusch

Handwerkerrechnung der Fa. Pattusch von 1969. Beachtenswert die Nutzung des VW-Logos ***Quelle: Pattusch***

Grabowitz in Berlin zählte bis 1978 als größter VW-Betrieb der DDR. Andere, wie die Firma Gerecke in Ilfeld im Harz (offiziell für die Instandsetzung im Bezirk Magdeburg zuständig), aber auch die Firma Richter/Pattusch in Dresden, folgten mit gehörigem Respektabstand. Der damalige Juniorchef Uwe Gerecke[4] ordnet seinen Betrieb als zweitwichtigsten in der DDR ein – mit »über 1.000 Kundenfahrzeugen, die aus der gesamten DDR und auch aus der ČSSR kamen«. Der Betrieb war noch vor Kriegsbeginn vom Großvater (vorher NSU) gegründet worden, spezialisierte sich nach 1945 auf den Aufbau von Pritschenwagen z.B. für Schlachter und Mezger. Insgesamt entstanden etwa 60 Fahrzeuge, die auf KdF Kübelwagen aufgebaut waren. In der jungen DDR hatte die Fa. Gerecke bis zu 14 Mitarbeiter – wobei in den 70ern wegen der Gefahr der Zwangskollektivierung die Belegschaft auf unter zehn zurückgefahren werden musste.

Als »nachweislich erste VW-Werkstatt in der DDR« beschreibt Insider Martin Santoro die bereits in Kapitel 4 erwähnte Firma Fromm, die 1963 die staatliche Genehmigung als VW-Spezialbetrieb erhielt. Etwa 50 Stammkunden monatlich waren zu verzeichnen, berichtete Firmen-Junior Peter Fromm, »die Westler nutzten Verwandtenbesuche für Autoreparaturen, die bei uns viel billiger waren. Benötigte Neuteile brachten sie praktischerweise gleich mit. Was als kaputt ausgebaut wurde, legte mein Vater wohlweislich für spätere Fälle auf Lager«[5].

Als zuverlässig und fair galten auch Firmen wie Troltsch/später Werner Enge in Ostrau bei Döbeln, Wilhelm Usener in Jessnitz/Anhalt, Otto Villaret und Firma Pieper in Magdeburg, Ziegenbein im Umpferstedt oder Zetzsch in Dessau. Ebenfalls überaus rührig war die Firma Gebrüder/Heinz Lorenz in Wilkau-Hasslau. Der Senior hatte ab 1939 einen KdF-Werkstattvertrag, weiß Käfer-Spezialist J. Schewe[6]. »Da gab es eine schöne Geschichte über ein riesengroßes, beleuchtetes VW-Zeichen, welches auf dem Dach seiner Werkstatt leuchtete. Diese Werkstatt war genau gegenüber der Mulde-Brücke, so dass jeder, der die Brücke überquerte, direkt auf das VW-Zeichen zufuhr«. Der Erste Parteisekretär des Bezirks, der jeden Morgen daran vorbeichauffiert wurde, »bekam regelmäßig Brechreiz, und so musste das VW-Logo schließlich entfernt werden«, erinnert sich der heute 88jährige Heinz Lorenz. Ebenfalls mit unter zehn Mitarbeitern konnte seine Firma der Verstaatlichung entgehen, »wir haben eine Nische gefunden«[7]. Ab 1975 betrieb man als offizielles Hauptgeschäft den Service für den Barkas B1000, nebenbei wurde aber weiter an VW-Boxern gearbeitet – und dabei auch zahlreichen Pannenfahrzeugen geholfen.
Von Zeitzeugen positiv erwähnt werden auch die Firmen Fromm, Krensitz (bei Leipzig-Delitzsch), Gericke, Ilfeld und die auf Bowdenzüge spezialisierte Firma Lässig in Quellendorf-Frasdorf (Köthen). In Dresden gab es gleich drei Betriebe, die sich Volkswagen verschrieben hatten: die bereits erwähnte Firma Herbert Richter/später Jörg Pattusch (Kesselsdorfer Straße 100), Leonhard Kress (Borsbergstraße 39) und Helmut Schräger (Turnerweg 2)[8]. An östlichster Stelle der DDR residierten die Volkswagen Werkstätten von Marczinski /Heinz Thomas in Bautzen (Auritzer Weg 109), auch Ehrenfried Toppe in Bautzen-Niedergurig war auf Volkswagen spezialisiert.

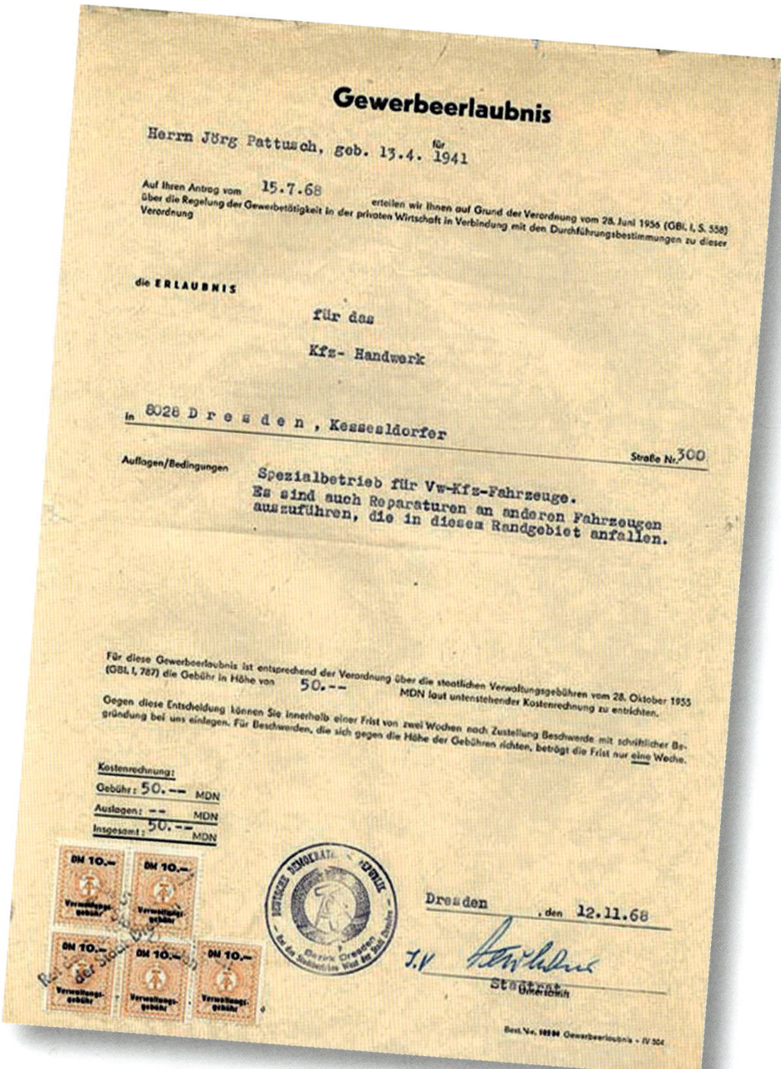
Gewerbeerlaubnis

Herrn Jörg Pattusch, geb. 13.4. für 1941

Auf Ihren Antrag vom 15.7.68 über die Regelung der Gewerbetätigkeit in der privaten Wirtschaft in Verbindung mit den Durchführungsbestimmungen zu dieser Verordnung erteilen wir Ihnen auf Grund der Verordnung vom 28. Juni 1956 (GBl. I, S. 558)

die ERLAUBNIS

für das

Kfz- Handwerk

in 8028 D r e s d e n , Kesselsdorfer Straße Nr. 300

Auflagen/Bedingungen: Spezialbetrieb für Vw-Kfz-Fahrzeuge. Es sind auch Reparaturen an anderen Fahrzeugen auszuführen, die in diesem Randgebiet anfallen.

Für diese Gewerbeerlaubnis ist entsprechend der Verordnung über die staatlichen Verwaltungsgebühren vom 28. Oktober 1955 (GBl. I, 787) die Gebühr in Höhe von 50.-- MDN laut untenstehender Kostenrechnung zu entrichten.

Gegen diese Entscheidung können Sie innerhalb einer Frist von zwei Wochen nach Zustellung Beschwerde mit schriftlicher Begründung bei uns einlegen. Für Beschwerden, die sich gegen die Höhe der Gebühren richten, beträgt die Frist nur eine Woche.

Kostenrechnung:
Gebühr: 50.-- MDN
Auslagen: -- MDN
Insgesamt: 50.-- MDN

DM 10.– Verwaltungsgebühr (5×)

Dresden, den 12.11.68

I.V. [Unterschrift]
Stadtrat
Unterschrift

Best.-Nr. 10804 Gewerbeerlaubnis - IV 504

Pattusch in Dresden durfte 1968 seinen Privatbetrieb neu eröffnen, mit Hinweis darauf, dass »Reparaturen auch an anderen Fahrzeugen durchzuführen« seien ***Quelle: Pattusch***

Neuansiedlungen von Servicebetrieben gab es zwar nicht, aber bei Nachfolgereglungen hatten auch junge Kraftfahrzeugmechaniker wie der erwähnte Werner Enge eine Chance (ab 1. April 1970), eine entsprechende Werkstatt neu aufzustellen. Ähnlich war dies bei der Firma Jörg Pattusch in Dresden, die

4 Infos U. Gerecke (02.03.2023)

5 M. Santoro in: GF/Porsche Klassik online, 23.03.2023

6 Infos B. Schewe

7 Infos Heinz Lorenz (2023)

8 GUTE FAHRT 10+11/1964

VW-REPARATUR-KUNDENDIENST

Hermann Zetzsch

69/65

DESSAU · STENESCHE STRASSE 19/21 · RUF 1858

DESSAU, am ....

RECHNUNG für Herrn [geschwärzt] Blatt II

Uebertrag		568.99	861.9o
2 Ausgleichsscheiben	o.28	o.56	
2 Gelenkschutzhüllen	2.55	5.1o	
4 Schlauchbänder	o.18	o.72	
1 Gummilager f,Getriebe vorn		1.68	
4 Stahlschrauben MF 12x5o	o.35	1.4o	
2 " " MF 12x9o	o.47	o.94	
2 Wellendichtringe 45x62x1o	1.72	3.44	
4 Gummi-Dichtringe	o.12	o.48	
8 Bremsbeläge m.Nieten	1.48	11.84	
4 Rückzugfedern f.Bremsbacken	o.34	1.36	
2 Bremsschläuche hinten	5.77	11.54	
2 Handbremsseile	8.68	17.36	
2 Entlüfterschrauben	o.82	1.64	
1 L Bremsflüssigkeit B711		5.9o	
4Radschrauben	o.67	2.68	
1 I.Hauptlager		17.18	
1 Satz Motordichtungen		16.5o	
1 Hohlschraube		8.28	
+ 1 Oeldruckschalter		5.65	
2 Luftleitbleche	4.oo	8.oo	
1 Wellendichtring 6ox8ox1o		2.oo	
1 Schwungscheibe		85.56	
1 Starterkranz		27.6o	
1 Kupplung K1o		29.oo	
1 Mitnehmerscheibe		15.3o	
1 Zündkerze 14/175		4.83	
+ 4 Entstörstecker	3.48	6.[illegible]	
+ 1 Keilriemen 13/85o		[illegible]	
2,5 L HD Motoröl	3.5o	8.75	
1 Auspufftopf f.2 Austrittsrohre		77.15	
2 Austrittsrohre vollst.	8.8o	17.6o	
1 Heizungszug		1.68	
1 Schraubtrieb vollst.		19.45	
2 Klemmschrauben vollst.	3.8o	7.6o	
3 L Getriebeöl	o.93	2.79	
o,5 Kg Fett		1.15	1oo2.11
Fremdarbeit:			
1 Hauptlager bearbeiten und			
1 Zahnrad ausbuchsen lassen		15.25	
4 Bremstrommeln ausdrehen lassen		18.o4	33.29
			1897.3o
			=======

Strausberg 8.4.65 [Unterschrift]

Radlager vorn 30304/30305

Zahlbar spätestens 15 Tage nach Rechnungsdatum ohne Abzug. Bei verspäteter Zahlung Verzugszinsen von 0,05% pro Tag lt. ZVOBl. Nr. 6? vom 20. 7. 1949.

Dieser Betrag wurde über-wiesen am: – 8. APR. 1965 ... e. G. m. b. H., Strausberg

Vertragswerkstatt

OTTO VILLARET · MAGDEBURG

KRAFTFAHRZEUG-INSTANDSETZUNG

Herrn
Eberhard Pohl
[geschwärzt]
3018 Magdeburg

Klosterhufe 12

SCHLEINUFER 24f · FERNRUF 33569
POSTSCHECK-KTO.: MAGDEBURG 9769
BANK FÜR HANDWERK UND GEWERBE
MAGDEBURG 3274-37-532
BETRIEBS-NUMMER 33/311/5060

Handwerker-Rechnung

301 MAGDEBURG, DEN 19.4.1971

Comm.	VW-1300 Auftrag v. 15.3.1971	Nr.	75/71	
	Betr: Unfallschaden			
	Motor ausgebaut, zerlegt u. auf Schaden geprüft. Motor zusammen- u. eingebaut. Vorderachse geprüft		171.	34
1	Vergaser ✓	207,06	207.	06
1	Lichtmaschine ✓	204,04	204.	04
1	Verteiler ✓	91,78	91.	78
1	Benzinpump e ✓	79,80	79.	80
1	Gebläsegehäuse	57,50	45.	82
1	Auspufftopf ✓	44,84	57.	50
1	Leuchte ✓	685,02	44.	84
1	Bremsschlauch		3.	33
1	" leitung		2.	45
		M.	907.	96

Zahlbar ohne Abzug innerhalb 15 Tagen nach Rechnungsdatum. Bei verspäteter Zahlung sind wir verpflichtet, Verspätungszinsen in Höhe von 8% pro Jahr zu berechnen. - Ich behalte mir vor, jeden mir durch nicht vereinbarungsgemäß geleistete Zahlungen entstehenden Schaden geltend zu machen. - Erfüllungsort und ausschließlicher Gerichtsstand für beide Teile: Magdeburg.

IV-14-34 883 Nk G 22 96 70

Detaillierte Rechnung der Fa. Zetzsch in Dessau von 1965 (links) und Rechnung der Fa. Villaret in Magdeburg von 1971

Quellen: Pohl

im Rahmen einer Nachfolgeregelung zum 2. Januar 1969 als »Spezialbetrieb für VW-Kfz-Fahrzeuge« gegründet wurde. Es handelte sich zunächst noch um zwei Garagen mit Anbau in der Kesselsdorfer Straße im Süden Dresdens. Zuvor hatte dort die Fa. Richter beispielsweise F9-Karosserien auf VW-Chassis gesetzt, man hatte auch die erwähnten Lindner-Porsche dort gewartet. Pattusch wurde – wie alle anderen Volkswagen Betriebe – nun amtlicherseits verpflichtet: »Es sind auch Reparaturen an anderen Fahrzeugen auszuführen, die in diesem Randgebiet von Dresden anfallen«[9].

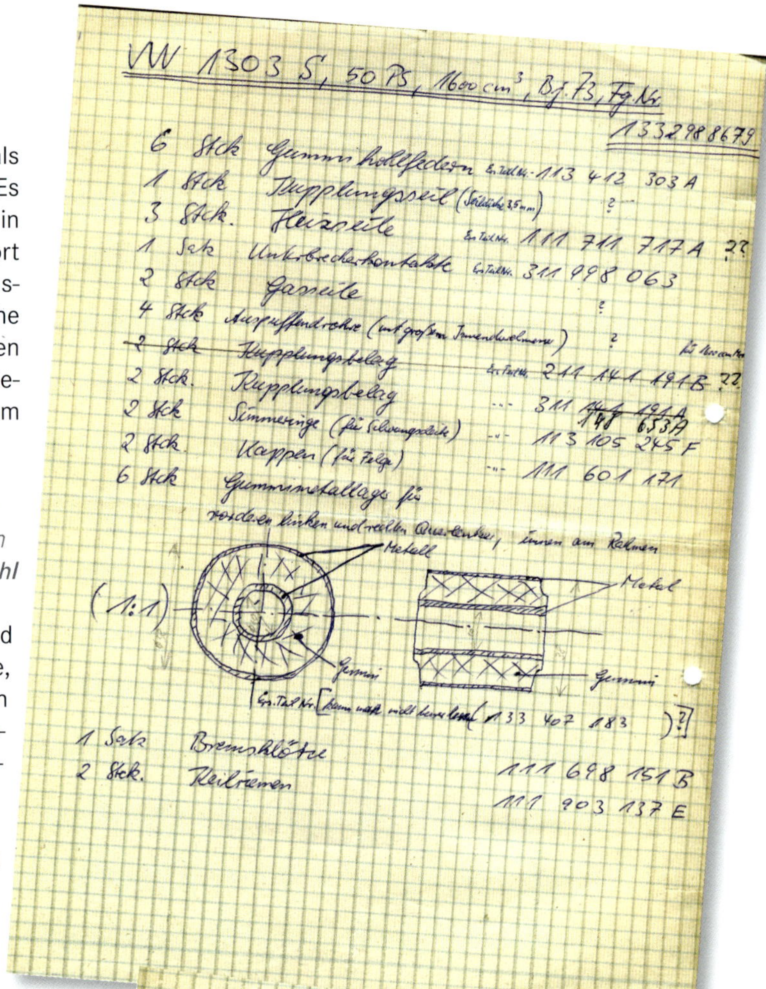
VW 1303 S, 50 PS, 1600 cm³, Bj. 73, Fg.Nr. 1332988679
6 Stck Gummihohlfedern 113 412 303 A
1 Stck Kupplungsseil
3 Stck. Heizseile 111 711 717 A
1 Satz Unterbrecherkontakte 311 998 063
2 Stck Gaszüge
2 Stck. Kupplungsbelag
2 Stck Simmeringe (für Schwungscheibe)
2 Stck. Kappen (für Felge) 113 105 245 F
6 Stck Gummiunterlage für vorderen linken und rechten Querlenker, innen am Rahmen 111 601 171
(1:1) Metall / Metall / Gummi / Gummi
1 Satz Bremsklötze 111 698 151 B
2 Stck. Keilriemen 111 903 137 E

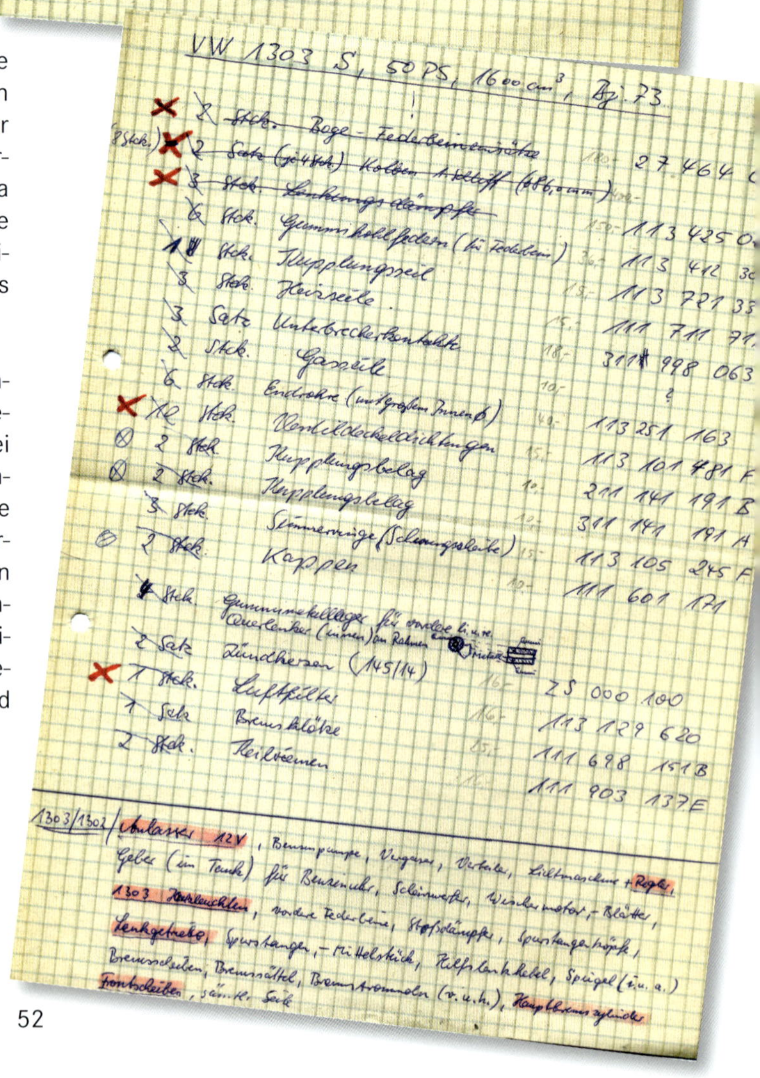
VW 1303 S, 50 PS, 1600 cm³, Bj. 73
6 Stck. Gummihohlfedern 113 425 0…
Kupplungsseil 113 412 3…
Heizseile 113 721 33…
Unterbrecherkontakte 111 711 71…
2 Stck. Gaszüge 311 998 063
Kupplungsbelag 113 101 481 F
Kupplungsbelag 211 141 191 B
Simmeringe (Schwungscheibe) 311 141 191 A
2 Stck. Kappen 113 105 245 F
Gummiunterlage für vordere linke Querlenker (innen) am Rahmen 111 601 171
2 Satz Zündkerzen (145/14)
1 Stck. Luftfilter ZS 000 100
1 Satz Bremsklötze 113 129 620
2 Stck. Keilriemen 111 698 151 B
111 903 137 E

In Ermanglung von Werkstatthandbüchern und Serviceplänen behalfen sich findige Schrauber mit solchen handschriftlichen Aufzeichnungen selbst ***Quelle: Pohl***

Dazu kamen zahllose private Schrauber, die nach Feierabend oder auch während der Arbeitszeit für sich und ihre Freunde, aber oft darüber hinaus und hart am Rande der Legalität an Volkswagen werkelten. Beispielsweise im Waggonbau Halle-Ammendorf gab es so einen begnadeten Schrauber, der Kunden in der ganzen DDR bediente.

Den »Kontrollorganen« gefiel die private Geschäftstätigkeit ganz und gar nicht, auch wenn dort sogar Behördenmitarbeiter – einschließlich Festangestellter der Staatssicherheit – Kunden waren... Ab den 60er-Jahren wurde die Gängelei des privaten Handwerks nochmals verschärft – Zielstellung war, diese Servicebetriebe in PGHs oder gleich in staatliche Hand zu überführen. Entsprechende Verstaatlichungswellen liefen 1972 und 1974. Wer in der Mitarbeiterzahl unter der magischen Grenze von zunächst zehn Angestellten blieb, wurde jedoch meist in Ruhe gelassen – bei der erwähnten Firma Enge und anderen Betrieben waren aus diesem Grunde nie mehr als fünf bis sechs Mitarbeiter dokumentiert. Dank kreativer Auslegung der Bestimmungen hatte die Fa. Pattusch indes eine Ausnahmegenehmigung für elf Mitarbeiter erhalten[10].

Die wichtigsten Ersatzteile für die gelisteten etwa 8.000 Kunden in der DDR (tatsächlich darf man diese Zahl ohne weiteres verdoppeln) kamen ganz offiziell aus dem Westen, wobei ohne das persönliche Engagement von einigen Volkswagen-Führungskräften nur wenig gelaufen wäre. Die entsprechende komplizierte finanzielle Abwicklung lief über den VEB Imperhandel, Berlin, Tabbertstraße – dort wurden auch alle anderen Pkw-Importe (Skoda und Dacia erst nach der bereits erwähnten Gründung der vier IFA-Kombinate 1978) verwaltet[11]. Zuteilung und Kontrolle regelten vom Ministerium für Verkehrswesen, HA Kraftverkehr, beauftragte Mitarbeiter auf Bezirks- und Kreisebene.

9 Infos J. Pattusch
10 Infos H. Enge
11 Infos M. Dünnebier

Wer in der DDR privat schraubte oder schrauben ließ, musste Sachkenntnis und Nerven wie Stahlseile haben. Vor allem aber brauchte es ein großes Netzwerk und sachkundiger Helfer mit dem sprichwörtlichen »goldenen Händchen«

Fotos: Pohl, Bernotat

Kein Garagenfund, sondern Zwischenlager für frühe Käfer: Der weiße Wagen stammt von 1947 und der rote von 1948. Ganz vorn ein KdF-Käfer ***Foto: Bernotat***

Wichtigster offizieller Großhändler in der DDR ab 1962/63 war die Firma Militzer & Dietzel in Gera, Laasener Straße 20 (die auch die unterschiedlichsten Dichtungen und Bowdenzüge für Kundenfahrzeuge fertigte). Uwe Gerecke[12] erinnert sich, dass Militzer & Dietzel darüber hinaus auch in der DDR nachgefertigte Getriebeteile, Bremsteile (Trommeln und Beläge) sowie Tachowellen liefern konnte. Angekauft wurden diese Teile über das Handelskontor Erfurt, das wiederum zum VEB Kfz-Zubehörwerk Meißen gehörte[13].

Beispielsweise für 1964 stellte besagtes Handelskontor VW-Teile für insgesamt 85.000 DM zur Verfügung, ursprünglich vereinbart waren 110.000 DM. Es handelte sich um Originalteile. Oben drauf kamen auch Nachfertigungen, die über den westdeutschen Großhändler Maaßen (Bochum) direkt mit dem Außenhandel der DDR vereinbart worden waren. Unklar, ob Volkswagen davon offiziell Kenntnis hatte. Militzer & Dietzel verteilten dann diese Teile mit genauer Wertzumessung an 22 Servicebetriebe in der DDR – beispielsweise Gerecke bekam Lieferungen im Wert von 4.000 DM, während Grabowitz als »Gleicher unter Gleichen« immerhin 12.000 DM zugestanden wurden. Die Endkunden zahlten für Teile und Arbeit selbstverständlich in DDR-Mark, wobei die niedrigen und kaum kostendeckenden Regelleistungspreise genau festgelegt waren[14].

Letzte Ersatzteile von Volkswagen wurden offiziell bis 1. April 1971 eingeführt. Allerdings ging die Unterstützung für die DDR-Szene wohl unter der Hand weiter. Im VW Classic Magazin[15] ist beschrieben, wie Volkswagen-Servicemitarbeiter die Dresdner Firma Pattusch unterstützten: »In Ungarn unterhielt das Volkswagenwerk ein reguläres VW-Servicenetz. Auf ihren Dienstreisen nach Budapest legen die Niedersachsen regelmäßig Zwischenstopp in Dresden ein. Die VW-Mitarbeiter versorgen Pattusch mit Know-how und Homologationsunterlagen für seine Rallye-Käfer«.

Andere bisherige Volkswagen-Werkstätten, die nicht über solch gute Kontakte verfügten, wandten sich daraufhin dem Service an Viertakt-Fahrzeugen wie dem Zaporoschets, dem Lada, dem Dacia oder dem Zastava zu. Tatsächlich sollen, so VW-Chefeinkäufer Klaus Vacano noch im März 1977[16], »an-

12 Infos U. Gerecke

13 Infos H. Enge

14 Bodo Schwarzberg; Menschenbilder

15 VW Classic Magazin 21 (2021)

16 Vorstandsunterlagen Volkswagen

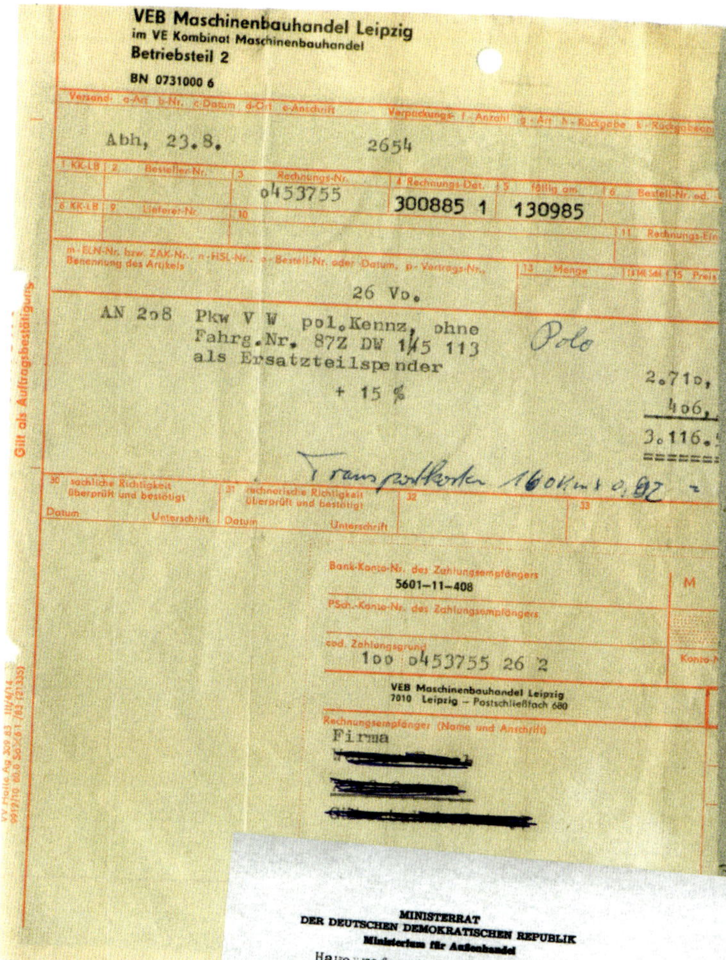

VEB Maschinenbauhandel Leipzig
im VE Kombinat Maschinenbauhandel
Betriebsteil 2
BN 0731000 6

Abh. 23.8. 2654

o453755 300885 1 130985

26 Vo.

AN 2o8 Pkw V W pol. Kennz. ohne
Fahrg.Nr. 87Z DW 145 113 Polo
als Ersatzteilspender
+ 15 %

2.71o,
4o6,
3.116.

Transportkosten 160 km + 0,92

Bank-Konto-Nr. des Zahlungsempfängers 5601-11-408

1oo o453755 26 2

VEB Maschinenbauhandel Leipzig
7010 Leipzig – Postschließfach 680

Firma

Gilt als Auftragsbestätigung

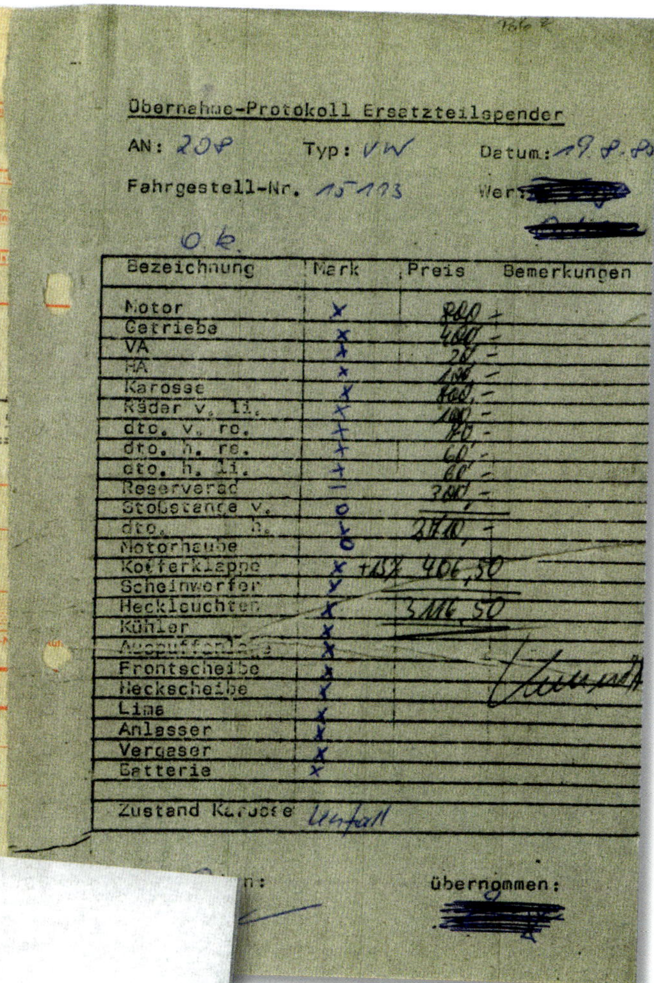

Übernahme-Protokoll Ersatzteilspender

AN: 208 Typ: VW Datum: 19.8.85

Fahrgestell-Nr. 15113

o.k.

Bezeichnung	Mark	Preis	Bemerkungen
Motor	x	800,-	
Getriebe	x	400,-	
VA	x	20,-	
HA	x	200,-	
Karosse	x	400,-	
Räder v. li.	x	100,-	
dto. v. re.	+	100,-	
dto. h. re.	+	60,-	
dto. h. li.	+	60,-	
Reserverad	–	300,-	
Stoßstange v.	o		
dto. h.	o	2710,-	
Motorhaube	o		
Kofferklappe	x	+15% 406,50	
Scheinwerfer	x		
Heckleuchten	x	3116,50	
Kühler	x		
Auspuffanlage	x		
Frontscheibe	x		
Heckscheibe	x		
Lima	x		
Anlasser	x		
Vergaser	x		
Batterie	x		

Zustand Karosse Unfall

übernommen:

Übernahme eines Unfall-VW über den Maschinenbauhandel Leipzig und Übernahmeprotokoll **Quelle: Pohl**

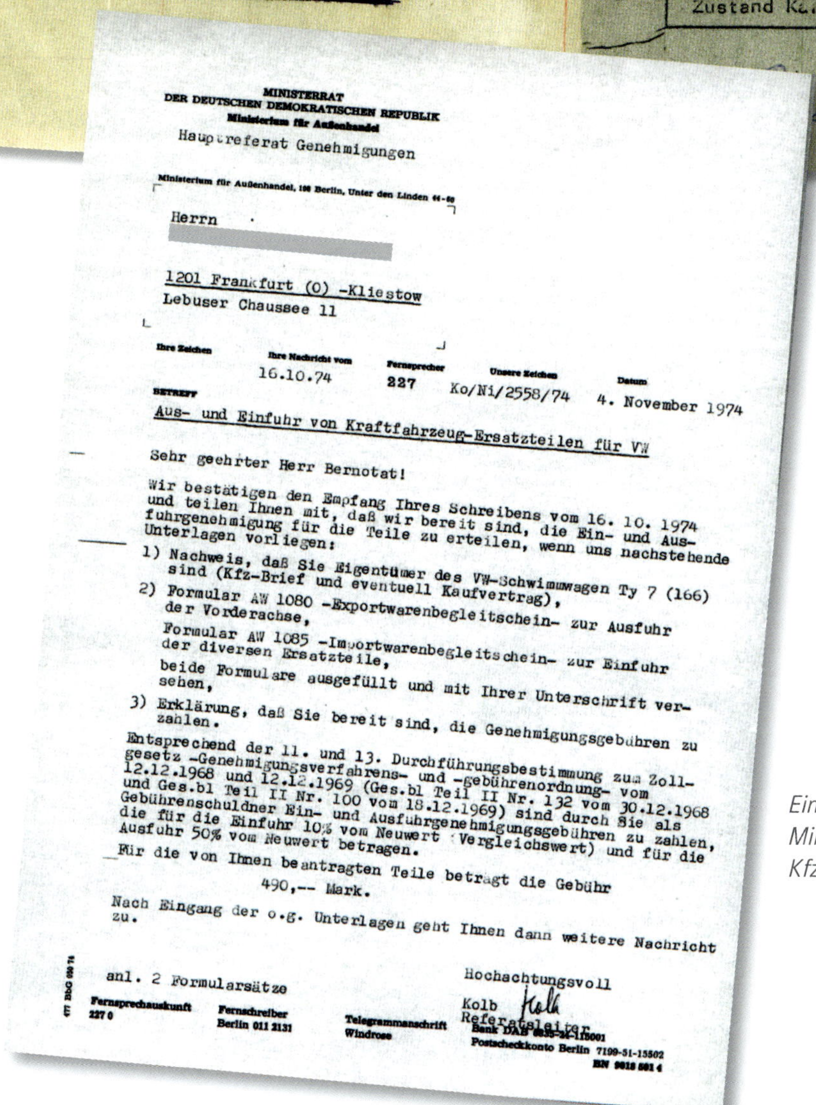

MINISTERRAT
DER DEUTSCHEN DEMOKRATISCHEN REPUBLIK
Ministerium für Außenhandel

Hauptreferat Genehmigungen

Ministerium für Außenhandel, 108 Berlin, Unter den Linden 44-60

Herrn

1201 Frankfurt (O) -Kliestow
Lebuser Chaussee 11

Ihre Zeichen	Ihre Nachricht vom	Fernsprecher	Unsere Zeichen	Datum
	16.10.74	227	Ko/Ni/2558/74	4. November 1974

BETREFF
Aus- und Einfuhr von Kraftfahrzeug-Ersatzteilen für VW

Sehr geehrter Herr Bernotat!

Wir bestätigen den Empfang Ihres Schreibens vom 16. 10. 1974 und teilen Ihnen mit, daß wir bereit sind, die Ein- und Ausfuhrgenehmigung für die Teile zu erteilen, wenn uns nachstehende Unterlagen vorliegen:

1) Nachweis, daß Sie Eigentümer des VW-Schwimmwagen Ty 7 (166) sind (Kfz-Brief und eventuell Kaufvertrag),
2) Formular AW 1080 -Exportwarenbegleitschein- zur Ausfuhr der Vorderachse,
Formular AW 1085 -Importwarenbegleitschein- zur Einfuhr der diversen Ersatzteile,
beide Formulare ausgefüllt und mit Ihrer Unterschrift versehen,
3) Erklärung, daß Sie bereit sind, die Genehmigungsgebühren zu zahlen.

Entsprechend der 11. und 13. Durchführungsbestimmung zum Zollgesetz -Genehmigungsverfahrens- und -gebührenordnung- vom 12.12.1968 und 12.12.1969 (Ges.bl Teil II Nr. 132 vom 30.12.1968 und Ges.bl Teil II Nr. 100 vom 18.12.1969) sind durch Sie als Gebührenschuldner Ein- und Ausfuhrgenehmigungsgebühren zu zahlen, die für die Einfuhr 10% vom Neuwert (Vergleichswert) und für die Ausfuhr 50% vom Neuwert betragen.

Für die von Ihnen beantragten Teile beträgt die Gebühr

490,-- Mark.

Nach Eingang der o.g. Unterlagen geht Ihnen dann weitere Nachricht zu.

anl. 2 Formularsätze

Hochachtungsvoll

Kolb
Referatsleiter

Fernsprechauskunft 227 0 | Fernschreiber Berlin 011 2131 | Telegrammanschrift Windrose | Bank DAB 6836-26-115001 | Postscheckkonto Berlin 7199-51-15502 | BN 9018 881 4

Ein- und Ausfuhrgenehmigung des DDR-Ministerrats, Referat Genehmigungen, für Kfz-Teile im Jahr 1974 **Quelle: Bernotat**

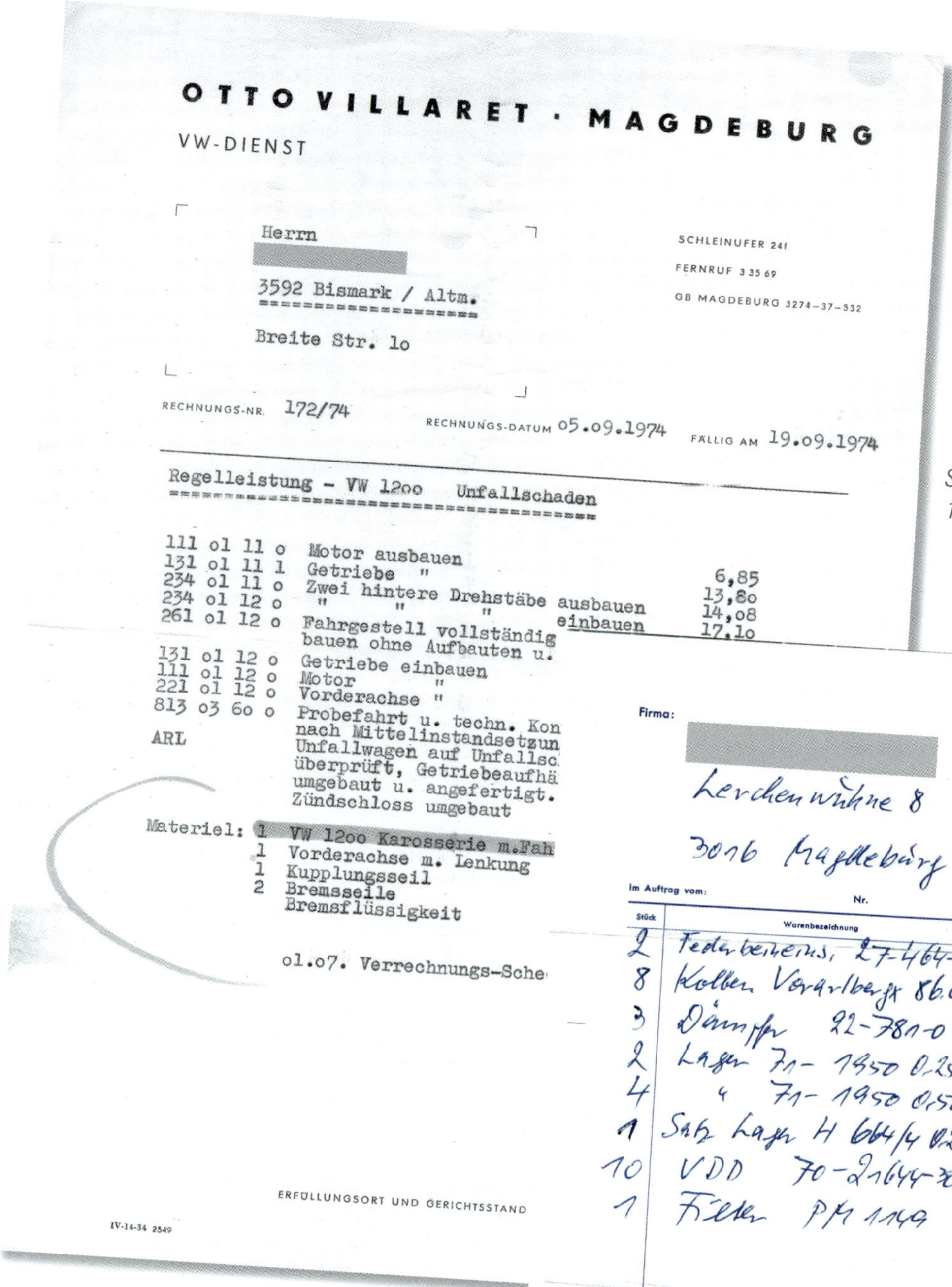

OTTO VILLARET · MAGDEBURG

VW-DIENST

Herrn

3592 Bismark / Altm.

Breite Str. lo

SCHLEINUFER 241
FERNRUF 3 35 69
GB MAGDEBURG 3274-37-532

RECHNUNGS-NR. 172/74 RECHNUNGS-DATUM 05.09.1974 FÄLLIG AM 19.09.1974

Regelleistung – VW 12oo Unfallschaden

111 ol 11 o	Motor ausbauen	
131 ol 11 1	Getriebe "	6,85
234 ol 11 o	Zwei hintere Drehstäbe ausbauen	13,8o
234 ol 12 o	" " " einbauen	14,08
261 ol 12 o	Fahrgestell vollständig bauen ohne Aufbauten u.	17,1o
131 ol 12 o	Getriebe einbauen	
111 ol 12 o	Motor "	
221 ol 12 o	Vorderachse "	
813 o3 6o o	Probefahrt u. techn. Kon	

ARL

nach Mittelinstandsetzun
Unfallwagen auf Unfallsc
überprüft, Getriebeaufhä
umgebaut u. angefertigt.
Zündschloss umgebaut

Materiel: 1 VW 12oo Karosserie m.Fah
1 Vorderachse m. Lenkung
1 Kupplungsseil
2 Bremsseile
Bremsflüssigkeit

ol.o7. Verrechnungs-Sche

ERFÜLLUNGSORT UND GERICHTSSTAND

IV-14-34 2549

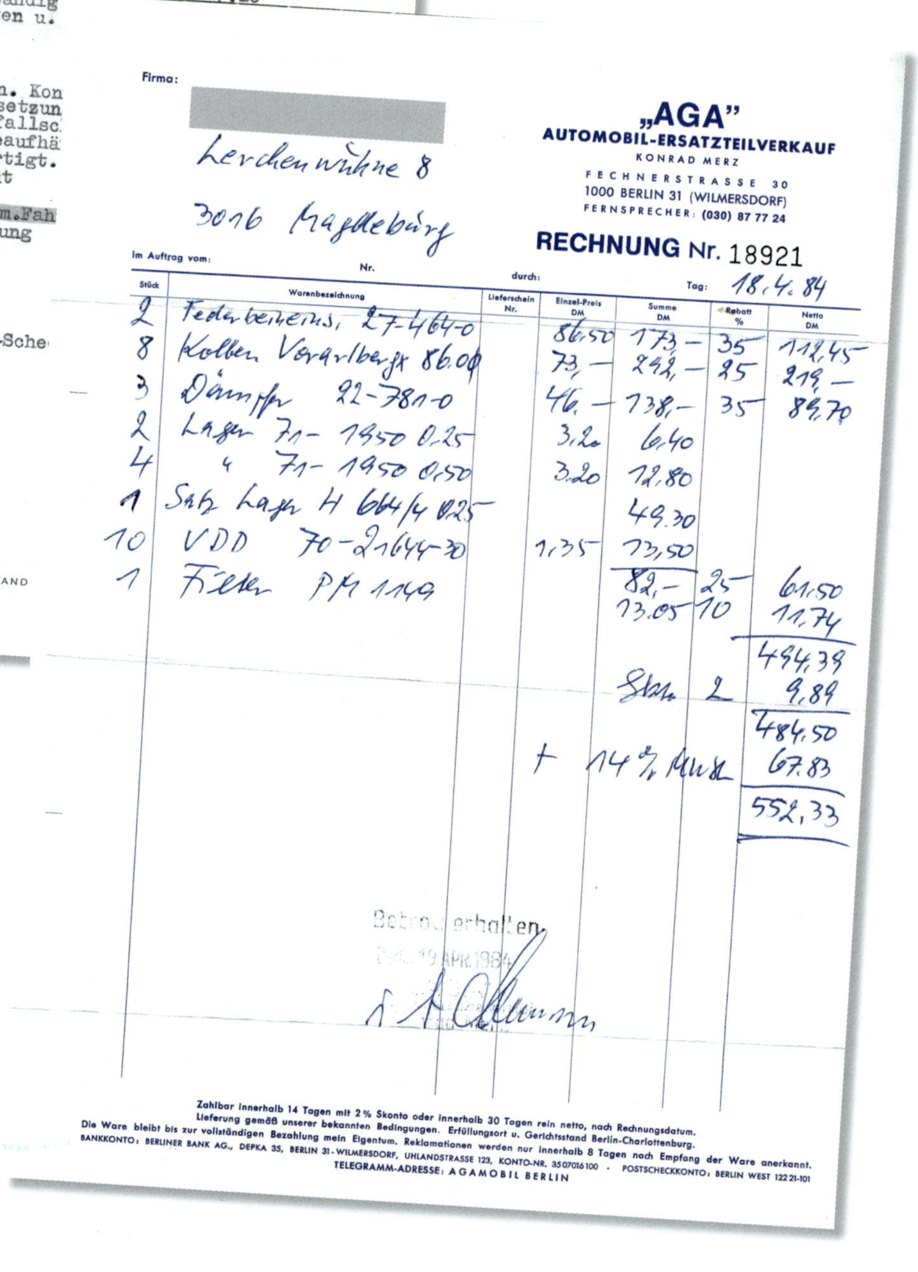

Firma:

Lerchenwühne 8
3016 Magdeburg

„AGA"
AUTOMOBIL-ERSATZTEILVERKAUF
KONRAD MERZ
FECHNERSTRASSE 30
1000 BERLIN 31 (WILMERSDORF)
FERNSPRECHER: (030) 87 77 24

RECHNUNG Nr. 18921

Im Auftrag vom: Nr. durch: Tag: 18.4.84

Stück	Warenbezeichnung	Lieferschein Nr.	Einzel-Preis DM	Summe DM	Rabatt %	Netto DM
2	Federbeinems. 27-464-0		86,50	173,–	35	112,45
8	Kolben Vorarlberger 86.00		73,–	292,–	25	219,–
3	Dämpfer 22-781-0		46,–	138,–	35	89,70
2	Lager 71-1950 0,25		3,20	6,40		
4	" 71-1950 0,50		3,20	12,80		
1	Satz Lager H 664/4 0,25			49,30		
10	VDD 70-21644-30		1,35	13,50		
1	Filter PM 1149			82,–	25	61,50
				13,05	10	11,74
						494,39
				Skonto	2	9,89
						484,50
	+ 14 % MwSt					67,83
						552,33

Betrag erhalten
19. APR. 1984

Zahlbar innerhalb 14 Tagen mit 2 % Skonto oder innerhalb 30 Tagen rein netto, nach Rechnungsdatum. Lieferung gemäß unserer bekannten Bedingungen. Erfüllungsort u. Gerichtsstand Berlin-Charlottenburg. Die Ware bleibt bis zur vollständigen Bezahlung mein Eigentum. Reklamationen werden nur innerhalb 8 Tagen nach Empfang der Ware anerkannt.
BANKKONTO: BERLINER BANK AG., DEPKA 35, BERLIN 31-WILMERSDORF, UHLANDSTRASSE 123, KONTO-NR. 3507016100 · POSTSCHECKKONTO: BERLIN WEST 122 21-101
TELEGRAMM-ADRESSE: AGAMOBIL BERLIN

Service-Rechnung Unfallschaden von 1974 und Ersatzteil-Rechnung 1984
Quellen: Pohl

geblich für 200.000 DM p.a. Ersatzteile von bundesdeutschen Händlern in die DDR geliefert worden sein«. Und er setzte hinzu: »Bedarf an Ersatzteilen besteht, wie wir aus unseren inoffiziellen Verbindungen zu Uralt-VW-Partnern in der DDR wissen«.

Offiziell war es für DDR-Privatbetriebe, die etwa nach einer Erbschaft über harte Mark verfügten, nicht möglich, Teile direkt aus Westdeutschland zu beziehen. Dass hierfür ein Valutaguthaben bei einer DDR-Bank eingerichtet werden konnte, ist bislang nicht belegt worden. Wer über Westgeld bzw. über entsprechende Spender im Westen verfügte, versuchte es am besten auf semilegalem Weg, indem er direkt bei Volkswagen-Vertragswerkstätten in Westdeutschland oder Westberlin Teile orderte, die auf dem eigentlich nur privaten Postweg (»Geschenksendung, keine Handelsware«) zugesandt wurden[17].

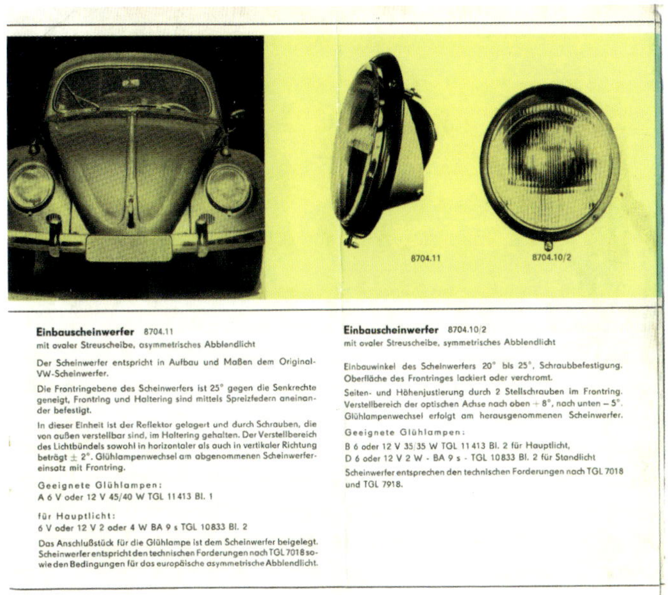

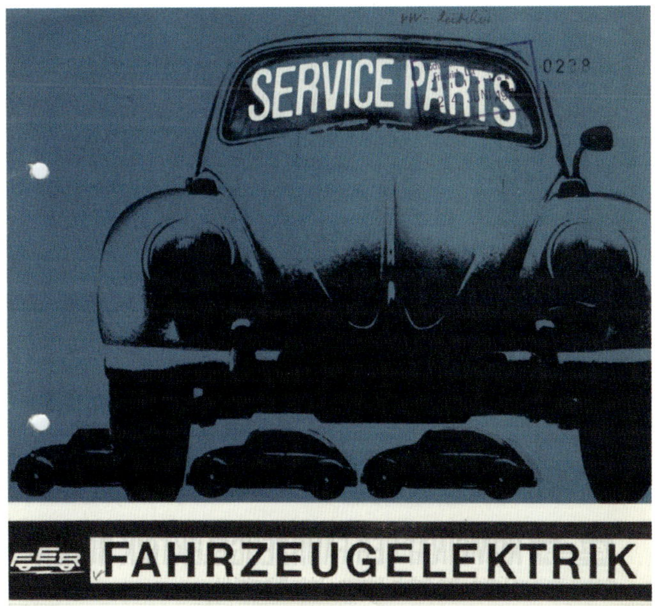

Zubehörfertigung in der DDR mit Volkswagen-Bezug in der DDR. Sogar entsprechende Angebotskataloge sind gedruckt worden ***Quellen: Bernotat***

17 Infos H. Enge

Daneben liefen unterschiedliche Geschäfte auf individueller Basis. Beispielsweise im Westen begehrte Originalteile von Kübelwagen waren eine begehrte Tauschware, die unter anderem über Mitarbeiter afrikanischer Botschaften vom Osten in den Westen mitgenommen wurden. Sehr viele Ersatzteile wurden privat im Reisegepäck mitgebracht oder per Post geschickt – Hartmut Bernotat erhielt so Reifen für seinen Schwimmkübel aus Westberlin. So gab es unter der Hand für ausgewählte Privatbetriebe sogar Schulungen durch VW-Personal (mehr dazu in Kapitel 9)[18], [19].

VW-ZUBEHÖR

8201.5/7

Die elektrische Ausrüstung Ihres Volkswagens 1200 unterliegt auch dem normalen Verschleiß. Rechtzeitige Kontrolle und Erneuerung dient der Verkehrssicherheit und erspart Ihnen unliebsame Überraschungen unterwegs. IKA-Fahrzeugelektrik bietet Ihnen aus dem umfangreichen Produktionsprogramm eine Auswahl von Ersatzgeräten für den VW 1200, die mühelos gegen die Originalausstattung austauschbar sind.

SCHUBSCHRAUBTRIEB-ANLASSER 8201.5/7

Unbelüfteter Schubschraubtrieb-Anlasser für Flanschbefestigung mit elektromagnetischer Einspurung des Ritzels (9 Zähne, Modul = 2,5 mm).

Eingriffswinkel = 15°, Druckknopfbetätigung, Freilauf, Drehrichtung links.

Leistung 0,6 PS/6 V.

Flanschbefestigung rechts.

Die Anlasser sind in ihrem elektrischen Parameter nach modernsten Erkenntnissen aufgebaut und besitzen eine hohe Verschleißfestigkeit.

KOMBINAT VEB FAHRZEUGELEKTRIK RUHLA

Zentraler Service und Vertrieb · 9166 Thalheim/Erzgebirge · Telefon Meinersdorf 411

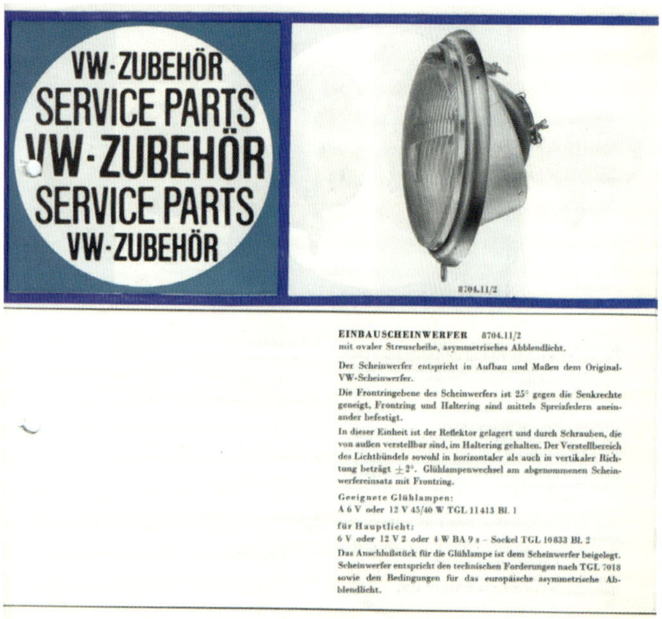

VW-ZUBEHÖR
SERVICE PARTS
VW-ZUBEHÖR
SERVICE PARTS
VW-ZUBEHÖR

8704.11/2

EINBAUSCHEINWERFER 8704.11/2
mit ovaler Streuscheibe, asymmetrisches Abblendlicht.

Der Scheinwerfer entspricht in Aufbau und Maßen dem Original-VW-Scheinwerfer.

Die Frontringebene des Scheinwerfers ist 25° gegen die Senkrechte geneigt, Frontring und Haltering sind mittels Spreizfedern aneinander befestigt.

In dieser Einheit ist der Reflektor gelagert und durch Schrauben, die von außen verstellbar sind, im Haltering gehalten. Der Verstellbereich des Lichtbündels sowohl in horizontaler als auch in vertikaler Richtung beträgt ±2°. Glühlampenwechsel am abgenommenen Scheinwerfereinsatz mit Frontring.

Geeignete Glühlampen:
A 6 V oder 12 V 45/40 W TGL 11413 Bl. 1

für Hauptlicht:
6 V oder 12 V 2 oder 4 W BA 9 s – Sockel TGL 10833 Bl. 2

Das Anschlußstück für die Glühlampe ist dem Scheinwerfer beigelegt. Scheinwerfer entspricht den technischen Forderungen nach TGL 7918 sowie den Bedingungen für das europäische asymmetrische Abblendlicht.

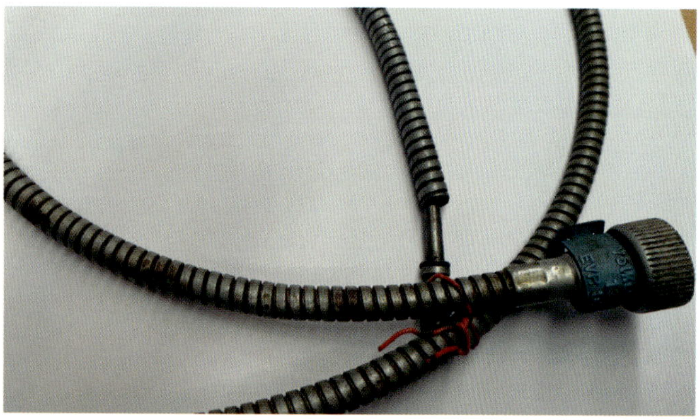

In der DDR gefertigte und vertriebene Tachowelle für den Käfer (EVP stand für die Preiskennzeichnung)

Foto: Kittler/Sammlg. Enge

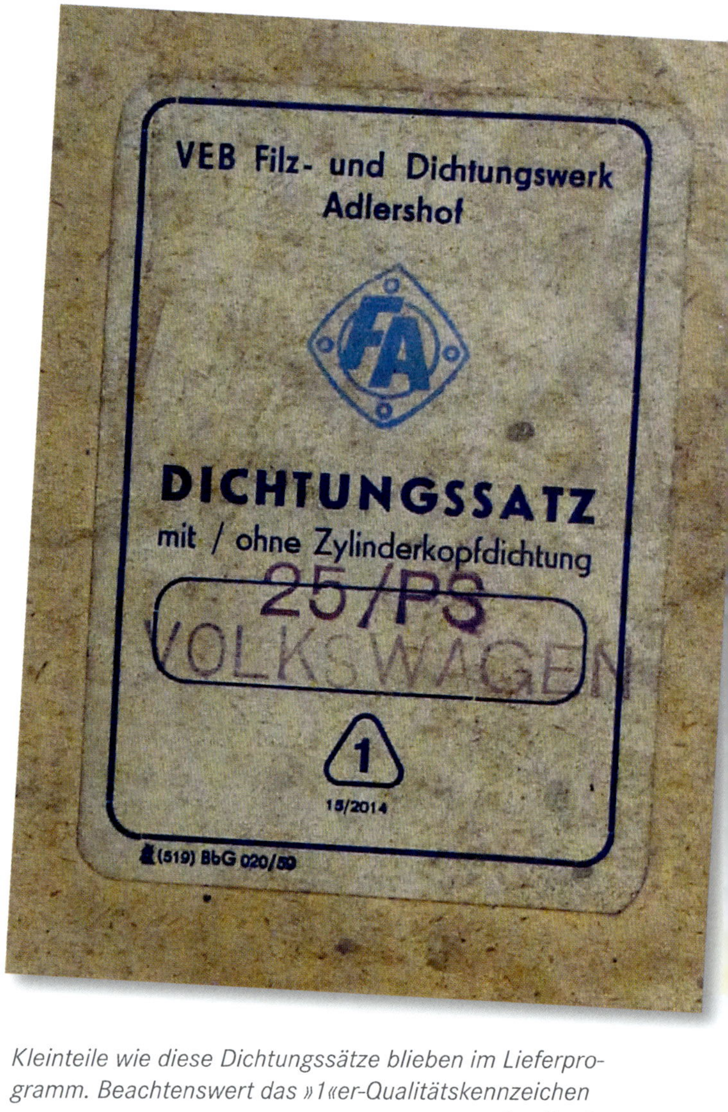

Kleinteile wie diese Dichtungssätze blieben im Lieferprogramm. Beachtenswert das »1«er-Qualitätskennzeichen

Quelle: Bernotat

18 Infos H. Bernotat

19 Infos H. Enge

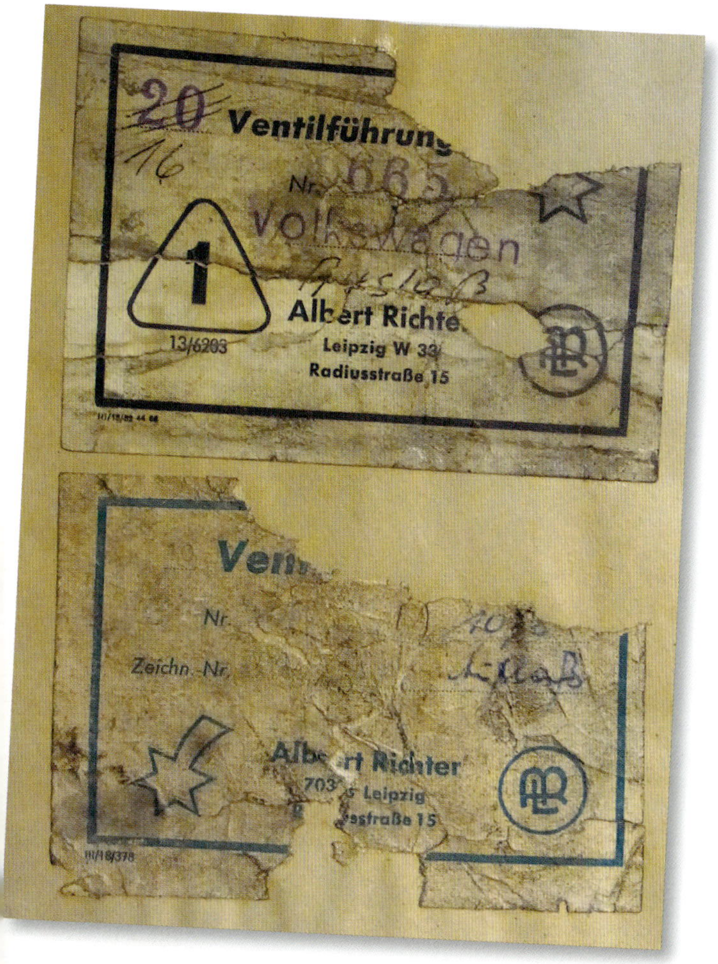

Offiziell in der DDR hergestellte VW-Ersatz- und Verschleißteile
Quellen: Bernotat

Von Hand gegossener Zylinder »made in DDR« Foto: Kittler/Sammlg. Bernotat

DEUTSCHE DEMOKRATISCHE REPUBLIK

Kraftfahrzeugbrief

für Kraftwagen

Amtliches Kennzeichen des Kraftfahrzeuges

Eintragungen in diesem Fahrzeugbrief dürfen nur von den gem. § 23 Abs. 3 StVZO berechtigten Stellen erfolgen.

Kraftfahrzeugbrief I Nr. A 035431

VK 41 (87/11) 6359 9. 56 Ag 461/56

Ohne Kfz-Brief ging nichts in der DDR. Mit einem solchen Dokument waren die abenteuerlichsten Umbauten machbar. Jeder Besitzerwechsel wurde akribisch dokumentiert *Quellen: Bernotat*

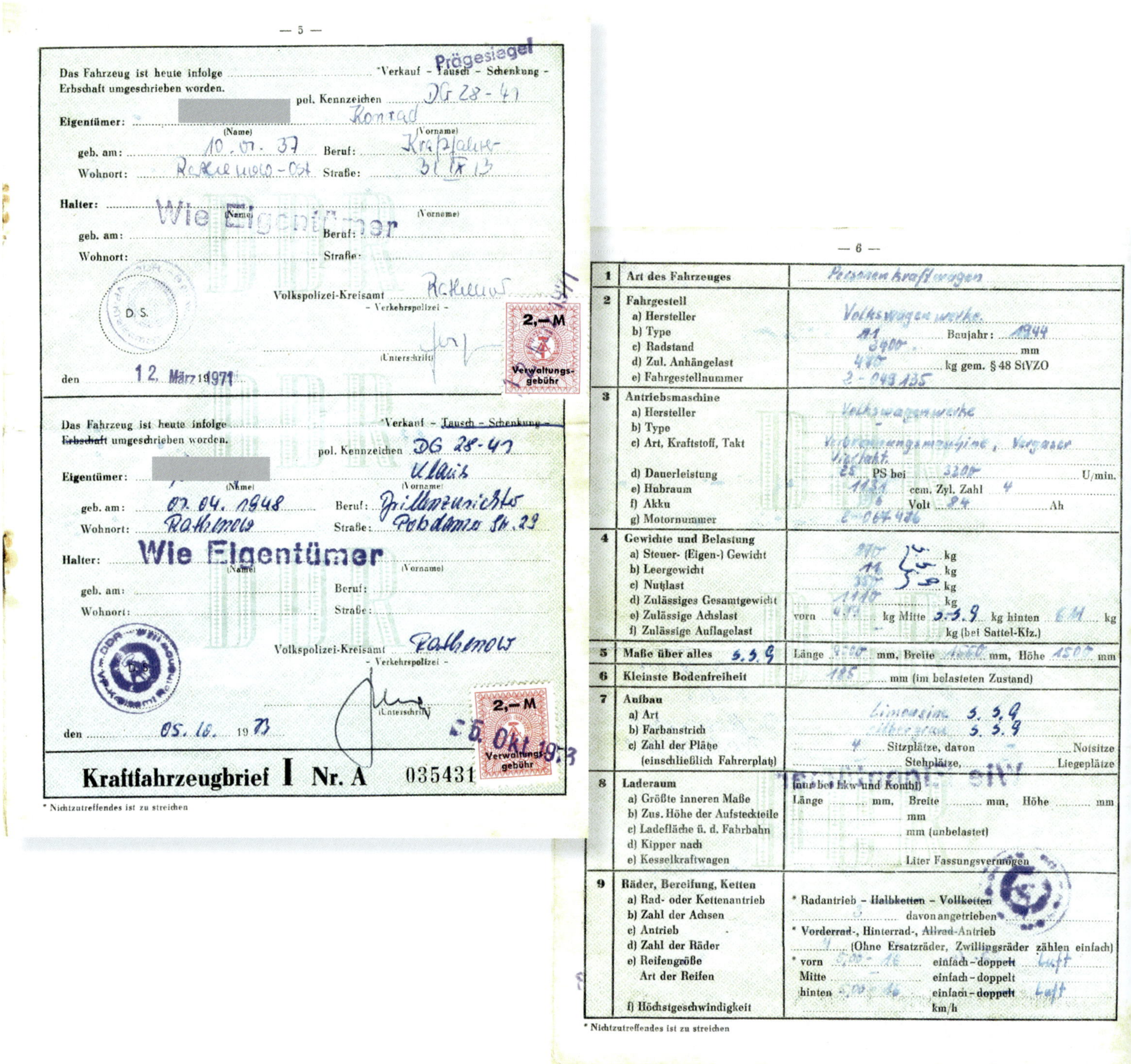

— 5 —

Das Fahrzeug ist heute infolge .... *Verkauf – Tausch – Schenkung – Erbschaft umgeschrieben worden.

pol. Kennzeichen DG 28-41

Eigentümer: .... (Name) Konrad (Vorname)

geb. am: 10.07.37 Beruf: Kraftfahrer

Wohnort: Rathenow-Ost Straße: ....

Halter: Wie Eigentümer (Name) (Vorname)

geb. am: .... Beruf: ....

Wohnort: .... Straße: ....

Volkspolizei-Kreisamt Rathenow – Verkehrspolizei –

(Unterschrift)

den 12. März 1971

2,– M Verwaltungsgebühr

Das Fahrzeug ist heute infolge .... *Verkauf – Tausch – Schenkung – Erbschaft umgeschrieben worden.

pol. Kennzeichen DG 28-41

Eigentümer: .... (Name) Klaus (Vorname)

geb. am: 07.04.1948 Beruf: ....

Wohnort: Rathenow Straße: Potsdamer Str. 29

Halter: Wie Eigentümer (Name) (Vorname)

geb. am: .... Beruf: ....

Wohnort: .... Straße: ....

Volkspolizei-Kreisamt Rathenow – Verkehrspolizei –

(Unterschrift)

den 05.10.1973

2,– M Verwaltungsgebühr

Kraftfahrzeugbrief I Nr. A 035431

* Nichtzutreffendes ist zu streichen

— 6 —

1	Art des Fahrzeuges	Personenkraftwagen
2	Fahrgestell a) Hersteller b) Type c) Radstand d) Zul. Anhängelast e) Fahrgestellnummer	Volkswagenwerke 11 Baujahr: 1944 2400 mm 470 kg gem. § 48 StVZO 2-048 135
3	Antriebsmaschine a) Hersteller b) Type c) Art, Kraftstoff, Takt d) Dauerleistung e) Hubraum f) Akku g) Motornummer	Volkswagenwerke – Verbrennungsmaschine, Vergaser Viertakt. 25 PS bei 3300 U/min. 1131 ccm, Zyl. Zahl 4 6 Volt 84 Ah 2-064 486
4	Gewichte und Belastung a) Steuer- (Eigen-) Gewicht b) Leergewicht c) Nutzlast d) Zulässiges Gesamtgewicht e) Zulässige Achslast f) Zulässige Auflagelast	.... kg .... kg .... kg 1110 kg vorn .... kg Mitte 5.3.9 kg hinten .... kg .... kg (bei Sattel-Kfz.)
5	Maße über alles 5.3.9	Länge .... mm, Breite .... mm, Höhe 1500 mm
6	Kleinste Bodenfreiheit	185 mm (im belasteten Zustand)
7	Aufbau a) Art b) Farbanstrich c) Zahl der Plätze (einschließlich Fahrerplatz)	Limousine 5.3.9 silbergrau 5.3.9 4 Sitzplätze, davon .... Notsitze .... Stehplätze, ... Liegeplätze
8	Laderaum a) Größte inneren Maße b) Zus. Höhe der Aufsteckteile c) Ladefläche ü. d. Fahrbahn d) Kipper nach e) Kesselkraftwagen	(nur bei Lkw und Kombi) Länge .... mm, Breite .... mm, Höhe .... mm .... mm .... mm (unbelastet) .... Liter Fassungsvermögen
9	Räder, Bereifung, Ketten a) Rad- oder Kettenantrieb b) Zahl der Achsen c) Antrieb d) Zahl der Räder e) Reifengröße Art der Reifen f) Höchstgeschwindigkeit	* Radantrieb – Halbketten – Vollketten 2 davon angetrieben * Vorderrad-, Hinterrad-, Allrad-Antrieb 4 (Ohne Ersatzräder, Zwillingsräder zählen einfach) * vorn 5,00-16 einfach – doppelt Luft Mitte .... einfach – doppelt hinten 5,00-16 einfach – doppelt Luft .... km/h

* Nichtzutreffendes ist zu streichen

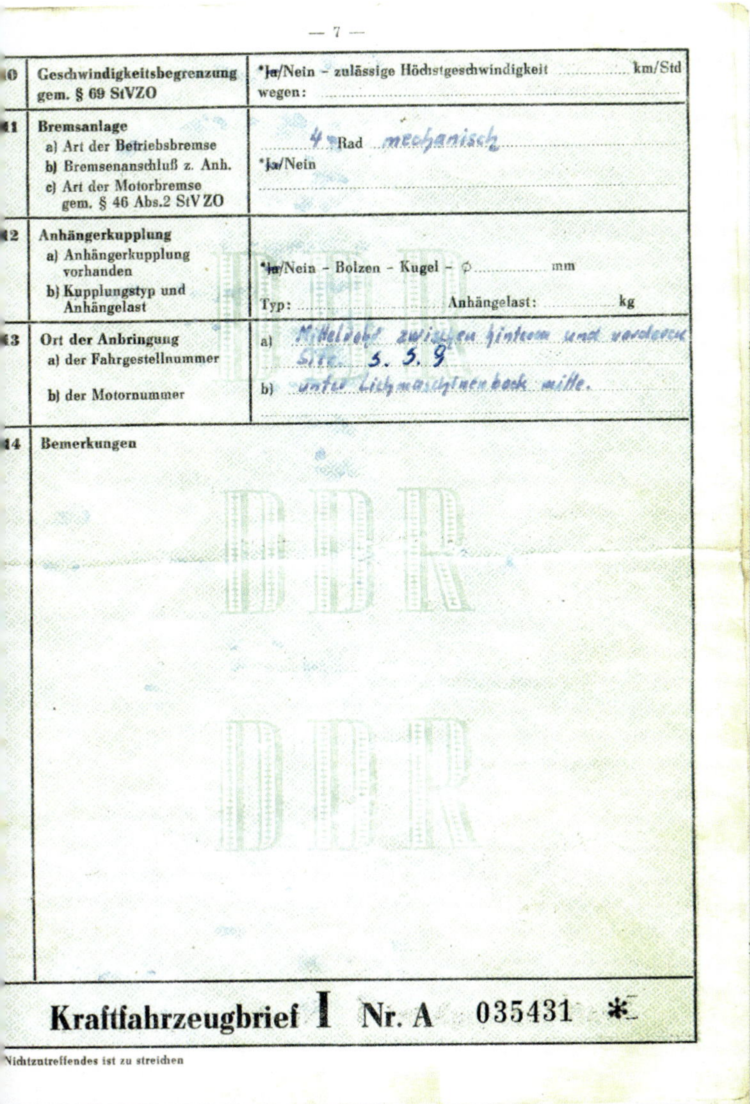

— 7 —

40	Geschwindigkeitsbegrenzung gem. § 69 StVZO	*~~Ja~~/Nein – zulässige Höchstgeschwindigkeit .... km/Std wegen:
41	Bremsanlage a) Art der Betriebsbremse b) Bremsenanschluß z. Anh. c) Art der Motorbremse gem. § 46 Abs.2 StVZO	4 Rad mechanisch *~~Ja~~/Nein
42	Anhängerkupplung a) Anhängerkupplung vorhanden b) Kupplungstyp und Anhängelast	*~~Ja~~/Nein – Bolzen – Kugel – ϕ .... mm Typ: .... Anhängelast: .... kg
43	Ort der Anbringung a) der Fahrgestellnummer b) der Motornummer	a) Mittelrohr zwischen hinterem und vorderem Sitz 5. 5. 9 b) unter Lichtmaschinenbock mitte.
44	Bemerkungen	

DDR
DDR

Kraftfahrzeugbrief I Nr. A 035431 *

*Nichtzutreffendes ist zu streichen

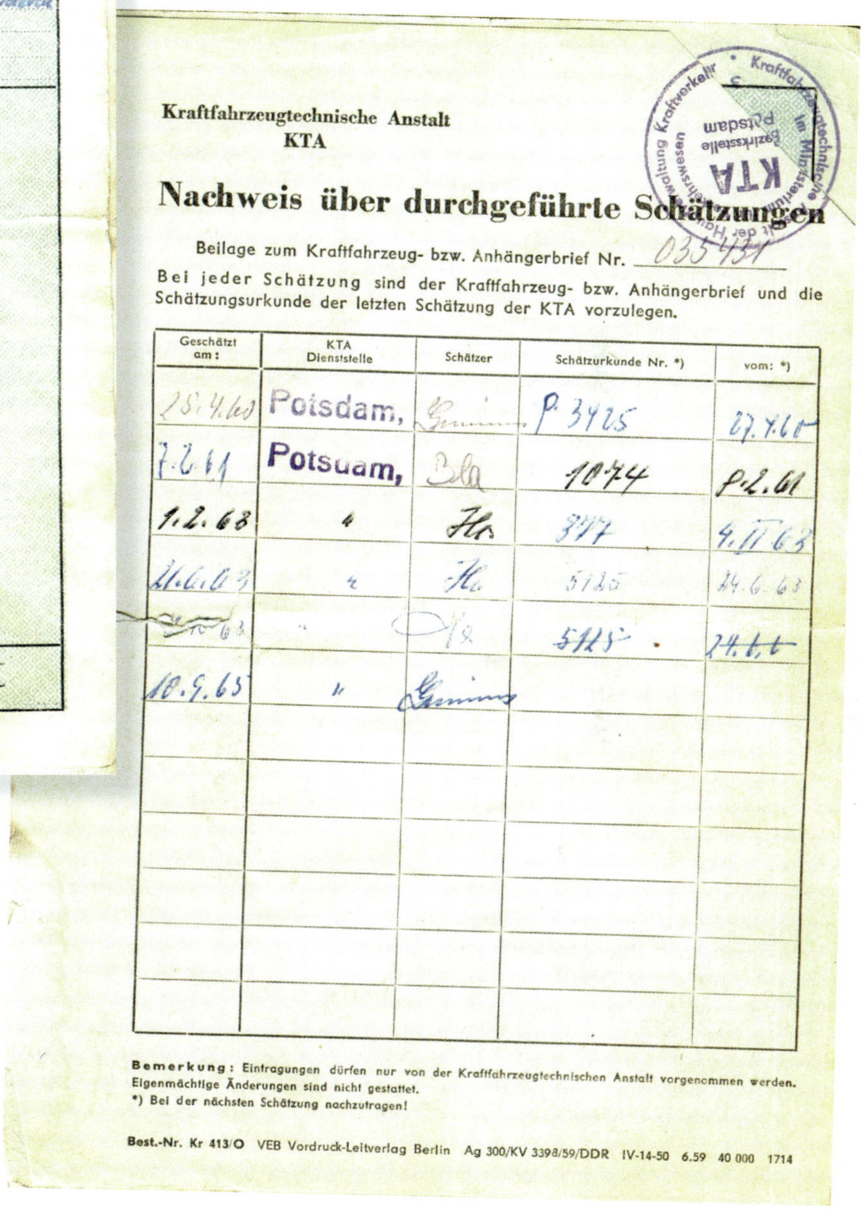

Kraftfahrzeugtechnische Anstalt
KTA

Nachweis über durchgeführte Schätzungen

Beilage zum Kraftfahrzeug- bzw. Anhängerbrief Nr. 035431

Bei jeder Schätzung sind der Kraftfahrzeug- bzw. Anhängerbrief und die Schätzungsurkunde der letzten Schätzung der KTA vorzulegen.

Geschätzt am:	KTA Dienststelle	Schätzer	Schätzurkunde Nr. *)	vom: *)
25.4.60	Potsdam,	Gemins	P 3425	27.4.60
7.2.61	Potsdam,	Bla	1074	8.2.61
1.2.63	"	Ha.	377	4.II.63
21.6.63	"	Ha.	5120	24.6.63
[illegible] 63		[illegible]	5115	24.6.6
10.9.65	"	Gemins		

Bemerkung: Eintragungen dürfen nur von der Kraftfahrzeugtechnischen Anstalt vorgenommen werden. Eigenmächtige Änderungen sind nicht gestattet.
*) Bei der nächsten Schätzung nachzutragen!

Best.-Nr. Kr 413/O VEB Vordruck-Leitverlag Berlin Ag 300/KV 3398/59/DDR IV-14-50 6.59 40 000 1714

Offensichtlich erfolgte aber die Unterstützung der Privaten durch Volkswagen in Wolfsburg nicht direkt, von Ausnahmen sicher abgesehen. Uwe Gerecke aus Ilfeld erinnert sich, dass die Firma seines Vaters Heinz lediglich Technische Merkblätter, aber keine Teile direkt von Volkswagen beziehen konnte. In den Zeiten vor dem Mauerbau empfing man aber bei Volkswagen in Wolfsburg immer wieder aus der DDR angereiste Techniker auch aus kleinen Werkstätten, um ihnen die Käfer-Produktion zu zeigen[20].

Natürlich wurden immer auch ganz offiziell Produktionsmittel und Ersatzteile in der DDR hergestellt – Hartmut Bernotat[21] weiß von mindestens 500 Positionen vom Ventil über Ventilführungen bis zum Spurstangengelenk, die zeitweise über den IFA-Fachhandel angeboten wurden. Noch Mitte der 60er wurden in Schwarzenberg im Erzgebirge Werkzeuge zur Herstellung von Käfer-Hauben und Pressen zur Herstellung des Dachs produziert. Das sorgte für Kapazitätsengpässe bei der geplanten Produktionseinführung des neuen Wartburg 353, die daraufhin verschoben werden musste – das Westgeschäft hatte Vorrang[22].

Auch beim VEB Umformtechnik Erfurt baute man VW-Teile. Und die Firma Renak stellte Kupplungen und Mitnehmerscheiben her, die auch in die Bundesrepublik geliefert wurden. Im Prospekt der Leipziger Messe 1968 findet sich eine Anzeige von IKA Electrica mit Verweis auf Volkswagen-Zubehör – die DDR exportierte solche Teile also auch westwärts. Gleich drei Firmen stellten Kolben, dazu Getriebeteile und Federstäbe her, wobei die Teile aus Harzer Fertigung (Rautenbach/Ilsenburg) hochgelobt wurden, während ihre Pendants aus Bitterfeld als nur zweite Wahl galten. Die Kolben kamen aus Plaue.

Dazu kamen für den Inlandsbedarf modifizierte Eigenfertigungen (Anhängerkupplungen von der Firma Franke, Hauben, Stoßfänger, Kotflügel, Trittbretter von der Firma Rudi Schmoz, Rosslau, aus Glasfiber bzw. von Privat aus »Hobbyplast«-Kunststoff). »Der Plaste-Papst belieferte sämtliche VW-Werkstätten in der DDR mit selbstgefertigten Trittbrettern, Stoßfängern, Kotflügeln, Motor- und Kofferraumhauben – Teile von Schmoz sind beliebt, weil sie wegen chronischer Materialknappheit im Sozialismus alternativlos sind und nicht rosten«, heißt es im VW Classic Magazin. Vier Kotflügel waren für ca. 600 Mark zu haben, die Motorhaube schlug mit 380 Mark zu Buche [23]. Dem Vernehmen nach sollen derartige Kunststoffteile auch unter der Hand gegen West-Mark in die Bundesrepublik bzw. nach Westberlin geliefert worden sein.

Bremsbeläge ließen sich aus Rollenbremsband für TAKRAF-Kräne herstellen, Radbremszylinder und die Kupplung des Pkw Wartburg konnte man für den Käfer anpassen, für Motorkolben hielten eigentlich für den Pkw Moskwitsch gedachte Rohlinge her (Firma Fritz Riebgut in Plau am See). Und die äußerst raren Kurbelwellenlager stellte man aus Stahlstützlagern her, die eine Rotgusseinlage erhielten.

Auch zahllose andere Teile ließen sich adaptieren – Achsmanschetten vom Skoda S 100, Spurstangenkopfe und sogar Reifen vom Wartburg 311, Bremsleitungen und Scheibenwischer vom Trabant. Um Doppelglas-Scheiben auf Maß zu schneiden, wurde der befreundete Optiker bemüht, Scheinwerferreflektoren baute man aus Trabant-Leuchten aus[24]. Selbst Frontscheiben wurden selbst gefertigt[25]. Heinz Lorenz weiß von »zahlreichen Kleinbetrieben im benachbarten Erzgebirge, die Ersatzteile nachfertigten«[26].

Hilfreich war stets bereits erwähnte Möglichkeit, verunfallte oder beschlagnahmte Autos (Bezug über Maschinenbauhandel, Abt. Maschinen- und Materialreserven/DHZ) ausschlachten zu können – was wie in Kapitel 4 aufgeführt – eigentlich nur Werkstätten zugestanden wurde. Die Rede war sogar davon, verunfallte West-Schrottautos eigentlich dem Schrott zuführen zu müssen – aber solcherlei Ansagen sind nie umgesetzt worden. Es fand sich immer ein Ausweg, und so bauten auch clevere Privatschrauber Beziehungen zu derartigen Umschlagplätzen auf.

Oder man fand jemand im westlichen Teil Deutschlands, der Teile eines Autos (beispielsweise eine Karosserie) für einen in der DDR genehmigten Umbau zur Verfügung stellte. Schließlich hatte Schätzungen zufolge jede zweite Familie in der DDR verwandtschaftliche Kontakte in den Westen... Wurde der Antrag beim Ministerium für Außenhandel genehmigt, mussten für das Teil 20 Prozent des Zeitwerts eines entsprechenden Fahrzeugs in der DDR (gern nahm man hier den Polski-Fiat 125p als Vergleichsmaßstab) als Einfuhrzoll in Westwährung gezahlt werden – Eberhard Pohl berichtet von Beträgen zwischen 900 und 1.100 DM für eine Karosserie. Antransportiert wurde sie ganz offiziell via Transportauftrag. Findige Volkswagen-Freunde ließen im Westen komplette Autos demontieren und stückweise in die DDR bringen[27].

Voraussetzung dafür war immer das Vorliegen eines Kraftfahrzeugbriefs. Dafür wurden auch Fragmente von Schrottfahrzeugen gern übernommen – Hauptsache, im Brief fand sich die Eintragung »Volkswagen« mit der entsprechenden Nummer. Pohl erwarb darum einen Straßenreinigungs-Klein-Lkw, der zwar ein Marken-Potpourri war, aber erstaunlicherweise als Volkswagen ausgezeichnet war.

20 Infos U. Gerecke (02.03.2023)

21 Infos H. Bernotat

22 Infos Enge

23 M. Santoro in: VW Classic Magazin 22 (2022)1

24 Infos H. Bernotat

25 Infos U. Gerecke (02.03.2023)

26 Infos H. Lorenz

27 Infos E. Pohl

Die im Kraftfahrzeugbrief vermerkte Fahrgestellnummer ließ sich dann übertragen, wobei aber bis Anfang der 80er-Jahre auch die Motornummer übereinstimmen musste. So gab es VW 1302 oder 1303 mit 25-PS-Ur-Motor und offiziell genanntem Baujahr aus den 50ern, die später im Zuge eines wiederum genehmigten Umbaus den originalen 44- oder 50-PS-Motor erhielten. Hier ging es meist um Ermessensfragen bei der Auslegung der Dienstvorschriften. Manchmal saßen in den entsprechenden Ämtern Mitarbeiterinnen ohne ausgeprägte technische Kenntnisse, die irgendwann dem überaus beharrlichen Werben und Bitten des Bürgers entsprachen[28].

Originalität anzustreben, war unter diesen Umständen damals für die meisten kein Thema – vielmehr wollte der Kunde ein möglichst modernes Fahrzeug. Brezelfenster wurden aufgesägt und mittels gebogener Kunststoff-Scheiben verwandelte sich der Uralt-Käfer in einen Ovali, der andererseits vielleicht noch über eine mit Kühlschlitzen versehene Cabrio-Motorhaube verfügte. Auch Rückfenster des IFA F9 wurden mit viel Improvisationstalent eingepasst. Käfer aus den 60ern erhielten, wenn irgend machbar, natürlich die Kastenstoßfänger der 70er-Jahre, auch die hinteren Elefantenfuß-Rückleuchten kamen gern zum Einsatz. Geschmacksverirrungen blieben nicht aus: So sorgte ein 1303 mit nachträglich aufgesetztem Schiebedach eines 1200ers für Aufsehen, das wegen seiner Optik als »Mütze« bespöttelt wurde. Stets wurde versucht, das Fahrzeug zu verjüngen – und auf den unterschiedlichsten Wegen kam das Know-how dafür ins Land. Eberhard Pohl schrieb Volkswagen Händler überall in Westdeutschland an, um sie nach Einstelldaten, Schleifmaßen und Ersatzteilpreisen zu befragen.

Um die genehmigten Ersatzteillieferungen unkomplizierter übernehmen zu können, fand die erwähnte Firma Enge[29] einen recht ungewöhnlichen Weg: Sie beantragte erfolgreich die Übernahme solcher Teile direkt an innerdeutsche Grenze, wohin Mitarbeiter eines westdeutschen Autohauses (Firma Trie-selmann, Bebra) beispielsweise Karosserien mit oder ohne Fahrgestell anlieferten. Mit einem rosa Passierschein versehen, durften die Ostmonteure bis an den Schlagbaum fahren, reichten das Abschleppseil darunter durch und zogen die Westlieferung unter den wachsamen Augen der Ost-Grenzer auf DDR-Territorium. Später kamen auch für die Firma Enge Teile und Karosserien im Zuge von Leerfahrten in DEUTRANS-Lkw ins Land.

Nur wenige DDR-Bürger hatten das Privileg, ihren Volkswagen direkt in Westdeutschland warten und reparieren zu lassen. Neben Künstlern, Kirchenleuten und VIPs vor allem aus Ost-Berlin waren dies Rentner mit Schwerbeschädigtem-Ausweis bzw. Schwerstbeschädigte, die ihr Fahrzeug mit in den Westen nehmen durften. Es soll durchaus vorgekommen sein, dass bei dieser Gelegenheit ein älteres in ein jüngeres Fahrzeug getauscht wurde und zumindest die Chassisnummern entsprechend angepasst wurden.

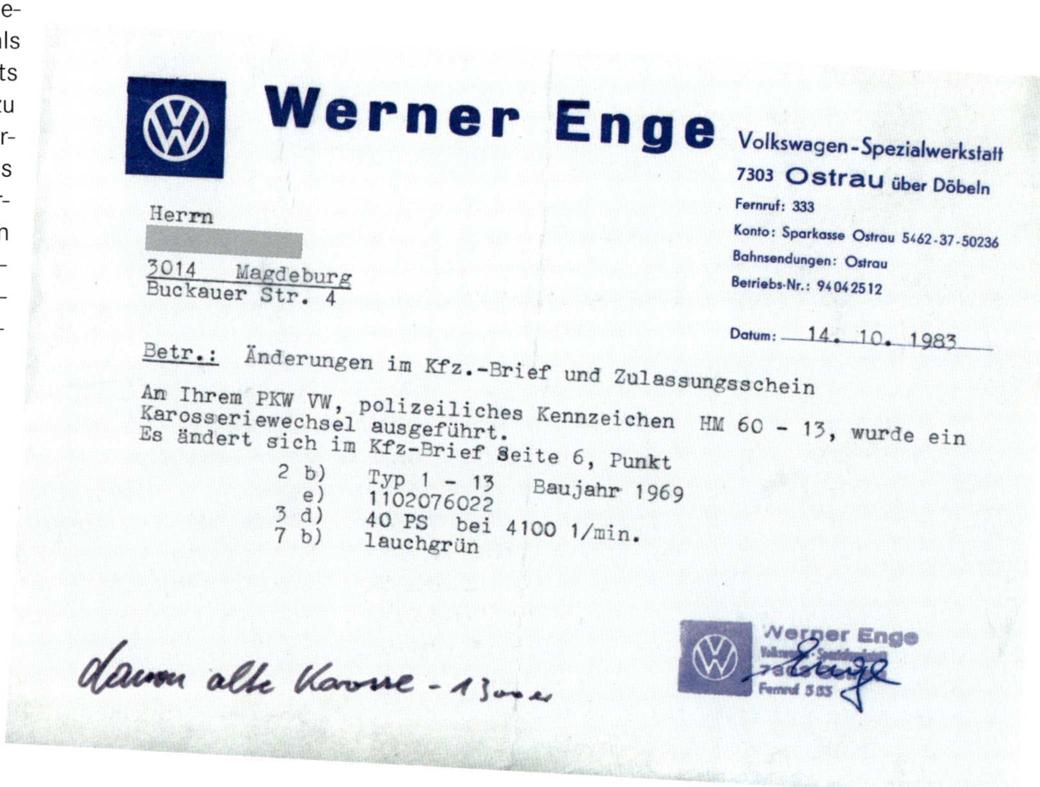
Werner Enge
Volkswagen-Spezialwerkstatt
7303 Ostrau über Döbeln
Fernruf: 333
Konto: Sparkasse Ostrau 5462-37-50236
Bahnsendungen: Ostrau
Betriebs-Nr.: 94042512

Herrn

3014 Magdeburg
Buckauer Str. 4

Datum: 14. 10. 1983

Betr.: Änderungen im Kfz.-Brief und Zulassungsschein

An Ihrem PKW VW, polizeiliches Kennzeichen HM 60 - 13, wurde ein Karosseriewechsel ausgeführt.
Es ändert sich im Kfz-Brief Seite 6, Punkt

2 b) Typ 1 - 13 Baujahr 1969
e) 1102076022
3 d) 40 PS bei 4100 1/min.
7 b) lauchgrün

Dank eines Karosserieumbaus konnte man zu einem fast neuen Auto kommen *Quelle: Pohl*

28 Infos H. Bernotat

29 Infos H. Enge

6. Rennsport mit Volkswagen-Technik

Mit Wiederaufnahme des Motorsports in Deutschland Ende der 40er Jahre wurden auch in der damaligen Sowjetischen Besatzungszone erste Konstruktionen auf BMW- und Volkswagen-Basis an den Start gebracht. Den Rennsportlern ging es nicht um einen Kampf der politischen Systeme, sondern sie betrachteten Autorennen – etwa auf dem Nürburgring in der Eifel oder auf dem Sachsenring bei Chemnitz – als Wettbewerb unter Kollegen und Freunden. Mangelwirtschaft, Schwarzmarkt und unterschiedlichste Restriktionen stellten aber extrem hohe Anforderungen an Improvisations- und Organisationstalent der östlichen Aktiven.

Schon beim Sachsenringrennen im August 1950 trat ein relativ großes Feld an Motorrädern und Renn- und Rennsportwagen verschiedener Klassen an. Darunter waren allein sieben Wettbewerber mit VW-Eigenbau-Fahrzeugen in der Klasse G bis 1100 ccm dabei, wobei damals auch Starter aus dem Westen Deutschlands antraten. In der kleinsten Klasse, zunächst mit Vorkriegsfahrzeugen gefahren, wurde ab 1947 von Eigenbaufahrzeugen auf VW-Technik dominiert. In der DDR machten die zweisitzigen 1100er-Sportwagen auf KdF Kübelwagen und NSU/Fiat-Vorkriegsbasis in den frühen 50ern die größten Starterfelder aus[1].

Start des Laufs Nr. 4, Klasse G bis 1100 ccm beim Sachsenringrennen am 28. August 1950. Erste Reihe von links: »44« HJ Kranke (Wittenberg), VW-Eigenbau, »54« Alfr. Katzer (Weimar), VW, »42« Neuber, Fiat, zweite Reihe: »48« Früngel, BMW, »53« Horst Richter (Kassel), VW, »52« Gruner, Fiat

Foto: Sammlg. Kittler

1 Sonderausstellung Museum Prototyp (Gemeinsam gegeneinander), 2014

Heinz Melkus in seinem Gruppe G-Eigenbau auf VW-Basis 1951 **Foto: Sammlg. Melkus**

Der wohl bekannteste, mit dem DDR-Rennsport verbundene Name ist der des Dresdners Heinz Melkus. Seine Rennfahrerkarriere begann im Jahr 1951. Fortan verbesserte und fuhr er Rennwagen in den unterschiedlichsten Klassen. Die ersten Leistungsprüfungsfahrten, so die damalige Bezeichnung für Straßenrennen, absolvierte Melkus in der Gruppe G auf einem umgebauten Wehrmachts-Schwimmkübelwagen mit getunten, vorn installiertem Boxer-Motor, Frontantrieb und der modifizierten, offenen Karosserie eines Steyr 50 Baby. Mit dem maximal 140 km/h schnellen Wagen startete er 1951 auf dem Sachsenring. Ein Jahr später tauschte er diesen Wagen bei Rudolf Krause gegen einen BMW 321 ein, mit dem er bis 1952 weitere Leistungsprüfungsfahrten bestritt[2]. Neben seiner Rennfahrertätigkeit entwickelte sich Melkus parallel zum Konstrukteur eigener Rennwagen.

Ein anderer sehr bekannter Motorsportler der frühen Jahre war Ernst Klodwig aus Aschersleben, der erstmals beim Großen Preis von Deutschland 1952, dann nochmals 1953, auf einer Formel-2-Eigenkonstruktion startete. Sie war aus einem auf 110 PS gebrachten BMW-Sechszylindermotor und den Radaufhängungen eines KdF Kübelwagens zusammengebaut worden. Der 210 km/h schnelle Wagen war indes den damals führenden Top-Teams aus Italien hilflos unterlegen. Die Techniker von Ferrari und Maserati waren allerdings überrascht von den hohen Kurvengeschwindigkeiten des Eigenbaus – Grund dafür war der extrem negative Sturz der Hinterräder. Dass deren Neigung nach innen so vorteilhaft sein würde, hatte Klodwig in erbarmungslosen Testfahrten herausgefunden[3].

Klodwig-Formel-2-Rennwagen mit BMW-Motor und -Radaufhängungen während einer Sonderausstellung im August Horch Museum Zwickau **Foto: Kittler**

2 W. Melenk: Melkus

3 Sonderausstellung Museum Prototyp, 2014

Rennsportwagen mit 1,1-Liter-Boxermotor von VW, aufgebaut 1951 von Lorenz aus Heidersdorf. Das Mittelmotor-Auto gehört heute zur Grundmann-Sammlung in Hessisch Oldendorf ***Fotos: Grundmann***

Gerecke-1100er Sportwagen auf VW-Basis, links im Renneinsatz (1952 Autobahnschere Chemnitz)

Sport- und Rennwagen auf VW-Fahrgestell vom Ende der 40er-Jahre aus Buttstadt/Thüringen *Foto: C. Boitze*

Startvorbereitungen für Alfred Katzer und seinen VW-Eigenbau 1954 ***Foto: Sammlg. Kittler***

Baum-VW-Eigenbau von Siegfried Seifert, 1950
Quelle: Seifert

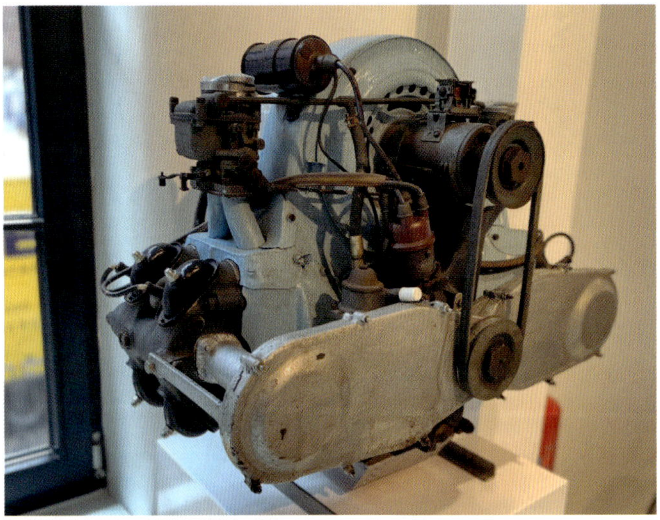

VW-Grundmotor mit Tatra-ohc-Köpfen von Erich Käppler (1953-1955) im Museum Prototyp in Hamburg ***Foto: Kittler***

Auf Basis eines Volkswagen Kübelwagens entstanden war zwischen 1949 und 1951 auch ein anderer Sportwagen mit abgedecktem Beifahrerplatz, den zeitweilig sogar ein kleiner Zweizylinder-Flugzeugmotor antrieb. Kfz-Meister Gottfried Lorenz aus Heidersdorf/Sachsen, eigentlich auf Opel spezialisiert, stattete ihn dann mit einem 1,1-Liter-VW-Boxer aus und startete damit bei verschiedenen Rundstreckenrennen[4],[5].

Firmenchef Heinz Gerecke in Ilfeld baute Anfang der 50er einen eigenständigen, offenen VW-Sportwagen auf, wobei er den VW-Boxermotor nach vorn setzte und nach Porsche-Rezept auf rund 75 PS brachte. Sein Fünfganggetriebe stammte von einem Lancia. Im Rennbetrieb 1952/53 (Kyffhäuser Bergrennen, Sachsenring, Halle-Saale-Schleife, Dessau) soll Gerecke damit ca. 170 km/h erreicht haben. Das nur 480 kg leichte, aus Gewichtsgründen unlackierte Fahrzeug mit einem Aluminiumaufbau, Kotflügeln und Bremsen vom Opel Kapitän und BMW-Speichenrädern nutzte den VW-Chassisrahmen. Der auch im Straßenverkehr eingesetzte Wagen blieb ein Unikat und wurde später an einen Unternehmer in Halle/Saale verkauft[6].

Bereits 1950 in einem Baum-VW-Eigenbau unterwegs war Hans Winkler aus Weißenfeld. Mit einem ähnlichen Eigenbau-Gefährt auf Kübelwagen-Basis fegte auch der sächsische Rennfahrer Siegfried Seifert, Schwiegervater des Braunschweiger Formel-1-Fahrers Kurt Ahrens, Anfang der 50er über deutsche Rennstrecken in Ost und West[7]. 1954 fuhr er schließlich einen Kranke-VW aus Wittenberg – besagter Hans-Joachim Kranke hatte sich unmittelbar nach dem Krieg gleich 16 Kübel- und Schwimmkübel von VW gesichert, die ihm den Aufbau von Rennwagen ermöglichten. Die Karosserien klopfte er aus Flugzeug-Aluminium[8].

Erich Käppler aus dem sächsischen Großwaltersdorf setzte von 1953 bis 1955 seinen aerodynamisch gestalten VW-Eigenbau in der 1100er Sportwagenklasse ein – der vom Kübel stammende Motor seines Renners trug zwei Zylinderköpfe des Achtzylinder-Tatra 87. Er verfügte über eine kettengetriebene obenliegende Nockenwelle und kam auf 70 PS[9]. 1954 wurde er Dritter der DDDR-Meisterschaft, 1955 avancierte er zum Vizemeister. Eine ähnliche Konstruktion verwirklichte Alfred Katzer (Weimar), dessen 1100er VW-Barchetta 1953 Porsche- und 1954 Tatra-ohc-Köpfe erhielt.

Von den 50er bis Anfang der 80er Jahre waren noch einige Rallye- und Rundstreckenfahrzeuge auf Käfer-Basis im Einsatz. Bekannte Teams auf Volkswagen Käfer waren Pattusch/Seifert, Grabowitz/Harms (MC Post Berlin) und Pauli/Dr. Löw (MC Leipzig). Bruno Grabowitz, der bereits Anfang der 60er-Jahre über die Rennpisten driftete, war wie erwähnt Inhaber des Volkswagen Servicebetriebs in Berlin. Zusammen mit Copilot Klaus Harms wurde er 1962 Rallyemeister der DDR (Tourenwagen bis 1300 ccm), von 1963 bis 1965 wurde das Team Zweiter bzw. Dritter.

Am erfolgreichsten war Kraftfahrzeugmeister Jörg Pattusch, der ab 1974 das Rallyegeschehen im Bezirk mit einem getunten Karmann Ghia Typ 14 dominierte, Nach der Übernahme einer Dresdner VW-Spezialwerkstatt sattelte er 1975 auf einen Käfer um[10], dessen Leistungspotenzial er kontinuierlich weiter

4 Infos C. Grundmann
5 Infos H. Enge

6 Infos U. Gerecke
7 Infos S. Seifert
8 Melenk: Meister des Sports
9 www.motorrennsportarchiv.de
10 Infos J. Pattusch

steigerte. Zusammen mit Copilot Jochen Seifert aus Gotha startete er bei Rallyes in der DDR und in der ČSSR auf einem auffällig blau-gelb lackiertem Kraft-Käfer. Offiziell firmierte der Wagen als »VW 1500 Bj. 1964 mit 1958er Fahrgestell« [11]. Der mit einem 1,6-Liter-Boxer mit schärferer Nockenwelle und zwei Doppelvergasern ausgestattete Wagen leistete maximal 125 PS bei 7.200/min und erreichte 180 km/h. Dem erfolgreichen Team wurde nachgesagt, bei der Barum-Rallye in der ČSSR sogar den Salzburg-Käfern davongefahren zu sein. Als Werkstattwagen diente übrigens ein T2-Bus.

Mit Könnerschaft um die Kurve gezirkelter Pattusch-Käfer
Foto: Sammlg. Pattusch

1978 wurde Jörg Pattusch zusammen mit Jochen Seifert – gemeldet beim MC Carl Zeiss Jena und beim MC KV Dresden – in der Klasse 23 »Spezialtourenwagen über 1000 bis 1600 ccm« Rallyemeister der DDR. Dies allerdings nur für wenige Stunden, bevor übereifrige Funktionäre das Ergebnis annullierten. Und den Start von Westfabrikaten im DDR-Motorsport untersagten. Copilot Seifert wurde derweil unverhofft eine Tätigkeit in einem afrikanischen Freundesland angeboten, woraufhin sich Pattusch einen neuen Beifahrer suchen musste. Dank guter Kontakte intervenierte unterdessen die FIA in Paris, woraufhin zähneknirschend das Start-Verbot wieder aufgehoben wurde. Der neue Copilot war Reinhardt Pauli, ein schon bislang ebenfalls auf Käfer startender Mototorsportlicher aus Leipzig. Das neue Team wurde er dann tatsächlich DDR-Meister 1979 auf dem bekannten Kraft-Käfer. Dann aber unterband der Motorsportverband der DDR durch eine Reglementsänderung alle weiteren Einsätze von Westautos im offiziellen Motorsport Ostdeutschlands ab 1980[12]. Was engagierte Volkswagen-Eigner nicht davon abhielt, in den 80er-Jahren bei lokalen Motorsportveranstaltungen – beispielsweise Sprint-, Slalom- und Bergrennen – anzutreten. Darunter waren nun auch VW Golf I[13].

Renn-Käfer von DDR-Meister Jörg Pattusch, umgeben von Trabant- und Wartburg-Konkurrenten ***Foto: Sammlg. Pattusch***

11 VW Classic Magazin 21 (2021)

12 Ebenda

13 B. Hermann: Westautos

7.

Volkswagen goes East

Geschäfte mit der DDR

Schwierige Bedingungen

Noch zu Zeiten des legendären Volkswagen Generaldirektors Heinz Nordhoff (1948-1968) wurde über eine Ausweitung der Exportmärkte Richtung Osten ernsthaft nachgedacht. So regte Nordhoff im Herbst 1964 an, sich an der Leipziger Frühjahrsmesse 1965 zu beteiligen. Allerdings sah das sog. Interzonenhandelsabkommen für Automobile keine Position vor, »obwohl die Autohändler der Ostzone wiederholt wegen Lieferungen von Volkswagen in die Ostzone Gespräche aufgenommen haben«, heißt es am 7. Oktober 1964 im Vorstandsprotokoll zur Vorbereitung der Leipziger Messe 1965[1].

Die DDR-Außenhändler waren jedenfalls an solchen Geschäftsbeziehungen interessiert. So erschien 1964 die »ostzonale Verkaufsabteilung für Werkzeugmaschinen, wo u.a. zur Sprache kam, ob, wenn die Verkaufsabteilung für Werkzeugmaschinen VW-Lieferwagen kauft (vorerst ungefähr 50 bis 100 Fahrzeuge), das Volkswagenwerk auch Werkzeugmaschinen in der Ostzone bestellen würde«, wie Produktionsvorstand Otto Höhne anmerkte.

VW-Finanzchef Wolfgang Siebert witterte ein großes Geschäft, wenn man den Käfer – abgesichert durch staatliche Hermes-Bürgschaften – auf Kreditbasis in östliche Länder liefern würde. Denn angesichts der Devisenknappheit des Ostens ging es letztlich immer um Kreditgeschäfte. Pressechef Frank Novotny fühlte im Innerdeutschen Ministerium in Bonn vor – und wurde zurückgepfiffen. Zum einen wollte die bundesdeutsche Regierung keine Garantien übernehmen, zum anderen drohe bereits bei einer Beteiligung an der Leipziger Messe Unmut seitens der wirtschaftlich enorm wichtigen USA.

Nordhoff blieb zwar bei seiner Meinung »Wenn das Volkswagen Werk auf die Leipziger Messe geht, ist das eine Demonstration, die keinen geschäftlichen Hintergrund hat«. (15.11.1964[2]) und wies darauf hin, dass dort zahlreiche andere westliche Nationen wie die Engländer, die Franzosen und die Schweizer selbstverständlich vertreten seien. Er ließ sich aber von seinen Vorstandskollegen überstimmen, und so ging VW nicht nach Leipzig, sondern stattdessen erstmals 1965 auf die Industriemesse in Posznan/Posen.

Dessen ungeachtet wurden Mitte der 60er die Versuche der VW-Einkaufsabteilung intensiviert, mit der DDR-Seite Geschäftsbeziehungen für Maschinen/Werkzeuge aufzubauen. Allerdings ergaben schon 1965 Untersuchungen der VW-Fachabteilung Qualitätsangebote, dass Maschinen und Werkzeuge aus der DDR nicht den Anforderungen von VW entsprächen.

1 Vorstandsprotokoll Volkswagen, 07.10.1964

2 Vorstandsprotokoll Volkswagen, 15.11.1964

Bei Karosseriepressen schien Besserung in Sicht zu sein. Aber 1970 musste die DDR-Seite eingestehen, dass angefragte Exzenterpressen (160 bis 200 t) sowie Kurbel- und Ziehpressen (350 bis 200 t) aus »Konstruktions- und Termingründen« nicht lieferbar seien. Kugellager u. Werkzeuge, an denen VW ebenfalls Interesse hatte, waren ebenfalls nicht zu haben. Und so ging es weiter: Beispielsweise platzte 1972 der Bezug von VEM E-Motoren, weil die DDR-Partner die Ersatzteilversorgung nicht gewährleisten konnten.

Die Geschäfte mit Volkswagen köchelten aber auf kleinster Flamme weiter: 1970 lieferte VW gerade mal fünf T2-Transporter offiziell an ein DDR-Ministerium, weitere Lieferungen von Audi und VW gab es bis zur zweiten Hälfte der 70er nicht. In Einzelfällen gingen ca. 25 VW-Modelle jährlich über die Westberliner Fa. Winter an Diplomaten in Ostberlin[3].

»Geschäfte mit der DDR sind sehr schwierig«, hatte Nordhoff-Nachfolger Kurt Lotz damals klar erkannt, »obwohl gegenwärtig eine Diskussion im Ostblock über den Ausbau der Automobilproduktion im Gange sei«. Denn die DDR sei stark daran interessiert. Lotz forderte, wachsam zu sein; wo immer Verkaufschancen im Ostblock bestünden, sollte man diese nutzen - auch wenn es zurzeit nur »kleine Schritte« seien[4].

Dringender Handlungsbedarf

Die DDR steckte spätestens in den 70ern in einer schwierigen Situation. Angebahnt hatte sich das längst: Bereits 1965 hatte der Vorsitzende der Staatlichen Plankommission, Dr. Erich Appel unmittelbar vor Unterzeichnung eines demütigenden Wirtschaftsabkommens mit der UdSSR aus Verzweiflung Selbstmord begangen. Doch es sollte noch schlimmer kommen, zumal die wohlstandsorientierte Innenpolitik Honeckers ab 1973 mit ungeheuren Subventionen einherging. Gleichzeitig wuchs das Realeinkommen der Bürger und gleichzeitig deren Wunsch, ein eigenes Auto zu besitzen. Dass ihr Staat sich immer weiter verschuldete, ahnten die wenigsten. Der volkseigene Handel konnte nur tröpfchenweise liefern, ließ sich doch die veraltete und auf Verschleiß gefahrene Produktion in Zwickau und Eisenach nicht weiter steigern.

Zu allem Überfluss klappte die Kooperation mit den östlichen Bruderstaaten nicht wie vorgesehen. Ausgerechnet die befreundete Tschechoslowakei reduzierte ihre Pkw-Lieferungen in die DDR, wenn sie Chancen sah, in den Westen zu exportieren. Der Import des Polski Fiat 125p wurde bis Anfang der 80er heruntergefahren, und die Sowjetunion kürzte ebenfalls ihre Lieferungen von Lada-Pkw - während andererseits die Zahl der Pkw-Bestellungen in der DDR sprunghaft zunahm.

Gemeinsame Projekte mit den Tschechen, deren Kern die Lieferung von Skoda-Motoren war, wurden auf Eis gelegt. Denn im Zuge eines Regierungsabkommens vom 18. Juni 1975 stellte sich heraus, dass dies teure Zulieferer-Importe aus Westeuropa bedingt hätte. An dieser Problematik krankte auch die eigentlich gute Idee des Einheits-Pkw (»RGW-Autos«), wie sie damals zwischen den Tschechen, den Eisenachern und den Zwickauern vereinbart worden sind (mehr dazu in Kapitel 14). Denn besagter »Einheitstyp« hätte sowohl in Zwickau als auch in Eisenach gebaut werden können. Das hätte die Kosten gesenkt und anderen Wirtschaftszweigen - auch das war ein echtes Thema! - freiwerdende, dringend benötigte Arbeitskräfte zuführen können[5].

Aber letztlich verhinderte der hohe Devisenbedarf das Projekt - und hier auf Gegenlieferungen (Kompensationen) zu setzen, war schwierig. Denn nur wenige westliche Hersteller waren zu derartigen Geschäften bereit. Ausgerechnet Volkswagen und andere westdeutsche Automobilhersteller zeigten jedoch guten Willen. Was aber ein zunächst unlösbares ideologisches Problem für die starke Fraktion der DDR-Hardliner war. Realistischere Wirtschaftsfachleute im Osten mussten sich gedulden, bis ihre Chance gekommen war.

Von BMW-Chef Eberhard von Kuenheim[6] stammt dagegen die sehr optimistische Aussage von 1973: »Der Markt im Osten ist grenzenlos. Davon können noch Generationen leben«. Kuenheim sprach von einem »Industrietourismus« und ergänzte: »Sie rennen uns die Türen ein, pausenlos kommen neue Delegationen«. Aber das galt damals eben in erster Linie für Industrievertreter der Länder östlich der DDR.

BMW hatte Anfang der 70er-Jahre eine Lizenzfertigung seines 02 Touring im Automobilwerk Eisenach (AWE) ins Gespräch gebracht - erfolglos. Daimler-Benz lieferte zwar ab Mitte der 70er für jährlich 10 Millionen DM Lkw in die DDR, konnte aber ebenfalls nicht weiter zulegen[7]. Volkswagen regte Anfang 1974 an, im Automobilwerk Eisenach Achsen für VW zu ferti-

BMW hatte erfolglos beim Automobilwerk Eisenach angeklopft, um dort den 02 Touring in Lizenz zu bauen ***Foto: BMW***

3 Notizen W. Svetlik, Volkswagen (1976)

4 SPIEGEL 6/78 (05.02.1978)

5 B. Schulte: Armageddon

6 SPIEGEL 16/73 (16.04.1973)

7 SPIEGEL 9/78 (26.02.1978)

gen – bei positivem Geschäftsverlauf hätte die Montage eines kompletten VW-Modells folgen können. Auch diese Geschäftsidee scheiterte.

Aber die knapper werdenden Ressourcen (Ölkrise!) trafen die DDR mit Macht. Waren sie doch verbunden mit sich verteuernden Erdöllieferungen aus der Sowjetunion und daraus resultierenden komplizierten Geschäften mit Algerien und dem Irak. Ein Teil dieses Öls wurde ja gegen Devisen weiterverkauft. So bezog Volkswagen über die Westberliner Firma Rex ab 1970 jährlich für 1,5 bis 6 Mio DM schweres Heizöl aus der DDR[8].

Der Citroën Visa war für den Lizenzbau in der DDR vorgesehen
Quelle: Citroën

Sparen war also angesagt. Der Kraftstoffverbrauch im Lande sollte reduziert werden, für modernere Antriebsaggregate fehlte aber das Geld. Immer wieder neu belebte Pläne der DDR-Fahrzeugentwickler, eigene Viertakter zu etablieren, endeten stets in der Schublade. Denn die Entscheider befürchteten wiederum ein wirtschaftliches Desaster wie mit der aufgegebenen Wankelmotoren-Lizenz. Es mutet wie eine Verzweiflungsentscheidung an, dass am 20. September 1977 das ZK der SED den Bau eines modernen, spritsparenden Diesel-Pkw in Zwickau anregte. Hatte man doch bislang keinerlei Erfahrung mit der Diesel-Einspritztechnologie im Pkw – das entsprechende Know-how wäre nur im Westen zu erwerben gewesen. Andererseits hätte man so den im Zuge des Crackprozesses entstehenden Diesel nutzen und für den neuen Pkw (prognostizierte Herstellkosten 11.000 M, Verkaufspreis ab 16.000 M) deutlich Kaufkraft abschöpfen können. Und die DDR-Entscheider erwarteten sich so bessere Exportchancen[9].

Womit also nun doch neue Kompensationsgeschäfte in den Blick rückten, ohne Rücksicht auf damit verbundene engere Beziehungen zu westdeutschen Firmen. Allein 1977 kamen Kompensate für 40 Mrd. DM aus Osteuropa als Warengegenwerte für westdeutsche Firmen, nun wollte auch die DDR ein größeres Stück vom Kuchen abhaben. Renault, Fiat und Citroën hatten sich derweil zu Platzhirschen in Osteuropa gemausert, wo immer schon weniger linientreu als in der DDR entschieden wurde.

Verbürgt sind Kontaktgespräche, die DDR-Unterhändler Gerhard Beil (Minister für Außenhandel und Vorsitzender des Handels- und Wirtschaftsausschusses DDR-USA) ab 1978 mit General Motors, Citroën, Fiat und Toyota führte. Günter Mittag hatte ihm allerdings eingeschärft, dass Nutzfahrzeuge unbedingten Vorrang hätten und Pkw-Geschäfte ohne Kompensationsabkommen zwecklos seien[10].

In den Dresdner Beiträgen zur Geschichte der Technikwissenschaften Nr. 30 (2005) schreibt Dr. Hans-Christian Hermann[11], dass Citroën-Chef Ravenel seit Herbst 1978 der DDR mehrfach angeboten habe, vor Ort ein Auto zu produzieren und über das weltweite Händlernetz der Franzosen abzusetzen. Dabei ging es um den Visa, der in einer Jahreskapazität von gigantischen 400.000 Einheiten entstehen sollte (das Geschäft mit dem Visa machten wenig später die Rumänen). »Ähnliche Angebote kamen auch von Renault. Der Konzern offerierte der DDR einen Einblick in seine Entwicklungsabteilung, um einen geeigneten Typ auszuwählen«.

Die Diplomarbeit von A. Hager[12] zitiert aus dem Brief des GM-Vizepräsidenten Newton an Gerhard Beil mit einem konkreten Kooperationsangebot, das am 8. November 1978 vom Büro Mittag im Zentralkomitee der SED zur Kenntnisnahme an Erich Honecker weitergeleitet wurde. Hager: »Das erste Angebot dieser Art vom US-amerikanischen Konzerns General Motors sah eine Fertigung von 250.000 Pkw der Marke Opel vor, wobei der amerikanische Investor 100.000 Stück davon zur Tilgung der Anlage einbehalten sollte. Diese Verhandlungen – wie auch jene zuvor 1978 über die Nutzung eines Volvo-Fahrerhauses für den IFA L60 Lkw – scheiterten am Preis und an der strittigen Frage des Volumens der DDR-Gegenlieferungen«.

Zudem hatten die Ostdeutschen wohl inzwischen eingesehen, dass VW kein so ganz falscher Partner sein würde. Eine Chance, die von VW-Chef Toni Schmücker mit dem Golf-Geschäft von 1977/78 beherzt ergriffen worden ist (Kapitel 8).

8 Notiz Einkaufsaktivitäten Werner Svetlik an Vorstand Münzner, Volkswagen (05.04.1976)

9 B. Schulte: Armageddon

10 Ebenda

11 HC.Hermann: Dresdener Beiträge

12 A. Hager: Diplomarbeit

Nur Gerüchte

Wie bei nahezu allen offiziellen und inoffiziellen Geschäften zwischen Ost und West gelangten Informationen vorab in die Öffentlichkeit. DDR-typisch waren die daraus erwachsenden Gerüchte und Verschwörungstheorien: So habe die DDR-Fahrzeugindustrie als Zeichen des guten Willens oder zum Zwecke des schnöden Devisen-Erwerbs ihre schönsten Automobil-Designs in den Westen verscherbelt, hieß es – und heißt es bis heute. Das Internet ist voll von solchen unbewiesenen und mitunter blödsinnigen Behauptungen.

Als Beispiel angeführt werden der Schrägheck-Wartburg 355 von 1968, dessen Heckpartie sich in ähnlicher Form im Passat von 1973 wiederfand. Abgesehen davon, dass solche Karosserieformen bereits seit dem Renault R16 von 1965 bekannt waren, stammt der Passat nicht von Volkswagen selbst, sondern von Giorgio Giugiaro (ItalDesign), der sich diese Auftragsarbeit von VW anständig bezahlen ließ. Kolportiert wird auch, dass der AWZ P610, ein in 20 unterschiedlichen Mustern von 1973 bis 1979 entwickelter potenzieller Nachfolger für den Trabant, stilistische Basis für den Golf gewesen sei. Aber auch dieser VW-Kompaktwagen stammt von Giugiaro, und auch dieses Konzept aus der DDR war keineswegs so originär, als dass man es hätte importieren müssen.

Was tatsächlich im Zuge der Geschäfte um den Bezug des VW Golf verhandelt wurde, ist ab Kapitel 8 nachzulesen. Volkswagen sah erfreuliche Tendenzen in Bezug auf neue Absatzmärkte und schätzte Anfang der 70er den gegenwärtigen Bestand auf 65.000 VW und Audi in Osteuropa (außerhalb Jugoslawiens), die meisten davon in der DDR. Entsprechend drehte sich die Gerüchtemühle zwischen Oder und Elbe: So spekulierten interessierte DDR-Bürger Anfang der 80er-Jahre, dass bald in Mexiko gefertigte Käfer für überschaubares Geld ins Land kommen würden[13] – was aber seitens Volkswagen definitiv nicht vorgesehen worden war.

AWZ P610 (oben als FM 19) hier als vorgebliche Blaupause für den Golf, Wartburg 355 als Vorbild des Passat B1 (unten) ***Fotos: Starck***

13 Infos F. Schüttig

Ost-West-Geschäfte von VW mit dem RGW (Comecon)

Bulgarien

Auch die Vertreter des überwiegend agrarisch geprägten Bulgariens wollten etwas abhaben vom automobilen Kuchen. Dort wurden während der Zeit vor der politischen Wende lediglich einige Tausend sowjetischer Moskwitsch und einige Hundert Fiat und Renault montiert. Bis Mitte der 60er gingen aber immerhin 400 Käfer nach Bulgarien, und in Sofia existierte eine VW-Werkstatt auf der Iskerstrasse. »Jetzt besteht Hoffnung auf die Montage des Transporters T2 (angedacht 8.000/Jahr) und Ausbau von Service-Stationen«, hieß es im SPIEGEL[1].

Bestätigt wurde dies im VW-Vorstandsprotokoll[2]: »Bulgarien wird ein Konsignationslager an Fahrzeugen und Ersatzteilen zum Verkauf gegen Devisen unterhalten. 1966/67 wurde mit Bulgarien über eine CKD-Montage verhandelt. In der ersten Stufe waren jährl. 2.200 Transporter geplant. Der Gegenwert von 11 Mio DM für CKD-Teile sollte durch Lieferungen bulgarischer Industrieprodukte bezahlt werden, wobei als Abnehmer in erster Linie die VW AG in Frage kommen sollte«. In Frage kommende Lieferanten wurden von VW-Einkäufern besucht – es ging um Batterien und Kunststoffteile. Weil weder Liefermöglichkeiten noch Angebote eingeholt werden konnten, stoppte das CKD-Projekt. Volkswagen war in Bulgarien den anderen westdeutschen Herstellern zwar weit voraus, entsann sich Dr. Hahn[3] – dennoch erwies sich das Balkanland für die Wolfsburger als hoffnungsloser Fall.

Todor Schiwkow im Werk, Wolfsburg 1987

Foto: Volkswagen/Sammlg. Hahn

1 SPIEGEL 9/67 (20.02.1967)

2 Vorstandsprotokoll Volkswagen 01.07.1968

3 Interviews C. Hahn (2015 bis 2021

Langzeit-Partei- und -Staatschef Todor Schiwkow (1954-1989) war schließlich am 5. Juni 1987 bei Carl Hahn in Wolfsburg zu Gast, und es kam daraufhin zu einem Gegenbesuch. Auch hier ging es um eine Lizenzproduktion, und auch hier wurde nichts daraus. Die VW-Exportstatistik[4] vermeldet zwischen Dez. 1961 und 1993 insges. 2.437 Einheiten, Transporter, Golf und »ausgelaufene Typen«, also Käfer & Co.

ČSSR

Auch die Tschechoslowakei, vor dem Krieg das östliche Land mit der modernsten Industrieproduktion, musste sich mit lokal produzierten Autos und Importen vor allem aus dem Ostblock (Lada, Moskwitsch, Dacia, Polski-Fiat, Zastava) begnügen. Der Hardliner Antonin Novotny, Präsident und Parteichef bis 1968, hatte angeordnet: »Zwei Dinge dürfen mir nicht in die Republik – Coca-Cola und Volkswagen«[5].

Dennoch befanden sich 1968 ca. 2.000 VW-Fahrzeuge in der ČSSR. Erstmals wurde ein Vertrag für die Errichtung eines Ersatzteil-Konsignationslagers abgeschlossen, eine erste Kundendienst-Werkstatt in Prag ist eingerichtet worden. Seit Frühjahr 1968 liefen Anfragen über abgewalzte und gezogene Stähle sowie Warmbandstahl aus dem Westen. Volkswagen machte sich Hoffnungen und lud 1968 Vertreter einer staatlichen Außenorganisation zu Gesprächen nach Wolfsburg ein[6]. Im gleichen Jahr bespielte VW einen Stand auf der Internationalen Maschinenbaumesse in Brünn.

Das überraschende Golf-Geschäft mit der DDR ab Ende 1977 beflügelte auch die Kontakte mit den selbstbewussten Tschechen, die damals 160.000 Skoda jährlich herstellten (Exportanteil Westeuropa 30.000). VW-Chef Toni Schmücker bat im Herbst 1978 die Bundesregierung, die Wirtschaftskontakte zur Tschechoslowakei intensivieren zu dürfen – ausdrücklich mit Hinweis auf die DDR-Kooperation und die Absicht von DDR und ČSSR, ab 1982 besagtes Gemeinschaftsauto (Gesamtvolumen 600.000 Ex./Jahr) herauszubringen. Der dabei ebenfalls angedachte Dieselmotor sollte aus dem Westen kommen – dafür hatten die Tschechen 1978 sowohl Volkswagen, als auch Fiat, Renault, BL, GM und Toyota zu Angeboten aufgefordert[7].

Volkswagen sah sich in einer guten Position und fragte in jenem Jahr die tschechischen Behörden an, neue Pkw-Modelle aus Wolfsburg in der ČSSR testen zu dürfen[8]. Die Genehmigung wurde erteilt. Volkswagen hoffte auf eine intensivere Zusammenarbeit und weitergehende Aufträge für deutsche Aggregate. Man strebte allerdings mehr als nur den Nachbau des künftigen 1.3-Liter-Wirbelkammer-Diesel EA 185 an. Der

4 VW Exportstatistik 1993

5 Skoda Auto Chronik 2019, Band 1946-1990

6 Vorstandsprotokoll Volkswagen, 01.07.1968/

7 Vorstandsprotokoll Volkswagen 09.10.1978

8 Skoda Auto Chronik 2019, Band 1946-1990.

übrigens später auch eine Rolle im Motorengeschäft mit der DDR spielte.

Ab März 1979 wurde in Prag verhandelt, wobei es tatsächlich um die Modernisierung der tschechischen Pkw-Industrie und um leichte Nutzfahrzeuge ging. Gesprochen wurde auch über die laufende Kooperation ČSSR-DDR. Im Mai 1979 offerierte Volkswagen dann dem Generaldirektor der tschechischen Automobilindustrie (CAZ) den EA 801-Benziner nebst Frontantriebskomponenten, Bremsbelägen und Getrieben. Bei den Grundzügen für einen Lizenzvertrag stand eine Lizenzgebühr von 150 Mio DM im Raum. Unterlizenzen hätten aber nicht vergeben werden dürfen, während der Export aus der ČSSR in den RGW-Raum und in Entwicklungsländer verhandelbar gewesen wäre. Ausnahme war Jugoslawien, dorthin schloss Volkswagen alle Vertriebsrechte für VW-Skoda-Motoren aus.

Für VW wäre dies ein strategischer Durchbruch gewesen, hätten doch die Tschechen als »verlängerte Werkbank« Lieferungen für VW tätigen können. VW-Finanzvorstand Friedrich Thomee war indes skeptisch, und Vertriebschef Münzer stimmte ihm 1979 mit warnendem Verweis auf die durchwachsenen Erfahrungen in dem »schon günstig gelagerten Fall Jugoslawien« zu[9].

Nach langen Verhandlungen benannte H. Münzner am 7. Oktober 1981 gegenüber dem Minister für Allg. Maschinenbau der ČSSR, Pavel Bahyl, die Aufwendungen nur für den 1.3 L-Diesel mit 7 bis10 Mio DM - offensichtlich war nun nur noch dieser Motor von Interesse. Zu einem Geschäftsabschluss kam es allerdings nicht, war doch mittlerweile das Kooperationsprojekt ČSSR-DDR gestorben. Aber die Gespräche gingen weiter: Im August 1985 wurden Verhandlungen in Vorbereitung des Projekts Skoda 781 (Favorit) aufgenommen, im September 1986 folgte ein konkretes Angebot zum Lizenzbau der Motorenreihe EA 111 (Nachfolger des EA 801, wobei besagter EA 111 Gegenstand des Motorengeschäfts mit der DDR war - vgl. Kap. 15).

Bis 1987 fragte Skoda (AZNP) erneut zehn westliche und asiatische Autohersteller nach einem Motor für den Skoda Favorit an. Isuzu, Nissan, PSA, aber auch VW bekundeten ihr Interesse. Tatsächlich testete Skoda von September bis November 1987 den größeren EA 827 und den kleineren EA 111 im Favorit, auch der neue 1.9er Diesel war ein Thema. Aus finanziellen Gründen scheiterte dieser erneute Vorstoß im Oktober 1988.

Wenig später kamen Deutsche und Tschechen doch noch zusammen. Die durchaus schwierige Übernahme von Skoda ab 1990 (erstes informelles Treffen zwischen Hahn/Köhler und ČSSR-Außenhandelsminister Slavomir Stracar im Februar 1990) wurde zu einer Erfolgsgeschichte, die Mitbieter Renault überaus wehtat. Stellvertretender Vorstandsvorsitzender von Skoda wurde Volkhard Köhler, zuvor Assistent bei Vertriebsvorstand Horst Münzner. An Tatra, dem zweiten Automobilhersteller (Lkw und Pkw), hatte Volkswagen kein Interesse. Das Unternehmen stellt heute nur noch Nutzfahrzeuge her.

Von August 1957 bis 1990 exportierte VW offiziell 4.637 Fahrzeuge in die ČSSR, neben Käfern hauptsächlich Golf und Transporter.

Jugoslawien

Der Vielvölkerstaat Jugoslawien war sicher das Musterland in puncto wirtschaftlicher Zusammenarbeit mit Volkswagen. Der langjährige Staatschef Josip Broz Tito (1945-1980) hatten seinem Land einen eigenen Weg verordnet, der enge Kontakte mit dem Westen einschloss. Dort hatten sich u.a. auch DKW und NSU angesiedelt: Seit 1955 baute man den DKW Typ 30 bei Moto Montaza, Nove Mesto. Vier Jahre später wurde die Firma in IVM umbenannt und stellte nun den DKW 1000 her. Der NSU Prinz entstand von 1965 bis 1972 bei Pretis Sarajevo. Auch andere westeuropäische Hersteller nutzten das Land als verlängerte Werkbank. 1967 wurden dort ca. 5.000 Volkswagen gegen Devisen verkauft - kam doch reichlich westliche Währung ins Land, weil jugoslawische Gastarbeiter überall in Westeuropa tätig waren. Ein großes Konsignationslager für Ersatzteile existierte in Belgrad und an insgesamt acht weiteren Orten. Der Importeur weihte Anfang April 1967 ein auf VW zugeschnittenes Gebäude in Neu-Belgrad ein, das Büros, Ersatzteillager und Werkstatt umfasste. Im Gegenzug lieferten die Jugoslawen beispielsweise Kabel, wobei die Zahlungsverpflichtungen aber immer wieder Probleme mit sich brachten[10].

Generalimporteur von Volkswagen war die Fa. Interexport. 1969 begann eine Kooperation mit der Fa. Udruzena Metalna Industrija (UNIS), Nachfolger der Fa. Pretis. UNIS hatte vor Ort eine bessere Absatzorganisation als VW. Ziel war letztlich eine eigenständige Montage von VW-Fahrzeugen in Jugoslawien[11]. Angestrebt wurde eine Belieferung bzw. CKD-Produktion im Lieferwert von 85 Mio DM - allerdings gab es auch Schwierigkeiten mit der Verfügbarkeit und Qualität von Kompensations-Kaufteilen. »Die bisher mit Jugoslawien gemachten Erfahrungen lassen wenig Hoffnung aufkommen, dass unsere Wünsche in absehbarer Zeit erfüllt werden. Nach der Beurteilung der zuständigen Fachabteilungen ist schnelle Abhilfe nur dann möglich, wenn Personal aus unseren Werken nach Jugoslawien abgestellt wird, um die Produktionsanläufe dort zu forcieren« heißt es im Vorstandsprotokoll[12]. In der Langfristplanung wagte Volkswagen bei Vorhandensein eines eigenen Montagewerks für 1978 eine Absatzprognose von 60.000 Fahrzeugen (Niveau vergleichbar den Niederlanden).

9 Vorstandsprotokolle Volkswagen, 14.05.1979 u. 21.05.1979

10 Vorstandsprotokoll Volkswagen, 01.07.1968)

11 Vorstandsprotokoll Volkswagen, 03.11.1969 u.10.11.1969

12 Vorstandsprotokoll Volkswagen, 14.09.1970

VW-Golf I und Caddy aus jugoslawischer Fertigung *Fotos: Kittler, Volkswagen*

Kooperation zwischen Westeuropäern und Jugoslawien bis 1970[13]				
Westeurop Firma.	**Jugosl. Partner**	**Ort der Koop.**	**Art der Koop.**	**Umfang der Koop.**
Fiat	Crvena Zastava	Kragujevac (Serbien)	Pkw-Prod. (Lizenz u. Beteiligung,60Mio DM)	ca. 90.000 Einh. (1970)
Alfa Romeo	Cosmos	Ljubljana (Slowenien)	Pkw-Montag	k.A.
Renault	Litostroj	Ljubljana (Slowenien)	Prod. Autoteile,	ca. 4.000 Einh. (1970)
Citroën	TOMOS (Kroatien)	Koper (Slowenien)	Pkw-Montage	ca. 6.500
BLMC	IMV	Nove Mesto	Pkw-Montage (Austin, Morris)	ca. 7.000 (1970)
Daimler Benz	FAP Famos	Sarajevo (Bosnien)	Prod. Lkw, Busse (Lizenz 10 Mio DM, Beteiligung 24 Mio DM, ev. Kredit 30 Mio DM)	10.000 Einh. (1974)
KHD	TAM	Maribor (Slowenien)	Prod. Lkw, Dieselmotoren (Beteiligung 10 Mio DM, Invest-Finanzkredit 8 Mio DM)	Gesamtinvest bis 1975 66 Mio DM
NSU	UNIS/Pretis	Vogosca/Saraj. (Bosnien)	Pkw-Montage. (Lizenz u. Know-how)	ca. 9.000 (1970)

13 Vorstandsprotokoll Volkswagen, 11.12.1970

In Jugoslawien gefertigter VW-Golf II und Jetta II *Fotos: Kittler, Dünnebier*

1971 fiel bei Volkswagen die Entscheidung für ein zu TAS zählendes CKD-Werk in Vagosca bei Sarajevo im Rahmen eines Joint-ventures (mit max. 49 % VW-Anteil). Die Investsumme lag bei 8,5 Mio DM, zugrunde gelegt wurde die sehr geringe Produktion von arbeitstäglich 20 Käfern (Jahresproduktion max. 5.000 Ex.)[14]. Man orientierte sich am Montagebetrieb des jugoslawischen Importeurs UNIS, 1975 sollte die Fertigung anlaufen[15]. VW-Vorstand Gerhard Prinz war zufrieden mit der Übereinkunft mit UNIS und meinte: »Wir sind eigentlich überzeugt, dass wir nach diesem ersten Schritt auch weitere tun könnten«.

Der Vertrag vom 6. März 1972 schloss auch die Fertigung von Teilen ein, die für die Rücklieferung an die Volkswagen AG bestimmt waren. Für 1975 war inzwischen eine Jahresproduktion von 50.000 Käfern geplant, tatsächlich wurden es aber nur 15.000[16]. Dr. Hahn war vor allem das mit unterschiedlichen Waffen dekorierte Foyer von TAS in Erinnerung - wurde doch dort bislang vor allem Militärausrüstung bis hin zu Raketenwerfern gebaut[17].

Bei TAS entstanden in der Folgezeit auch Golf I und Caddy. Im Vorstandsprotokoll[18] war angekündigt worden, ab 4/1982 bei TAS den bisher nur in den USA gebauten Golf Pickup unter dem Namen Caddy zu fertigen. Entsprechende Zulieferungen sollten aus den USA kommen bzw. in Jugoslawien gefertigt werden. Vorgesehen waren die Motoren EA 801 (1,1 L, 50 PS) und 827 (1.5 L, 70 PS) sowie EA 086 Diesel (1,6 L, 54 PS). Alle in Westeuropa vertriebenen Caddy, jährlich rund 10.000 Einheiten, kamen künftig bis zum Ausbruch des Bürgerkriegs 1999 aus Jugoslawien.

14 Vorstandsprotokoll Volkswagen, 06.01.1971

15 autogramm II/2 (08.05.1972)

16 SPIEGEL 50/77 (05.12.1977)

17 Interview C. Hahn (20.12.2011)

18 Vorstandsprotokoll Volkswagen, 02.021981

Golf I und II sowie Jetta I und II blieben dagegen im Wesentlichen auf dem jugoslawischen Binnenmarkt. Eine ursprünglich avisierte Lieferung nach Ägypten und Indien zerschlug sich. Dennoch waren die Erfahrungen auf dem Balkan besser als anderswo: Die VW-Exportstatistik vermeldet zwischen Mai 1953 und 1993 insgesamt 71.197 Einheiten plus 257.305 ČKD-Fahrzeugmontagen.

Polen

Auch Polen war im Fokus von Volkswagen, obwohl man wusste, dass Fiat dort traditionell eine starke Partnerrolle hatte. Eine eigenständige Kompetenz beim Automobilbau hatten die Polen nicht. Nachdem bereits 1932 ein Lizenzvertrag mit Fiat geschlossen worden war, sollte 1948 ein neuerliches Lizenzabkommen mit den Italienern in Kraft treten. Dies zerschlug sich aber zugunsten der Sowjets, die ihren Pobjeda in Polen bauen ließen. Erst 1968 startete dann die Zusammenarbeit mit dem in Warschau produzierten Polski-Fiat 125p. Zweites Modell war der 126p, der von 1975 bis 2000 in Bielska Biela am Fuße der Hohen Tatra gebaut wurde. Genau dort war Anfang der 70er-Jahre ein Volkswagen Werk angedacht worden.

Zuvor hatte es allerdings Probleme gegeben, die bei Volkswagen für wenig Begeisterung hinsichtlich weiterer Geschäfte sorgten: »Zurückgestellt ist der Auftrag über die Lieferung von 200 Volkswagen nach Polen, weil es Diskrepanzen mit der Verrechnung von Werkzeugmehrkosten gab. Sonstige Anfragen und Angebote betreffen Glühlampen (zu teuer), Schrauben (zu teuer), Batterien, Massebänder, Gummiteile, Federn«, protokollierte der Vorstand[19].

Keine hervorstechenden Fakten sind aus den 70er-Jahren vermerkt. Aber Mitte der 80er gab es Gespräche über den Bezug von 1.6-L-Dieselmotoren von VW für FSO Fiat 125p und FSO

19 Vorstandsprotokoll Volkswagen, 01.07.1968

FSO 125p aus polnischer Fiat-Lizenzproduktion (ab 1968) **Quelle: Kittler**

Polonez[20]. In Serie realisiert wurde dies allerdings nicht. Unter diesen Umständen ist die Exportstatistik durchaus ein Erfolg: Von Mai 1957 bis 1993 lieferte VW 16.626 Fz, überwiegend Käfer, Golf, Passat und Transporter.

Rumänien

Rumänien war in erster Linie ein Agrarland und gehörte zu den ärmeren Staaten des Ostblocks. Dennoch strebte ihr selbstbewusster Langzeit-Staats- und Parteichef, der im Westen durchaus geschätzte Nicolae Ceausescu (1965-1989), nach Höherem - auch im Automobilbereich. Neben sowjetischen Importen waren Partnerschaften mit Renault und Fiat aufgebaut worden. 1966 vereinbarte Volkswagen eine erste Lieferung von 2.000 Käfern und Transportern. »Die Voraussetzung ist 18 Monate Zahlungsziel. Das Geschäft soll à forfait abgeschlossen werden, die Moscow Narodny Bank Ltd, London, ist zum Ankauf der Papiere (Dokumente, Wechsel u. Garantieerklärung der Rumän. Staatsbank) bereit«, heißt es im Vorstandsprotokoll[21].

Dem folgten - lange bevor andere westdeutsche Hersteller ähnliche Ideen entwickelten - Verhandlungen über eine VW-Produktion in Rumänien, eingebunden in dieses schwierige Thema waren auch Ministerialbeamte der Bundesregierung. Knackpunkte waren die Lizenzbedingungen und natürlich - wie bei nahezu allen Ostgeschäften - die Finanzierung.[22] Zwei Jahre später hieß es, dass »der Verkauf von Volkswagen nach Rumänien derzeit nicht möglich ist, außer einem Sondergeschäft von 100 Fahrzeugen für das Leihwagengeschäft. Die Errichtung einer VW-Werkstatt in Bukarest läuft, ebenso die Aktivierung von zwei bereits bestehenden in Timisoara und Constanza. Die Rumänen bieten aber im Rahmen ihrer Kompensationsfähigkeit keine für uns verwendbaren Teile und Artikel an«[23].

Obwohl es immer wieder hakte, wurden die Kontakte nach Rumänien fortgesetzt. Vom 12. bis 14. Juni 1973 war Volkswagen Chef Rudolf Leiding in Rumänien, und schon am 28. Juni des gleichen Jahres kam der rumänische Regierungschef Nicolae Ceausescu zum Gegenbesuch nach Wolfsburg. Er warb um für eine Ansiedlung von Volkswagen in Rumänien. Leiding meinte:

20 Fachzeitschrift automobil (ČSSR) 12-1986

21 Vorstandsprotokoll Volkswagen, 12.01.1966

22 Vorstandsprotokoll Volkswagen 30.08.1966)

23 Vorstandsprotokoll Volkswagen, 01.07.1968) /99

Mit dem Dacia 1100, einem Lizenzbau des Renault R8, begann 1966 die eigenständige Automobilfertigung Rumäniens. Ihm folgte 1969 der Dacia 1300, abgleitet vom Renault 12
Foto: Dacia

»Wir bauen jetzt in Nigeria, und ich hoffe bald auch in Rumänien«[24]. Als Gastgeschenk übereignete man dem Politiker in Niedersachsen eine als Jagdwagen ausgebaute T2 Doka.[25]

Leiding, Ceausescu und Minister Arndt vor Käfer-Front, Wolfsburg 1973 ***Foto: Volkswagen/Sammlg. Hahn***

Die Rumänen witterten tolle Geschäfte, zumal ihnen als Schmankerl der just vor Serienanlauf stehende EA 800/Audi 50/VW Polo gezeigt worden war[26]. Im Laufe eines weiteren einwöchigen Gegenbesuchs der Volkswagen Verantwortlichen der Abteilung Beteiligungen und Einkauf in Rumänien zeigte sich aber, dass der Wunsch der Wolfsburger, ein solches Werk im deutsch geprägten Siebenbürgen zu etablieren, nicht ernst genommen wurde – Ceausescu wollte so eine Fabrik in seinem Heimatbezirk Craiova. Nach einigem Hin und Her verständigte man sich auf die Stadt Timişoara im ungarisch geprägten Banat.

Dann aber ließ der rumänische Führer die Katze aus dem Sack: Das Ganze müsse man, wie im Ostblock üblich, als 49 : 51-%-Joint Venture betreiben. Wobei aber die deutschen Minderheitspartner die Fabrik und die Infrastruktur aufbauen und darüber hinaus für den 51-%-Anteil der Rumänen zinsgünstige Kredite vermitteln sollten. Volkswagen ging es damals alles andere als gut. Ein solches Projekt wollte man unter diesen Umständen nicht angehen und beendete die Verhandlungen im Dezember 1974[27]. Zu weiteren ernsthaften Gesprächen kam es nicht mehr. Die Exportstatistik meldet von Januar 1963 bis 1993 insgesamt immerhin 1.471 Einheiten, davon der allergrößte Teil VW Käfer.

Sowjetunion

Seit 1965 gab es seitens Volkswagen immer wieder Treffen mit Verantwortlichen in der UdSSR. Die Sowjets – die über mehrere eigene Automobilfabriken (Moskwitsch, Wolga, Zaporoschets) verfügten – hatten Interesse an der Produktionstechnik. Gesprochen wurde über eine Übernahme des Käfer-Motors für den Zaporoschets und den Kauf der VW EA 158-Fertigungsanlagen. »Infolge der industriellen Planung der Sowjetunion ist ein größerer Bezug von Volkswagen in absehbarer Zeit kaum zu erwarten« hieß es jedoch in einer internen Lageeinschätzung von Volkswagen Mitte der 60er.

Der Heckmotor des Zaporoschets ZAZ 966 hätte von VW kommen können. Interessiert waren die Sowjets zudem an den VW EA158-Fertigungsanlagen ***Foto: AutoMuseum***

Staatliche Stellen in der Sowjetunion hatten sich bei den VW-Chefs Nordhoff, Lotz und Leiding mehrfach um eine Lizenz für den Käfer bemüht. Das klappte nicht, und ab 1970 wurde in der UdSSR der Fiat 124 in Lizenz gebaut. Nordhoff hatte 1968 geklagt: »Wenn Bonn nicht geschlafen hätte, wäre uns noch ein weiterer Schritt Richtung Osten gelungen... Aber bei den Russen haben uns Fiat und Renault den Rang abgelaufen, weil

24 autogramm III/3 (09.07.1973)
25 Infos P. Schleilein
26 Infor G. Müller-Neuhof
27 Ebenda

Der Zaporoschets hatte einen eigenkonstruierten Boxermotor im Heck, hier hätte der Käfermotor gepasst ***Foto: ZAZ/Avtoexport***

die Diplomaten ihrer Länder nicht geschlafen haben. Diese bittere Pille müssen wir halt nun hinunterschlucken«[28].

VW-Chef Lotz (bis 1972) wurde später gefragt, warum VW das Risiko am US-Markt nicht mit dem Export in Ostblockstaaten ausgeglichen habe? Seine Antwort: »Wer je mit Staatswirtschaftsländern verhandelte, weiß, dass sie keine Autos importieren wollen: Ihnen liegt am Know-how und an der Lieferung von Fertigungseinrichtungen, damit sie selbst produzieren – und diese Produkte noch exportieren können, und dies notfalls mit Dumpingpreisen, um Devisen zu erwirtschaften. So exportierte die UdSSR von den 660.000 in 1976 produzierten Wagen etwa 30 %«[29].

Zudem waren die Verantwortlichen im Sowjetreich nicht wirklich entgegenkommend. »Die Russen haben bisher weder der Errichtung von Konsignationslagern für Ersatzteile und Fahrzeuge noch der Errichtung von Kundendienst-Werkstätten zugestimmt, so dass eine Kompensationsmöglichkeit derzeit nicht besteht. Ein Probeauftrag über 50 t Mg-Legierung wurde am 3. Februar 1968 erteilt (derzeitiger VW-Bezugspreis DM 234/kg, russischer Auftrag 229,38 DM/kg. Die Anlieferung ist inzwischen erfolgt und wird geprüft. Ein Angebot auf Kugellager liegt vor«, hieß es im Vorstandsprotokol[30].

Anfragen gab es auch weiterhin, wie der Vorstand protokolierte[31] : »Von sowjetischer Seite sei die FE angesprochen worden, ein Angebot über das Know-how unserer dreidimensionalen Zeichen- und Abtastanlage abzugeben. Außerdem interessiere sich die russische Automobilindustrie für technische Vorschriften betreffend Abnahme und Inspektion von Pkw-Reifen wie auch über unbereifte Räder. Sie wünscht auch Gesamtansichtszeichnungen für VW-Kastenwagen- und Kleinbus-Karosserien zu erhalten«. Der Vorstand verhielt sich hinhaltend, betonte aber: »Eine Absage an die russische Seite hält der Vorstand für nicht angebracht, vielmehr sollten wir versuchen, im Gespräch zu bleiben, bis sich einmal die Dinge insoweit lichten, als dass man über eine weitere und größere Zusammenarbeit endgültig Bescheid wisse«.

VW Typ 4 in den 80er-Jahren in der Sowjetunion
Foto: Undis Kanepe /Sammlg. Schewe

Als die Sowjetunion – inzwischen mit einer eigenen Jahresproduktion von über einer Million Pkw und Nutzfahrzeugen – Anfang 1973 ein Abkommen über wissenschaftlich-technische Zusammenarbeit mit Daimler abschloss, war dies ein Vorstandsthema bei VW. Ein Jahr später bekam auch Volkswagen ein hoffnungsvolles Angebot: Über fünf Jahre sollten 100.000 Fahrzeuge p.a. in die Sowjetunion geliefert werden, zudem sollte ein Kundendienst-Netz mit 50 Betrieben entstehen. Der wohl wichtigste Punkt: Die Sowjets strebten an, »ein ausgewähltes Modell zu einem späteren Zeitpunkt selbst zu montieren/produzieren«. Aber: Die Finanzierung hätte über die Deutschen erfolgen müssen. Trotz dieses Wermutstropfens resümierte der Vorstand 1974: »In der Vergangenheit sind zahlreiche Gespräche zwischen der UdSSR und der VW AG geführt worden. Da aber keine konkreten Absätze realisiert

28 K. Schenzinger u.a.: Nordhoff, S. 263

29 K. Lotz: Lebenserfahrungen

30 Vorstandsprotokoll Volkswagen, 01.07.1968

31 Vorstandsprotokoll Volkswagen, 08.03.1971

werden konnten, sieht VW AG in diesem Vorschlag erneut eine günstige Gelegenheit«[32]. Darum nahmen es die Wolfsburger geduldig hin, wenn die Sowjets Angebote einholten, aber bei den Geschäftsabschlüssen zurückschreckten. So war im Frühjahr 1974 ein Angebot von VW-Chef Leiding an »Gen. Gobermann, Stadtverw. Moskau«, gegangen: Zu Sonderkonditionen wurden 1.000 T2-Busse offeriert. Zu einer Antwort kam es nie.

Eine ganz wichtige Rolle spielte der Kreiskolbenmotor EA 871 (160 PS, entspricht 3,0 L Hubvolumen), an dem die Sowjets ernsthaftes Interesse hatten. Volkswagen hatte über seine Tochter Audi-NSU entsprechende Lizenzen übernommen und überlegte ernsthaft, einen solchen Motor in seine künftigen Oberklassemodelle einzubauen. Das hätte sich aber nur gerechnet, wenn Aggregate-Lieferungen an Dritte vereinbart worden wären, denn die Kreiskolbenmaschinen waren erheblich teurer als alle bestehenden Motoren. Wirtschaftlichkeitsberechnungen ergaben einen überschaubaren Gewinn nur bei erheblichen Risiken und Unwägbarkeiten. Daraufhin lehnte der Vorstand die Weiterführung des ambitionierten Projekts Mitte 1975 ab[33].

Im Sommer des darauffolgenden Jahrs 1977 kündigte Staatschef Breschnjew einen Besuch in Westdeutschland an – das Land war immerhin siebtwichtigster Wirtschaftspartner der Sowjets. Der Besuch, der auch einen ausführlichen Abstecher zu Volkswagen einschloss, fand Anfang Mai 1978 statt. Dem folgte ein weiteres Treffen im gleichen Monat auf Ministerebene, in dem es um die Modernisierung des Moskauer Moskwitsch-Werks AZLK ging – verbunden mit dem Wunsch, dort den Nachfolger des VW Passat zu bauen. Die Binnenmarkt-Exemplare sollten einen Moskwitsch-Motor erhalten, die Export-Modelle mit VW-Aggregaten kommen. Die Kooperation sollte für mindestens zwölf Jahre angelegt werden, bezahlt über Pkw-Rücklieferungen (100.000/Jahr) aus Moskau. Mehrere Teams aus Wolfsburg begutachteten die Standorte und waren skeptisch, dass eine Produktion früher als 1982 anlaufen könne.

Und Hauptknackpunkt blieb die Kreditgewährung. Versuchsweise wurde damals ein Moskwitsch mit Passat-Motor ausgestattet[34]. Volkswagen-Chef Schmücker präferierte letztlich lieber seine US-Aktivitäten und gab den Sowjets einen Korb. Die hatten eh vorgebaut und führten parallel Verhandlungen mit verschiedenen anderen westlichen Automobilbauern wie Ford, Chrysler, Opel und Renault. Mit Renault-Hilfe ging schließlich Ende der 80er-Jahre der Moskwitsch 2141 Aleko in Serie.

Ende der 80er ging dann der Aleko in Serie

Foto: AZLK

VW Passat B2 als Wunschkandidat für die Nachfolge des Moskwitsch ***Foto: Volkswagen***

32 Vorstandsprotokoll Volkswagen, 20.9.197

33 Vorstandsprotokoll Volkswagen, 27.05.1975

34 Infos Volker Weitkamp

Jelzin, Hahn und Fiala am Polo Fox, Wolfsburg 1986

Gorbatschow und Hahn, Wolfsburg 1992

Fotos: Volkswagen/Sammlg. Hahn

Auch wenn das Wankelmotoren- und das Moskwitsch-Geschäft nicht zustande kamen, riss der Gesprächsfaden nicht ab. 1986 kam Boris Jelzin – damals noch Parteichef von Moskau und Kandidat des Politbüros – nach Wolfsburg, nachdem er zuvor zum DKP-Parteitag in Hamburg gereist war. Volkswagen Vorstandschef Dr. Carl Hahn sah das Ganze sehr distanziert: »Nicht wir haben uns an Moskau gewandt, sondern man ist auf uns zugekommen«[35] Jelzin war vor allem an einer Montagefertigung des Polo interessiert.

Der SPIEGEL[36] hatte schon im Vorfeld spekuliert, dass ein weiteres Milliardengeschäft mit der Sowjetunion winke: »Der Wolfsburger VW-Konzern verhandelt mit Moskau über die Lieferung eines kompletten Motorenwerks, das in der Nähe der sowjetischen Hauptstadt aufgebaut werden soll. Auftragswert: zwischen drei und fünf Milliarden Mark. Kapazität: 250.000 bis 300.000 VW-Motoren jährlich. Als mögliche Partner der Wolfsburger für Lieferung und Bau der Anlage sind die Salzgitter AG und die Maschinenbaufabrik Liebherr im Gespräch«.

Die Initiative zu diesem Projekt - so der SPIEGEL - sei von den Sowjets ausgegangen, die nach dem Produktionsstart des VW-Modells Santana in der Volksrepublik China erneut Interesse an Motoren des größten deutschen Herstellers gezeigt hätten. Auf deutscher Seite sollten der stellvertretende Vorstandsvorsitzende Horst Münzner und Finanzchef Rolf Selowsky die Gespräche führen[37].

Letztlich wurde nichts daraus. Denn der Volkswagen-Vorstand wusste, wie schwierig Verhandlungen mit den Sowjets waren, auch BMW war ein Jahrzehnt zuvor mit einem bereits weitgehend ausgehandelten Vertrag über die Produktion von Motorrädern und Motoren für den Pkw Wolga gescheitert. Daimler-Benz hatte ebenfalls einen Rückschlag hinnehmen müssen, nachdem man sich nach einer großen Verkaufsschau in Moskau nahe an einem Motoren-Liefergeschäft für besagten Wolga gewähnt hatte[38]. Lediglich die Porsche Kundenentwicklung für den Lada Samara Mitte der 80er war ein Erfolg – auch hierfür war Volkswagen bereits 1980 als Motorenlieferant angefragt worden.

Volkswagen Einkäufer Dr. Müller-Neuhof entsann sich: »Die Sowjetunion war damals nicht wirklich ein Thema für Volkswagen«[39]. Und Konzernchef VW-Chef Hahn gestand: »Ich befürchtete, dass ein solches Geschäft eine Sackgasse werden könnte. Zudem hatten wir damals schon die Tschechoslowakei mit der Marke Skoda im Blick – hier setzten wir auf die automobilen Traditionen, an die wir anknüpfen konnten«[40].

Eine Erfolgsgeschichte war die Zusammenarbeit mit den sowjetischen Partnern also nicht: Von Februar 1966 bis 1993 gingen offiziell insgesamt nur 747 Autos in die UdSSR, hauptsächlich VW Käfer.

Vom 14. bis 16. Oktober 1992 waren Raissa und Michail Gorbatschow in Wolfsburg, und damit setzte eine Zeitwende ein. Aber erst in den 2000ern siedelte sich der Volkswagen Konzern in Russland an – zunächst in Kaluga nahe Moskau, dann auch in Nishni Nowgorod (früher Gorki). 2022/2023 endeten diese Vorhaben im Zuge des Ukraine-Konflikts.

35 Infos C. Hahn
36 SPIEGEL 32/79 (06.08.1979)
37 SPIEGEL 2/86 (05.01.1986)
38 SPIEGEL 45/1973 (05.11.1973)
39 Infos G. Müller-Neuhof (2015)
40 Interview C. Hahn (2015)

Ungarn

Ungarn, einst zur österreichischen kuk Monarchie gehörend, verfügte in seinem westlichen Teil durchaus über Industriekompetenz, war aber ansonsten agrarisch geprägt. Arm war das Land aber nicht, was wohl auch an den im Ausland tätigen Gastarbeitern und ihren Zahlungen in die Heimat lag. Bereits 1967 war ein Vertrag abschlussreif, der den Import von 10.000 VW über fünf Jahre plus 10 % Ersatzteile vorsah. Das Zahlungsziel wurde über Hermes-Bürgschaften gedeckt. Parallel dazu – und als Voraussetzung – war aber seitens der Ungarn eine Belieferung des Volkswagen Werks mit Kugellagern, Kunstleder, Kolben und Batterien vorgesehen (Vorstandsprotokoll)[41].

Abgeschlossen wurde der Liefervertrag am 15. Juni 1967, vereinbart wurde zudem ein Konsignationslager an Fahrzeugen und Ersatzteilen zum Verkauf gegen Devisen in Ungarn. Als Kompensationslieferung für die 10.000 Käfer und Transporter sollten ab 1968 Industriegüter für 40 Mio DM kommen – zunächst Kugellager, Signalhörner und Lichtschalter. Auch Glühlampen von der Fa. Tungsram, Führungsschienen, Gummiteile usw. wurden den Deutschen offeriert. Aber die Ungarn konnten weder Qualität noch Liefermenge realisieren. »Ob die Ungarn in der Lage sein werden, ab 1970 – wie im Vertrag vorgesehen – Kolben zu liefern, bleibt abzuwarten«, hieß es resignierend im Vorstandsprotokoll[42].

Anfang der 70er debattierte man gar über ein Werk im ungarischen Györ (wo heute neben einer erfolgreichen Motorenfertigung der Audi TT vom Band läuft). Das wirtschaftliche Risiko wäre aber damals zu hoch gewesen. Ungarn erneuerte 1973 die Bestellung von 10.000 Käfern, die gegen Kunststoffbezüge, Leuchten und Elektrik verrechnet werden sollten. Mit durchwachsenem Erfolg: Die Belieferung stockte nach rund 6.700 Autos inklusive Ersatzteile – weil die Ungarn mit den Gegenlieferungen in Verzug gerieten[43]. Das Geschäft

VOLKSWAGEN - EXPORT Exp3

Nur für internen Gebrauch

aus der Bundesrepublik Deutschland
seit Anbeginn bis: 31.12.1993

Blatt: 1

Länder: EUROPA*)	Polo	Golf/Cabrio	Golf Variant	Vento/Jetta	Scirocco	Corrado	Passat SH	P-Variant	P-Stufenh.	Caddy	Taro	Transp.	LT	ausgel.Typen	Gesamt	Beginn:
Belgien	147.038	395.324	516	91.830	14.593	4.139	29.293	37.188	41.349	1.987	1.231	125.305	14.213	165.215	1.069.221	Aug 48
CKD	0	1.869	0	0	0	0	23.947	2.586	0	0	0	16.530	0	254.399	299.331	Apr 52
Dänemark	45.763	75.131	385	9.192	956	20	25.094	9.663	3.283	103	1.115	124.665	15.927	251.785	563.082	Apr 48
Frankreich	408.804	1.096.826	348	130.126	43.173	3.441	109.126	33.745	78.268	3.425	1.218	110.701	27.278	280.503	2.326.982	Jul 51
Griechenland	5.937	32.572	26	8.126	961	96	1.034	551	4.863	4.116	3.686	33.943	925	26.176	123.012	Mai 53
Irland, Republik	9.265	36.393	0	23.245	716	24	3.054	2.251	1.933	121	0	10.980	212	5.336	93.530	Jan 51
CKD	0	0	0	0	0	0	0	0	0	0	0	13.512	0	84.012	97.524	Nov 50
Italien	447.139	1.329.987	3.131	86.484	23.386	4.108	28.441	174.282	76.749	6.469	2.067	180.704	29.673	293.199	2.685.819	Jun 51
Luxemburg	6.751	29.495	62	2.675	1.606	378	1.883	2.628	1.456	50	4	6.518	516	16.698	70.720	Sep 48
Niederlande	101.303	436.837	1.714	77.825	8.261	515	56.584	42.296	28.210	3.916	2.983	302.701	23.709	583.010	1.669.864	Mai 47
Portugal	30.073	55.344	36	11.824	39	45	452	7.081	5.055	2	0	11.299	399	29.283	150.932	Mär 50
CKD	0	2.952	0	0	0	0	948	312	0	0	0	5.976	312	38.094	48.594	Jan 64
Spanien	2.708	239.978	75	52.957	1.586	2.840	1.293	1.491	38.539	0	341	19.559	8.237	13.795	383.399	Jul 51
CKD	34.894	0	0	0	0	0	49.043	2.394	18.574	0	0	0	0	0	104.905	Jan 84
Verein. Königreich	450.569	599.646	84	83.402	78.499	7.383	53.292	72.483	37.643	12.648	1.294	186.910	58.239	432.140	2.074.232	Nov 52
E U - Länder:	1.690.244	4.332.354	6.377	577.686	173.776	22.989	383.484	388.951	335.922	32.837	13.939	1.149.303	179.640	2.473.645	11.761.147	x)
Albanien	0	14	0	0	0	0	0	4	2	0	0	24	0	0	44	Okt 69
Andorra	1	45	0	0	11	0	52	0	0	0	0	88	0	663	860	Okt 53
Aserbaidschan 2)	0	0	0	0	0	0	0	0	0	0	0	1	0	0	1	2)
Bulgarien	10	271	0	175	0	1	15	44	115	0	0	991	14	801	2.437	Dez 61
DDR (bis 30.6.90)	1	26.664	0	4	0	0	1	81	494	2	0	4.117	45	0	31.409	Dez 77
Estland 2)	3	15	1	34	0	3	0	0	0	0	0	10	0	0	66	2)
Finnland	21.439	42.617	206	22.875	107	11	11.411	5.566	5.683	4.894	1.514	49.662	8.854	139.789	314.628	Mai 50
Gibraltar	72	153	0	6	3	2	5	11	4	0	0	175	0	3.172	3.603	Jun 54
Island	259	2.429	0	779	2	0	265	57	17	1	0	1.683	34	10.313	15.839	Jul 53
Jugoslawien (alt)	437	4.126	0	1.368	331	35	2.543	561	2.433	11	0	6.373	4	52.975	71.197	Mai 53
CKD	0	220.964	0	6.549	0	0	0	0	0	3.032	0	0	0	26.760	257.305	Sep 73
Kasachstan 2)	0	0	0	0	0	0	0	0	1	0	0	0	0	0	1	2)
Kroatien 1)	42	866	1	77	0	2	0	15	109	0	0	518	0	0	1.630	1)
Lettland 2)	7	56	2	61	0	0	0	12	12	0	1	28	1	0	180	2)
Litauen 2)	1	13	1	24	0	1	0	3	10	0	0	10	1	0	64	2)
Malta	502	2.054	0	380	14	3	74	12	16	0	0	527	17	2.747	6.346	Dez 52
Mazedonien 1)	0	0	0	0	0	0	0	0	0	0	0	5	0	0	5	1)
Norwegen	23.374	86.913	116	11.649	146	3	22.785	12.919	5.746	2.685	949	91.860	7.608	182.083	448.836	Mai 50
Österreich	86.803	432.851	1.748	83.846	12.882	1.214	61.367	54.322	27.869	1.965	0	239.156	19.847	461.191	1.485.061	Nov 49
Polen	692	3.478	57	2.062	26	4	158	1.222	2.358	0	0	3.516	193	2.860	16.626	Mai 57
Rumänien	17	60	0	34	6	0	3	52	11	0	0	90	4	1.194	1.471	Jan 63
Russland 2)	1	80	0	23	0	1	0	48	48	0	1	144	4	0	350	2)
Schweden	33.321	187.660	358	54.820	3.720	125	63.943	35.431	11.954	7.813	3.287	155.866	17.838	596.698	1.172.834	Jul 48
Schweiz	57.912	348.873	1.762	35.976	22.139	3.698	34.126	71.496	13.322	1.753	594	166.277	22.201	389.130	1.169.259	Mai 48
Slowakei 3)	0	37	0	82	0	0	0	67	37	0	0	6	1	0	230	3)
Slowenien 1)	97	902	21	150	0	2	0	160	303	0	0	858	0	0	2.493	1)
Sowjetunion (ehem.)	12	136	0	10	5	1	15	44	12	0	0	96	11	405	747	Feb 66
Tschechische Republik 3)	27	1.187	3	1.752	0	5	0	785	582	0	0	416	58	0	4.815	3)
Tschechoslowakei (ehem.)	17	1.361	0	651	20	0	63	737	710	0	0	657	38	383	4.637	Aug 57
Türkei	8	1.834	0	142	9	2	37	86	18	0	0	3.778	20	3.453	9.387	Mär 51
Turkmenistan 2)	0	0	0	0	0	0	0	0	0	0	0	1	0	0	1	2)
Ukraine 2)	0	13	1	4	0	1	0	2	5	0	0	4	0	0	30	2)
Ungarn	461	8.566	88	3.335	3	1	213	517	1.386	32	4	4.283	224	6.761	25.874	Jan 57
Vatikanstadt	0	0	0	0	0	0	0	0	0	0	0	1	0	0	1	Feb 87
Weissrussland 2)	0	0	0	0	0	0	0	0	0	0	0	1	0	0	1	2)
Saarland (bis 5.7.59)	0	0	0	0	0	0	0	0	0	0	0	614	0	3.176	3.790	Apr 50
EUROPA komplett	1.880.866	5.480.807	10.742	798.005	213.200	28.104	506.622	567.913	390.605	51.993	20.289	1.845.121	256.345	3.954.934	16.005.546	
EUROPA CKD	34.894	225.785	0	6.549	0	0	73.938	5.292	18.574	3.032	0	36.018	312	403.265	807.659	
EUROPA Gesamt	1.915.760	5.706.592	10.742	804.554	213.200	28.104	580.560	573.205	409.179	55.025	20.289	1.881.139	256.657	4.358.199	16.813.205	

*) einschl. Reexport aus Belgien, Mexiko und Spanien
1) bis 1991 in Jugoslawien (alt) enthalten
2) bis 1991 in Sowjetunion (ehem.) enthalten
3) bis 1992 in Tschechoslowakei (ehem.) enthalten
x) E U : Dänemark, Vereinigtes Königreich u. Irland ab 1967, Republik Irland erst ab 1973; Griechenland ab 1981; Portugal und Spanien ab 1986 EU-Mitglieder

K-FR-2 / 07.03.94

Exportstatistik Volkswagen bis 1993

41 Vorstandsprotokoll, 07.06.1967

42 Vorstandsprotokoll Volkswagen, 01.07.1968

43 SPIEGEL 50/77 (04.12.1977)

über besagte 40 Millionen DM war 1968 noch unter Nordhoff eingefädelt worden[44]. Im Anschluss gingen nochmals lediglich 1.600 Volkswagen gen Osten[45]. Andere waren von Beginn an zurückhaltender: So versuchte es BMW in Ungarn mit einem Gegengeschäft - und tauschte Autos gegen Holz, Pflastersteine und Arbeitskräfte für ein neues Werk in Bayern[46].

Nachhaltige Verstimmungen scheint dies nicht mit sich gebracht zu haben: Zwischen Januar 1957 bis 1993 lieferte VW offiziell 25.874 Fz, hauptsächlich Käfer, aber dann auch Golf und Transporter.

Sonderfall China

VW Golf für den chinesischen Markt ***Foto: Volkswagen***

Kaum ein Automobilhersteller weltweit hatte in den 60ern/70ern das streng kommunistisch ausgerichtete China ernsthaft im Blick. Eine eigene Automobilproduktion gab es dort nicht, abgesehen von der Manufakturfertigung der Funktionärslimousine Rote Fahne von Hongqi bzw. später FAW in Changchun (ab 1958) und der Kleinserienfertigung des jährlich 4.000 bis 7.500-mal gebauten Shanghai 760 (eine modifizierte Replika des Mercedes 220 Ponton) bei STAC (Shanghai Tractor and Automobile Corp.). Die wenigen Autos, die auf den Straßen des asiatischen Reiches unterwegs waren, stammten überwiegend aus der Sowjetunion. Dass China einmal zum erfolgreichsten Automobilmarkt der Welt reifen würde, hätte sich niemand vorstellen können.

Das allererste Auto, dass VW offiziell nach China lieferte, war der Kübelwagen Typ 181. Der Vorstand hatte am 21. Februar 1972 den Vorschlag abgenickt, den Wagen sowohl in Kuba als auch in China anzubieten. Es handelte sich aber nur um Einzelexemplare, zu einem regulären Export kam es nie[47].

Eine ernstgemeinte Initiative für eine Modernisierung des Pkw-Sektors ging von den Chinesen aus. Dr. Hahn erinnerte sich[48], dass 1978 zu Zeiten seines Vorgängers Schmücker einige westliche Autohersteller nach China eingeladen wurden - damals ging es zunächst darum, eine Art verlängerter Werkbank zu installieren. Noch in jenem Jahr kam eine chinesische Delegation nach Deutschland, zunächst zu Mercedes, dann - unangemeldet! - zu VW nach Wolfsburg. Beim Gegenbesuch in China im September 1979 schlugen VW-Vertreter die Montage von T2 oder LT, Golf II/Jetta/Hummel und Passat/Santana/Korsar vor. Bis 1987 sollte die Montageproduktion 150.000 Einheiten jährlich erreichen.

Mit chinesischen Regierungsvertretern wurden die Grundlagen eines weitreichenden Stufenplans ausgearbeitet. Es ging dabei auch um den Aufbau einer Fabrik für Pkw und leichte Nkw. Die Verhandlungen zogen sich bis 1982 hin, dann endlich wurde die Probemontage von 500 Santana bei SCP (Shanghai Car Plant) in Anting nahe Shanghai vereinbart. Die Bedingungen dort waren indes denkbar schlecht. Hahn schreibt in seinen Memoiren[49]: »Die Qualität des zunächst parallel weitergebauten Shanghai erreichte nicht einmal DDR-Niveau«.

Im Oktober 1984 wurde schließlich das Gemeinschaftsunternehmen SVW (Shanghai Volkswagen) gegründet - zunächst mit dem Santana als Langfrist-Engagement. Partnerunternehmen vor Ort war SAIC (Shanghai Automotive Industry Corporation). Vorgesehen waren anfangs 1.600 Autos pro Jahr, was 24 % Marktanteil bedeutete. Festgelegt wurde übrigens auch, den EA 827-Motor vor Ort zu fertigen. Der erste Santana lief bereits vorab am 11. April 1983 im Vorort Anting vom Band - obwohl der Vertrag noch gar nicht unterzeichnet war[50]. Die Chinesen wollten sehr schnell auf eine Jahreskapazität von 30.000 Santana gehen, was VW allerdings ablehnte - nicht zuletzt wegen der Wolfsburger Forderung nach bester einheitlicher Qualität weltweit. Peu à peu stieg anschließend

44 K. Schenziger u.a.: Nordhoff, S. 262

45 SPIEGEL 50/77 (04.12.1977)

46 SPIEGEL 16/73 (15.04.1973)

47 R. Austermann: VW 181

48 Interview C. Hahn (20.12.2011)

49 C. Hahn: Meine Jahre

50 F. Lee: China

der Jahresausstoß: 1994 war man bei 150.000 Einheiten des Santana, weitere Facelifts (beispielsweise als Santana 2000 und 3000) folgten ab 1995 bis zum Produktionsauslauf dieser Modellfamilie 2013. In China kamen übrigens auch ERFURT-Karosseriepressen zum Einsatz.

VW Santana 3000 (2004 bis 2013) ***Foto: VW China***

Ab 1988 gesellte sich mit dem großen, der Regierung unterstellten FAW-Werk (First Automotive Works, eine frühere Lkw-Fabrik und Fertigungsstätte des Hongqi/Rote Fahne) in Changchun ein zweites Joint-venture hinzu. FAW verfügte bereits über eine eigene, wenn auch noch dürftige Zulieferindustrie und trug sich mit dem Plan, mit einem westlichen Partner 300.000 Autos pro Jahr zu bauen. Chrysler war bereits im Gespräch, und FAW hatte schon die Anlagen für einen 2,2-Liter-Vierzylinder erworben. Der basierte jedoch auf einer VW-Lizenz und passte mit leichten Modifikationen in den Audi, dessen Lizenzfertigung ab 1988 schließlich vereinbart werden konnte. Die Verhandlungen mit Chrysler für ein Komplettauto wurden daraufhin abgebrochen. 1990 erreichte die Jahresproduktion wie geplant 15.000 Einheiten, und die Produktion lief bis 1996 weiter – anschließend firmierte das Nachfolgemodell als Kleine Rote Fahne.

Dazu kam der Jetta II im nagelneuen FAW-VW-Werk Changchun, wie er ebenfalls in den USA gebaut worden war – denn den Schrägheck-Golf hatten die Chinesen abgelehnt. Am 5. Dezember 1991 lief der erste China-Jetta vom Band, 1993 war der Jahresausstoß auf 10.000 Einheiten angewachsen. Ausgelegt war das Werk für jährlich 150.000 Stück. Diese Zahl war 1996 erstmals erreicht, am 20. März 2013 lief die Fertigung nach 2,5 Millionen Exemplaren aus. Es folgten zahlreiche andere, in Deutschland teilweise unbekannte VW-Modelle.

Stark facegelifteter Jetta II aus Changchun, hier das Auslaufexemplar von 2013 ***Foto: Kittler***

Chinas Nachbarland, die Mongolei, hätte übrigens auch gern einige automobile Brosamen aufgesammelt. So sollen 1971 allen Ernstes höchst ungewöhnliche Naturalien im Tausch gegen Wolfsburger Pkw zum Tausch angeboten worden sein: 150 Millionen Jahre alte Saurierknochen gegen 100 VW Käfer plus 100.000 Dollar Extragebühr. Was wie ein Aprilscherz klingt, soll so tatsächlich angesprochen worden sein – ohne dass dieses Geschäft je realisiert worden ist[51].

51 autogramm 10/1971

FEUILLETON

Biete: 500 Kilo Knochen – Suche: 100 Volkswagen

Die Mongolei möchte ein 150 Millionen Jahre altes Saurierskelett „versilbern"

... auch wenn Sie's nicht für möglich halten

Von devisenarmen Ostblockstaaten wurden schon Tomaten, Pflaumen oder Gurken als Tauschobjekte gegen Volkswagen dem Volkswagenwerk angeboten. Wolfgang Erdmann, im Volkswagenwerk für den Osthandel verantwortlich, kann einiges darüber berichten. Die überraschendste Offerte für ein Tauschgeschäft aber bekam er während der letzten Leipziger Messe.

Was nun folgt, ist kein Aprilscherz, wenn es auf den ersten Blick auch so aussieht.

Ort der Handlung war der Pavillon der Mongolischen Volksrepublik eben auf besagter Leipziger Messe. Dort hatte Gerhard Buhmann, ein Westberliner Händler mit Kontakt nach der Hauptstadt Ulan Bator, Wolfgang Erdmann mit den mongolischen Managern zusammengebracht.

Die erzählten nun, man habe vor fünf Jahren in der Wüste Gobi das Skelett eines Dinosauriers gefunden, dessen Alter mit 150 Millionen Jahren erkannt worden war. Man sei nun daran interessiert, diesen gewichtigen Knochenberg gegen 100 Volkswagen zu tauschen. Aber, so fügten die Mongolen hinzu, die Knochen seien immerhin so wertvoll, daß man vom Volkswagenwerk noch eine Zusatzzahlung von Dollar 100 000 erwarte.

Wolfgang Erdmann bat zwar die mongolischen Unterhändler, das Ganze noch einmal zu wiederholen, aber offensichtlich meinten sie es ernst, denn auch beim zweiten Mal legten sie Wert auf ein Tauschgeschäft: Knochen nach Deutschland, dafür 100 Volkswagen plus Dollar 100 000 nach Ulan Bator.

Erläuternd fügten die Volksrepublikaner hinzu, es handele sich immerhin um einen Tarbosaurus, der sieben Meter lang und 3,50 Meter hoch gewesen sei und 500 Kilogramm wiege. Die Knochen des vor 50 Millionen Jahren ausgestorbenen Tieres seien sehr gut erhalten und ließen genaue Rekonstruktionen zu. Außerdem kann man die Autos auch gegen bare Münze umwandeln, meinten die Dschingis-Khan-Nachfolger, dann aber müßten sie auf einer Verhandlungsbasis von Dollar 200 000 bestehen. Man würde sich aber bereit erklären, die nicht für den Kauf von Volkswagen bestimmten Dollar 100 000 für den Ankauf deutscher Waren auszugeben, besonders für medizinische Geräte.

Dollar 200 000 „bar Kasse" oder 100 Volkswagen plus Dollar 100 000! Diese Sache erschien Wolfgang Erdmann besonders in der zweiten Variante doch höchst ungewöhnlich. Dennoch versuchte er, ein Museum zu finden, daß bereit war, den mongolischen Knochenberg für Dollar 200 000 zu übernehmen.

Die Museumsleute waren überall ehrlich begeistert — nur das Geld, das hatten sie nicht. Im Frankfurter Senckenberg-Museum jubelte man zwar ob des Fundes, aber mehr als DM 5000 konnten auch die Frankfurter nicht auf den Tisch legen.

Die Volkswagenstiftung wurde ebenfalls wegen des Sauriers bemüht, aber dort wurde befunden, man könne nur gegenwarts- oder zukunftsorientierte Projekte fördern.

So landete Wolfgang Erdmann wieder bei dem Berliner Händler Buhmann, der die 8000 Kilometer entfernte Mongolen-Metropole Ulan Bator schon seit langem mit Whisky, Cognac, Seife, westdeutschen Zigaretten und Kölner Duftwässerchen beliefert.

Buhmann zog los, um industrielle Geldgeber zu finden, und ging zunächst in die Büros von Nestlé in der Schweiz und den Zigarettenhersteller Philip Morris. Das aber verschnupfte wiederum die Mongolen, die nur mit westdeutschen Interessenten verhandeln wollten. Nicht mit anderen Ausländern und schon gar nicht mit Amerikanern.

Im Gegensatz zu anderen geschäftlichen Transaktionen fürchtet Buhmann übrigens keinen Bonner Einspruch bei der Aktion „hie Knochen — da Volkswagen". Er fürchtet ihn deshalb nicht, weil ihm Regierungsdirektor Dr. Konrad Neundörfer aus dem Bundeswirtschaftsministerium erklärte, er kenne keine deutsche Konkurrenz, die sich dadurch wirtschaftlich bedroht fühlen könnte.

Harren wir also der Dinge, die da noch kommen. Möglich ist allerdings, daß in wirtschaftlich ähnlich organisierten Ländern wie der Mongolei, egal auf welcher Seite des Erdballes sie liegen, auf Befehl von oben die Spitzhacken und Spaten hervorgeholt und geputzt werden. Wer weiß, vielleicht ist der nächste ausgegrabene Saurier noch ein paar Jährchen älter und ein paar Grämmchen schwerer ... Aber das richtet sich wohl nach dem Landesbedarf an Volkswagen, oder?

Redaktion „autogramm"

Telefon im Werk Wolfsburg: 6348

Dinosaurier gegen Käfer, Beitrag aus der Mitarbeiterzeitschrift autogramm 10/1971

8.

Geschäftsidee Golf

Volkswagen ließ nicht locker, lud nach Wolfsburg ein oder entsandte Vertreter zu Verhandlungen in die DDR. Dabei unterstützte Otto Wolff v Amerongen, damals Aufsichtsratsmitglied von Volkswagen und Ostbeauftragter der bundesdeutschen Wirtschaft. Er hatte beispielsweise am 30. April 1975 ein Treffen hochkarätiger Volkswagen-Manager mit ihren Ost-Kollegen in der DDR Handelsvertretung in Düsseldorf organisiert. Zunächst ging es nur um Schwarzenberg-Presswerkzeuge, Werkzeugmaschinen und ERFURT-Pressen.

Zwei Monate später kam es anlässlich der ersten Werkzeugmaschinen-Weltausstellung in Paris (»EMO« = Exposition Mondiale de le Machine Outile) zu wichtigen Verhandlungen. Die EMO fand anschließend im Wechsel mit Hannover und Mailand statt. Vereinbart wurden Lieferungen der DDR an KHD Köln (Transferstraße), an Mercedes Gaggenau (Sondermaschinen) sowie an Renault, Volvo, Citroën und Fiat (Sondermaschinen).

Es konnte indes nicht befriedigen, dass 1970 gerade mal fünf Transporter T2 an ein DDR-Ministerium geliefert worden sind, und weitere offizielle Lieferungen von VW oder Audi bis zur zweiten Hälfte der 70er nicht avisiert waren. In Einzelfällen gingen ca. 25 Fahrzeuge pro Jahr über die Westberliner Firma Winter an Diplomaten in Ostberlin.

Aber nun kam Bewegung in die Verhandlungen, signalisierte doch der Stv. DDR-Außenhandelsminister Heinz Karl Behrendt 1975 ernsthaftes Interesse an einem Gespräch mit dem Vorstandsvorsitzenden Toni Schmücker. Der hatte bereits einige Monate früher geäußert: »Schauen Sie mal nach Osten. Da sind noch riesige weiße Flecken auf unserer Landkarte«[1]. Allein 1975 kam es daraufhin zu Gesprächen und Treffen im Werk Wolfsburg. Andererseits kritisierte die Einkaufsabteilung von Volkwagen, dass zahlreiche Anfrageaktivitäten unbeantwortet blieben (»trotz Abmahnungen«).

Bis 1976 verbesserten sich die Ost-West-Kontakte, und man robbte sich ganz langsam an das kommende VW-Liefergeschäft heran: Am 20. Februar 1976 schickte Volkswagen auf Anfrage einen Reparaturleitfaden für Passat und Audi 80 an Dr. Siegfried Brückner, AHB Transportmaschinen Export-Import. Noch war also nicht klar, um was für Fahrzeuglieferungen es gehen sollte. Brückner war später einer der wichtigsten Ansprechpartner für das sich abzeichnende Golf-Geschäft.

Man bemühte sich spürbar, nett zueinander zu sein. Im März 1976 reisten VW-Vertreter zu einem Besuch der Leipziger Frühjahrsmesse – bis zur Herbstmesse 1978 nahm man dort

1 SPIEGEL 50/77 (05.12.1977)

nicht offiziell als Aussteller, sondern nur als Besucher teil. Im Rahmen eines Symposiums in Wolfsburg am 30. April 1976 wurde die Möglichkeit des Einsatzes von Werkzeugmaschinen aus der DDR bei VW erörtert. Anfang Mai 1976 bedankte sich Generaldirektor Dr. Jost Prescher vom AHB WMW Werkzeugmaschinenbau bei H Schmücker ausdrücklich für die erfolgversprechenden Verhandlungen. Während der Leipziger Herbstmesse im September 1976 benannten DDR-Vertreter gegenüber Toni Schmücker und H.P. Schmidt die Ostberliner Firma Metama & Partner, Außenhandelsvertretungen, als Ansprechpartner für alle anfallenden Pkw-Geschäfte.

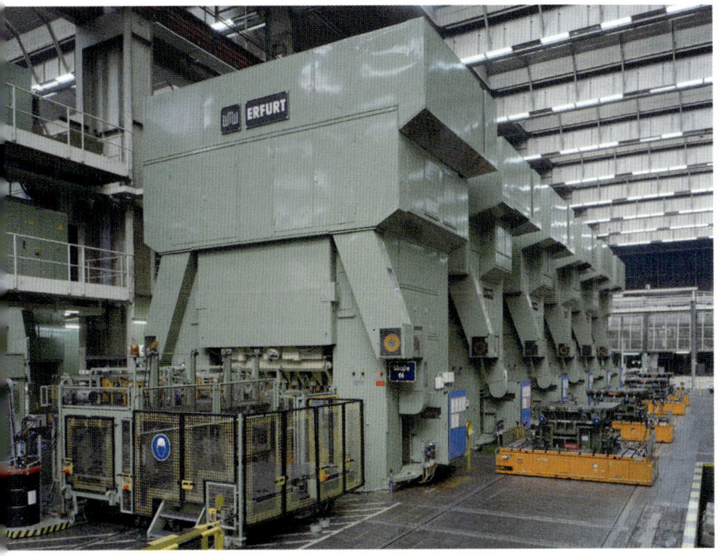

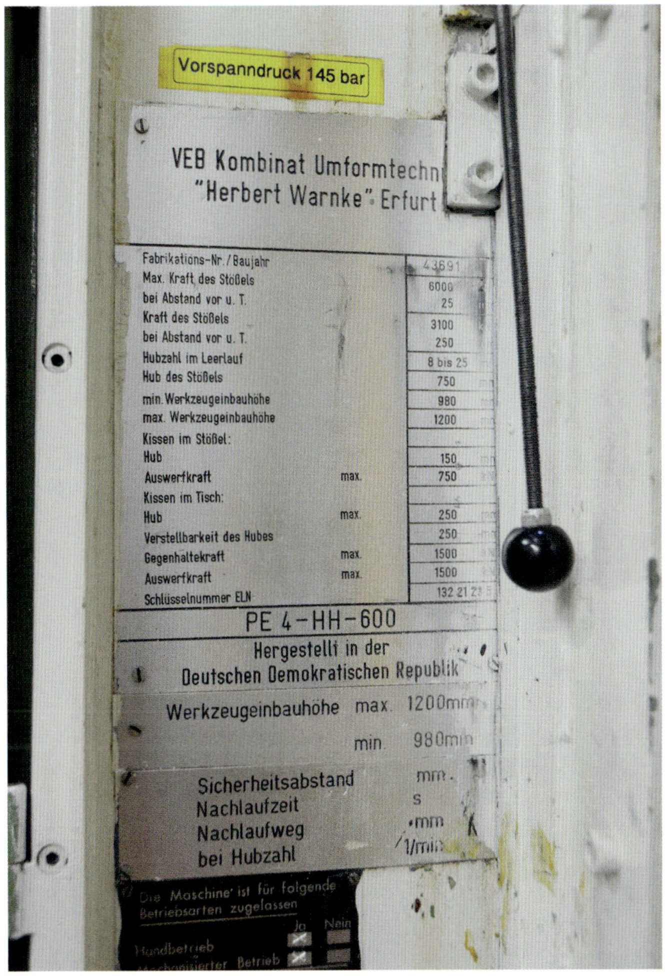

WMW-ERFURT-Pressen in Wolfsburg und in Mexiko (1997), Blick auf eine der drei bis 2017 eingesetzten Pressen in Wolfsburg ***Fotos: Volkswagen (2x), Kittler***

Im Februar 1977 lud Metama-Geschäftsführer H. Schneider zu Gesprächen nach Ostberlin, vorrangig wegen der Betreuung von »bis zu 10.000 Konzernfahrzeugen älterer Baujahre«. Der vermutliche Ersatzteilbedarf wurde mit bis zu 1 Mio DM p.a. geschätzt. Sinnvoll wäre dafür »ein Zentral-ET-Lager (Waren für 300.000 DM auf 500 qm, Lagerhaltung 50.000 DM, 4 MA)«. Das Interesse staatlicher Stellen in der DDR an diesem Geschäft sei allerdings äußert gering. Bislang sei der VW-Kundendienst in der DDR nicht zentral gesteuert, sondern wurde von kleinen Privatbetrieben, PGH und Fuhrparknutzern in eigener Regie wahrgenommen.

Wichtigster Gesprächspunkt: Der Verkauf von VW-Neufahrzeugen wurde nicht grundsätzlich ausgeschlossen. Aber, so Einkäufer Klaus Vacano in seinem Bericht vom 4. Februar 1977, »die äußerst knappen Devisen der DDR werden kaum für den Import westlicher Pkw verwendet. Volvo und Fiat sind bisher die einzigen Firmen, die geringe Fahrzeug-Stückzahlen geliefert hätten«. Der Verkauf von Neuwagen werde sich auf wenige Exemplare für Devisenkunden und Funktionäre beschränken. »Wir rechnen im günstigsten Falle mit 30 Fz pro Jahr«, schloss Vacano[2].

2 Hist. Kommunikation Volkswagen

Dennoch erfolgten bereits während des ersten Metama-Termins Sondierungen über die Aufnahme vertraglich geregelter Geschäftsbeziehungen - das dürfte die Initialzündung für das Golf-Geschäft gewesen sein. H Schmücker wurde darüber in Form einer Internen Mitteilung (IM v. 04.03.1977) informiert. Durch die Veröffentlichung von Dr. Hans-Christian Hermann in den Dresdner Beiträgen zur Geschichte der Technikwissenschaften 30 (2005)[3] ist bekannt geworden, dass es sogar noch viel weitergehende Ideen gab: »So forderte etwa der Direktor des VEB Imperhandel ein Volkswagen-Modell in Lizenz zu fertigen. Wahrscheinlich (aber) machte Volkswagen selbst diesen Vorschlag«.

Von Anfang an war klar, dass die ostdeutsche Firma VEB Carl Zeiss Jena (die wegen des Einspruches ihres West-Ablegers als Jenoptik firmierte) als Kompensationspartner mit von der Partie sein würde. Beispielhaft mögen die nicht ganz einfachen Koordinationsgespräche für eine Messmaschine fürs VW Werk Braunschweig am 28. Mai 1977 stehen - denn: Die von VW gestellten Forderungen waren nicht erfüllt worden. Noch verhandelt wurde über ein Teilungsprüfgerät für das VW-Werk Kassel (Auftragsvolumen 150.000 DM, über Fa. Jähnert). Jenoptik lenkte sofort ein, war man doch - wie Generaldirektor Wolfgang Biermann am 10. Juni 1977 an Schmücker schrieb - interessiert am Neubeginn langfristiger Geschäftsbeziehungen. Wolfgang Biermann verwies auf die frühere Zusammenarbeit zwischen Schmücker (damals noch Rheinstahl) und Jenoptik (vertreten durch Siegfried Huelss, Stv. Generaldirektor).

VEB Carl Zeiss Jena firmierte offiziell als Jenoptik
Foto: Bundesarchiv, Franke, Klaus CC-BY_SA 3.0

Die Anbahnung des konkreten Pkw-Austauschgeschäfts geschah dann unter absoluter Geheimhaltung in zahllosen Sitzungen in Wolfsburg und Ostberlin. Im Juni 1977 kam es zum entscheidenden Spitzengespräch, wobei der ostdeutsche Verhandlungsführer Alexander Schalck-Golodkowski die »äußerst günstigen kommerziellen Bedingungen durch Volkswagen« würdigte[4]. Einen entscheidenden Anteil am Geschäftsverlauf hatte der bereits erwähnte DDR-Verhandler Dr. Siegfried Brückner, der in der zweiten Jahreshälfte 1977 mehrfach nach Wolfsburg reiste.

So war er am 20. September 1977 zu Besuch bei T. Schmücker in Wolfsburg. Ein Gegenbesuch wurde am »29. September 1977 um 11:30 bei Staatssekr. Schalck vereinbart (Einreise mit Audi IN-AA 99, H. Bach, H. Schmücker, »chemische Keule kann mitgenommen werden /d.V.: offensichtlich eine Waffe zur Selbstverteidigung/)«. S. Brückner verabredete sich anschließend zur Hannover Messe mit dem VW-Bereichsleiter Einkauf W. Svetlik.

Die Volkswagen-Entscheider hofften auf weitere Geschäfte jenseits der verhandelten Golf-Lieferung. In der Vorstandssitzung vom 22. September 1977 berichtete T. Schmücker »über Überlegungen (in) der DDR, mit westlichen Herstellern eine Automobilfertigung zu errichten. Es besteht Einvernehmen im Vorstand darüber, dass im Falle einer Zusammenarbeit erhebliche Schwierigkeiten (gesellschaftliches System, Devisenausgleich) zu erwarten sind. Vertriebsvorstand Dr. Schmidt weist auf einen möglichen politischen Zusammenhang mit den Bestrebungen (des Ostblocks) hin, für die Automobilindustrie im Ostblock bestimmte Schwerpunkte zu bilden«.

Während der Leipziger Herbstmesse ab 4.September 1977 wurden dann die endgültigen Details des Golf-Deals fixiert - Handelsattaché Hoffmann bei der Ständigen Vertretung DDR bedankte sich anschließend schriftlich für die »Unterstützung bei der Weiterentwicklung der Handelsbeziehungen«. Man war sich nähergekommen! Schmücker hatte mittlerweile den in Sachsen geborenen Spitzenmanager Horst Münzner mit der Erstellung einer künftigen Einkaufs-Rahmenvereinbarung beauftragt.

Zu den wichtigsten Akteuren auf Westseite gehörten ab sofort auch Hans-Joachim Nolde (Einkäufer Elektrik) und der erst 34jährige Hauptabteilungsleiter Volkhard Köhler. Der stammte aus dem sächsischen Herrnhut, war Mitglied der Evangelischen Brüdergemeine und avancierte zum Projektleiter für das Golf-Geschäft. Beim Motorenprojekt ein Jahrzehnt (vgl. Kapitel 15) später war er dann der VW-Verhandlungsführer. »Das Ganze war nicht als geschäftlicher Erfolg, sondern politisch gewollt als immaterieller Wert ausgelegt«, bekannte 1977 ein anderer hochrangiger Einkäufer[5]. Auf die

3 C Hermann: Dresdner Beiträg

4 B. Schulte: Armageddon

5 Infos G. Müller-Neuhof

Kooperation sollten übrigens gerade mal 0,3 % des VW-Einkaufsvolumens entfallen[6].

Am 28. September 1977 besuchte Schmücker seine Geschäftspartner in Ostberlin. Die Zeitplanung durch die Ostdeutschen war eng getaktet:
»8:00 ab Rothehof, 8:30 bis 9:00 erwartet Sie H. Brückner persönl. mit Wagen am Grenzüberg. Marienborn, er steigt in Ihren Wagen zu, 11:30 Termin bei Dr. Schalck (Berlin, Wallstr., Minist. f. Außenhandel), Gesprächsdauer 1 Stunde,
anschl. Rückfahrt nach Helmstedt, wo Sie ab 15:00 von den Kripo-Beamten erwartet werden«.

Am 10. Oktober1977 kabelten Schmücker/Münzner an das DDR-Ministerium für Außenhandel, Dr. Schalck: »Im Zusammenhang mit unserem Rahmenangebot v. 14. Oktober 1977 verpflichten wir uns für den Fall Ihrer positiven Entscheidung zum Gegenbezug von Gütern mit einem Gesamtpreis, der der Höhe Ihrer Bezüge bei uns entspricht. Hierbei gehen wir davon aus, dass die Abwicklung der Lieferungen an uns in den Jahren 1978/79 und 1980 erfolgen kann. Wir gehen ferner davon aus, dass Ihre Lieferungen unseren Qualitätsanforderungen entsprechen und im Preis und sonstigen Konditionen wettbewerbsfähig sein werden«.

Über einen mit VW-Chefeinkäufer Horst Münzner persönlich vereinbarten »Letter of Intent« geregelt waren als mögliche Kompensationen zunächst Zulieferteile wie Reifen, Leuchten, Scheiben oder Investitionsgüter für die Fertigung. Agrarprodukte oder Textilien, die erst über Dreiecksgeschäfte hätten zu Geld gemacht werden können, wurden ausgeschlossen[7].

In besagtem Rahmenangebot wurde das Zahlungsziel für die gelieferten Golf benannt (jeweils 6 oder 12 Monate nach jeweiliger Monatslieferung) und festgelegt, »in die DDR gelieferte Fz. dienen ausschließlich der Versorgung des Autoeigenbedarfs in der DDR und dürfen nicht in andere Staaten exportiert werden«. Dieser Passus fand sich dann auch im offiziellen Liefervertrag wieder.

Im Rahmen weiterer Schreiben und Treffen wurden die Details vereinbart. So teilte VW am 28. Oktober 1977 Staatssekretär Dr. Schalck mit: »VW liefert 10.300 Golf lt. Liefervertrag (Anlagen) bis 8/1978. Davon erfolgt die 1. Lieferung von 300 Fz noch im Dezember 1977«. Zudem gab es Vorschläge zum Thema Kundendienst und Ersatzteile. Und es wurden nicht nur die geplanten Stückzahlen, sondern auch die Farben und die Grenzübergangspunkte aufgelistet.

Die Stückzahlen lt. Planung vom besagten 28. Oktober 1977 gingen von 7.000 L (50 PS), 1.000 LS (70 PS) und 2.000 LD (50 PS) aus, dazu weitere 300 Zusatzexemplare. (später war nur noch von 200 die Rede). Diese Zahlen änderten sich aber noch, zuungunsten des Diesels.

In den anschließenden Gesprächen bei der Fa. Metama wurde lt. Schreiben vom 18. November 1977 der Lieferumgang seitens Volkswagen weiter aufgedröselt. Verhandler seitens VW war H. Rauer, seitens Fa. Transportmaschinen war dies H. Abraham und seitens Imperhandel H. Wischeropp. Wichtigste Aussage: »VW verpflichtet sich, Waren für 81,5 Mio DM zu kaufen. Die Lieferungen sind für 1978/79 geplant, Überhänge auch 1980«. Diese Liefervereinbarung wurde später bis Juli 1981 verlängert. Tatsächlich ging es schließlich um ein Auftragsvolumen von 93 Mio DM incl. 11,5 Mio DM Zinsen für einen Zweijahres-Kredit.

In Anlage 1 wurden die Außenhandelsbetriebe der DDR aufgelistet (Liste größtenteils auch zu Zeiten des noch folgenden Motorengeschäfts gültig), in Anlage 2 waren Beispiele für das Warenangebot der DDR genannt.

Außenhandelsbetriebe der DDR
VE AHB Transportmaschinen Exp-Imp, 108, Joh. Dieckmann Str. 11-13
WMW Exp-Imp, 104 Berlin, Chausseestr. 111/112
Jenoptik GmbH, 69 Jena, Carl-Zeiss-Str. 1
VE AHB Elektrotechnik Exp-Imp, 1026 Berlin, Alexanderplatz 6
Techno Kommerz GmbH, 108 Berlin, Joh. Dieckmann Str. 11-13
VE AHB Metallurgiehandel GmbH, 1054 Berlin, Brunnenstr. 188-190
VE AHB Heimelectric, 108 Berlin, Alexanderpl. 6
AH GmbH Union, 108 Berlin, Wilh Külz Str. 46
VE AHB Intermed Exp-Imp, 102 Berlin, Schicklerstr. 5-7

Beispiele für das Warenangebot der DDR
Walzstahl (Bleche, Formstahl, Halbzeuge, Rohre)
Normteile (Schrauben, Muttern, Bolzen, Spannhülsen, Kolbenringe, Federklammern, Scheibenringe, Dichtungen, Drähte, Schreibmaterialien, Profile)
Gummi- u. Kunststoffteile (Spritz- u, Blasteile, Profile, Sonnenblenden, Haltegriffe, Granulate, Komponenten, Schaumteile, Schläuche, Gummiformteile, Dichtringe, Abdichtmaterial, Dämmstoffe, PVC verdecke)
Wälzlager/Nadellager
Beschläge
Autoelektrik (Zündspulen, Zündverteiler, Kabel. Massebänder, Glühlampen, Zündkerzen, Autoradios)
Ölschläuche
Lochscheibenräder
Bremsen
Sicherheitsgurte
Türschlösser/-scharniere
Spiegel

6 P. Kirchberg: Plaste

7 SPIEGEL 50/77 (05.12.1977)

Aschenbecher
Zierleisten
Küchenausstattungen
Feuerwehrbedarf
Werkzeugmaschinen/Werkzeuge
Presswerkzeuge
Prüfeinrichtungen
Elektromotoren
Schaltschränke
Leuchten/Lampen
Generatoren
Umformer
Trafos
Reifen (nur Radial/Stahlgürtel)
Schreib- und Rechentechnik
Regel- u. Steuereinrichtungen
Fernmeldeeinrichtungen
Brennstoffe wie Erdöl, Erdölprodukte, Braunkohle

Kostenaufstellung lt. Liefervertrag Golf (18.11.1977)

Typ	Stück	Einzelpreis	Summe	Währung
Golf L 2T	6.000	7.829 DM	46.974.000	DM
Golf L 4T	2.000	8.268 DM	16.536.000	
Golf LS 2T	400	8.422 DM	3.368.800	
Golf LS 4T	600	8.861 DM	5.316.600	
Golf LD 2T	500	9.087 DM	4.543.300	
Golf LD 4T	500	9.526 DM	4.763.000	
Summe	10.000		81.501.900	DM
(dazu kostenlos als Muster von VW eine Anhänger-Zugvorrichtung einschl. Anbauzubehör sowie eine Zeichnung für die Anfertigung AHZ incl. Materialaufstellung)				

Am 29. November 1977 informierte Vertriebsvorstand Dr. Werner P. Schmidt seine Vorstandskollegen über den unmittelbar bevorstehenden Vertragsabschluss für die Golf-Lieferung. Erwähnt wurde das Volumen von 10.00 Golf und – Überraschung! – eine Anfrage der DDR-Seite »zur Fertigung von 250.000 Motoren für den Wartburg über den Zeitraum von acht Jahren«[8]. Dieses Ansinnen blieb indes zunächst nur Wunschdenken.

Einen Tag später, am 30. November, wurde dann der Golf-Liefervertrag zwischen Volkswagen und dem Land Niedersachsen unterzeichnet – von Werner P. Schmidt und Generaldirektor S. Brückner (AHB Transportmaschinen Export-Import) [9], [10]. Im Vertrag wurde auch der Kundendienst geregelt (vgl. Kapitel 10). Erstmals in die Öffentlichkeit brachte dieses Geschäft die ARD-Tagesschau noch am Tag des Vertragsabschlusses.
Bei der Begleichung des Kaufpreises kam Volkswagen der chronisch devisenschwachen DDR wie verabredet mit einem Kompensationsgeschäft entgegen. Die 10.000er-Lieferung entsprach zwar nur vier Tagesproduktionen im Werk Wolfsburg. Aber Vorstandschef Schmücker erwartete sich zu Recht eine positive Resonanz und eventuell weitere Lieferverträge. Denn hier ergäbe sich »erstmals die Möglichkeit für den Marktzutritt zu einem bis dahin unerreichbaren Absatzgebiet«[11].

Weitere Details/Aktualisierungen zu Vertrag 21-532/74455

Anlage 1 (Vertragszusatz 1741)
(6) Der Käufer oder die vom Verkäufer beauftragte Intercontrol GmbH ist berechtigt, sich im Lieferwerk nach ZP8 von der ordnungsgemäßen Durchführung dieser Kontrollen des Verkäufers (Endkontrolle einschl. Funktionskontrolle) bei rechtzeitiger Anzeige des Kontrolltermins an den Käufer zu überzeugen.
(10) Als Lieferbasis gilt »Geliefert Grenze BRD/DDR, Vorsfelde« gem. Incoterms 1953 in Fassung des Nachtrags von 1967. Leistungsort für die Lieferverpflichtung ist Vorsfelde. Der Vertragsgegenstand wird vom Verkäufer von Haus zu Haus gegen alle Gefahren des Transports versichert.
(12) Der Käufer wird den Kaufpreis in DM der Dt. Bundesbank über die dt. Außenhandelsbank AG Berlin (DABA) auf das vereinbarte Konto des Verkäufers in der BRD fristgemäß überweisen.
(15) Der Verkäufer ist jedoch bereit, dem Käufer Kulanz in gleichem Umfang zu gewähren, wie der weltweiten VW-Audi-Vertriebsorganisation.
(16) Die Gewährleistungsfrist endet (ohne km-Begrenzung) je 12 Monate nach Zulassung oder 18 Monate nach Lieferung.
Anlage 2 Versandanweisungen
1. Versand auf Doppelstockwaggons, je 5 Fz pro Ladeebene
2. Handbremse angezogen, Rückwärtsgang, Radvorleger beide HR
3. komplette Züge, jeder Zug Fahrzeuge in verschied. Farben, pro Tag nur 1 Zugeinheit (200 bis 250 Fz) zum Versand
4. Fenster, Türen, Heckklappe geschlossen
5. In Handschuhfach Betriebsanleitung und KD-Pass. In Kofferraum 16 Radmutterkappen, 2 Scheibenwischerarme, 2 Wischerblätter, 2 Schmutzfänger, Wagenheber u. Werkzeug, Lampen u. Sicherungen
6. Fz entgegen der Fahrtrichtung
7. alle Fz konserviert
8. abgeklemmte Batterie
9. Bodenteppich Fahrerseite abdecken
10. dazu 15.000 Prospekte bis 1/1978 und 50 Farbtafeln, dazu Störreserven (Flüssigkeiten, Bedienungsanleitungen)

8 Hist. Kommunikation Volkswagen: Heute vor 40 Jahren

9 autogramm VII-12 (13.12.1977)

10 SPIEGEL 50/77 (05.12.1977)

11 Hist. Kommunikation Volkswagen

Anlage 3 Aktualisierter Lieferplan Golf (endgültige Stückzahlen)							
		Golf		Golf		Golf	
	Liefer-menge	L 2T	L 4T	LS 2T	LS 4T	LD 2T	LD 4T
12/77	300	150	90		30		30
1/78	1.300	450	500				
2/78	1.300	800	500				
3/78	1.300	800	–				
4/78	1.400	1.400	–				
5/78	1.400	700	–	100	200	200	200
6/78	1.500	800	60	100	170	200	170
7/78	1.500	900	–	200	200	100	100
Summe	10.000	6.000	2.000	400	600	500	500

Erstmals von VW bekanntgemacht wurde das Geschäft Mitte Dezember, bis dahin hatten die Beteiligten tatsächlich dicht gehalten. So informierte autogramm, die Mitarbeiter-Zeitung von Volkswagen, am 13. Dezember 1977[12] unter der Überschrift »10.000 Golf für die DDR – VW-Trainer schulen bereits Mechaniker für 16 Kundendienst-Stützpunkte« über das unerwartete Geschäft. In der WELT hieß es: »VW durchbricht eine Barriere«, die Stuttgarter Zeitung witzelte: »Volksarmee, Volkssport, volkseigene Betriebe – warum also nicht Volkswagen«, und die Auto Zeitung schrieb despektierlich: »Golf für die Genossen«.

Im wieder besonders gut informierten SPIEGEL[13] ging man noch davon aus, dass die ersten 300 Golf plus ein Audi-Fünfzylinderwagen (als Testexemplar für den Regierungsfuhrpark) noch im Dezember geliefert werden – was sich tatsächlich um wenige Wochen verschob. Als Einkaufswünsche der VW-Partner benannte das Magazin völlig richtig schweres Heizöl, Braunkohle, Autoelektrik-Kleinteile, Kunststoffteile sowie Textilgürtelreifen (nur für den DDR-Golf). »Technologisch unkomplizierte Kleinteile sollen in alle VW eingebaut werden« wird Horst Münzner zitiert.

Die Historische Kommunikation von Volkswagen resümierte später: »In manchen Medien traf das Kompensationsgeschäft in Spätwirkung des Kalten Krieges anfänglich auf ideologische Bedenken, waren doch die von der Regierung Brandt/Scheel nach 1970 auf den Weg gebrachten, gutnachbarschaftlichen Beziehungen noch nicht unumstritten. Doch der Erwartung der Wirtschaft, dass Handel den Wandel stütze, wurde das Liefergeschäft in vollen Umfang gerecht«[14].

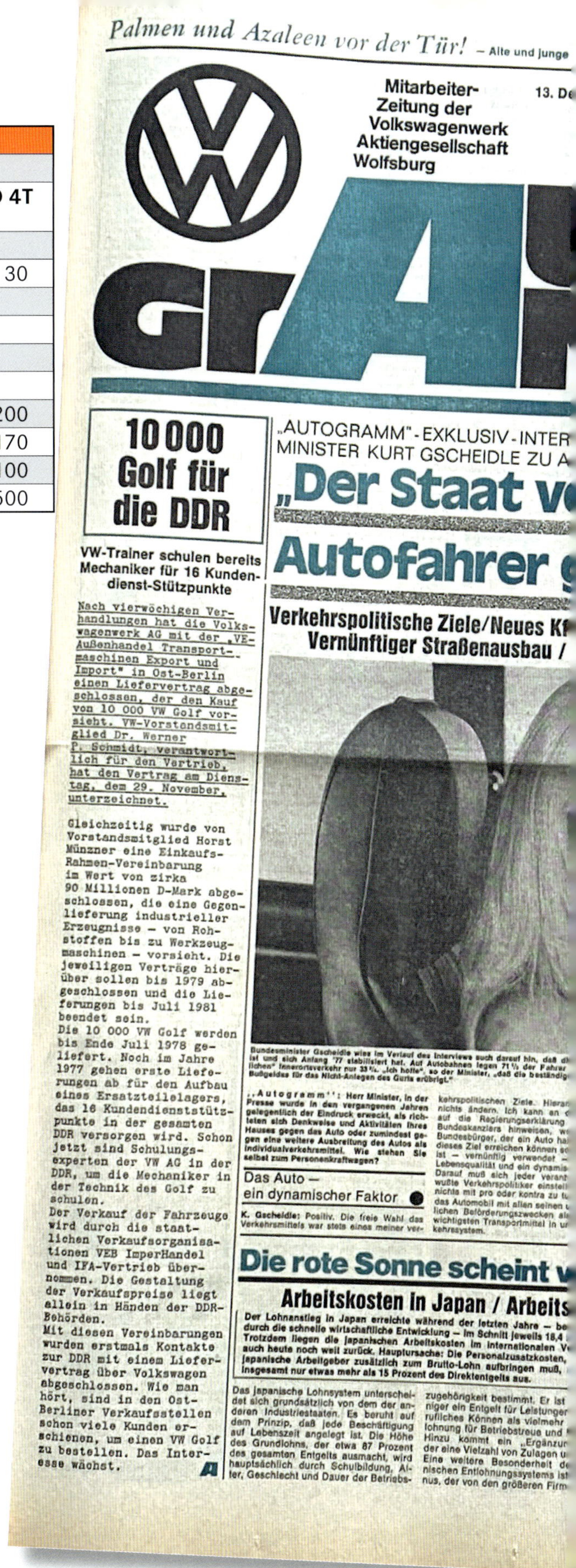

Palmen und Azaleen vor der Tür! – Alte und junge

Mitarbeiter-Zeitung der Volkswagenwerk Aktiengesellschaft Wolfsburg

13. De

10 000 Golf für die DDR

VW-Trainer schulen bereits Mechaniker für 16 Kundendienst-Stützpunkte

Nach vierwöchigen Verhandlungen hat die Volkswagenwerk AG mit der „VE-Außenhandel Transportmaschinen Export und Import" in Ost-Berlin einen Liefervertrag abgeschlossen, der den Kauf von 10 000 VW Golf vorsieht. VW-Vorstandsmitglied Dr. Werner P. Schmidt, verantwortlich für den Vertrieb, hat den Vertrag am Dienstag, dem 29. November, unterzeichnet.

Gleichzeitig wurde von Vorstandsmitglied Horst Münzner eine Einkaufs-Rahmen-Vereinbarung im Wert von zirka 90 Millionen D-Mark abgeschlossen, die eine Gegenlieferung industrieller Erzeugnisse – von Rohstoffen bis zu Werkzeugmaschinen – vorsieht. Die jeweiligen Verträge hierüber sollen bis 1979 abgeschlossen und die Lieferungen bis Juli 1981 beendet sein.
Die 10 000 VW Golf werden bis Ende Juli 1978 geliefert. Noch im Jahre 1977 gehen erste Lieferungen ab für den Aufbau eines Ersatzteilelagers, das 16 Kundendienststützpunkte in der gesamten DDR versorgen wird. Schon jetzt sind Schulungsexperten der VW AG in der DDR, um die Mechaniker in der Technik des Golf zu schulen.
Der Verkauf der Fahrzeuge wird durch die staatlichen Verkaufsorganisationen VEB ImperHandel und IFA-Vertrieb übernommen. Die Gestaltung der Verkaufspreise liegt allein in Händen der DDR-Behörden.
Mit diesen Vereinbarungen wurden erstmals Kontakte zur DDR mit einem Liefervertrag über Volkswagen abgeschlossen. Wie man hört, sind in den Ost-Berliner Verkaufsstellen schon viele Kunden erschienen, um einen VW Golf zu bestellen. Das Interesse wächst.

„AUTOGRAMM"-EXKLUSIV-INTER
MINISTER KURT GSCHEIDLE ZU A
„Der Staat v
Autofahrer
Verkehrspolitische Ziele/Neues K
Vernünftiger Straßenausbau /

Das Auto – ein dynamischer Faktor

Die rote Sonne scheint
Arbeitskosten in Japan / Arbeits

Meldung zum Golf-Geschäft in autogramm

12 autogramm 12/77 (13.12.1977)

13 SPIEGEL 53/77 (15.12.1977)

14 Hist. Kommunikation Volkswagen

9.

Der »Golf-Strom« von 1978

Die Lieferung der Fahrzeuge (8.000 Golf L, 1.000 LS und 1.000 LD) erfolgte nahezu termingerecht: Der erste Zug mit 220 Einheiten fuhr zwar erst am 13. Januar 1978 über die Grenze, bis Ende Februar waren 2.100 Golf verschickt, 1.050 waren für März geplant, und 1.500 bis 1.700 sollten zwischen April und Juli folgen. Von Volkswagen wurde die Situation genau analysiert: »Auslieferung erfolgt nur nach Berlin. Nach letzten Meldungen wurden diese Fahrzeuge von der HO über Betriebe und Organe für 19.000 bis 25.000 M und zu einem kleinen Teil auch über den GENEX-Geschenkdienst an DDR-Bürger verkauft, hieß es im März. Die Zusammenarbeit mit den DDR-Stellen verläuft dabei reibungslos. Bis 31. Juli 1978 werden alle 10.000 Golf geliefert sein«[1].

Erstaunlicherweise berichtet der SPIEGEL erst am 28. Januar 1978 darüber, illustriert mit dem Foto eines Autozuges.[2] Die restlichen Autos folgten im Juni und Juli 1979. Der damalige Volkswagen Pressechef Anton Konrad entsinnt sich: »Obwohl wir von diesem Geschäft wussten, war es doch ein ungewohntes Bild, damals im Januar 1978: Ich schaute aus dem Fenster des Verwaltungshochhauses, als erstmals ein Zug voller Golf nicht Richtung Westen, sondern nach links, Richtung Osten ging«[3].

Grenzübergangspunkte lt. Vertrag vom 29.11.1977[4]
- Lübeck/Herrnkrug
- Büchen/Schwanheide
- Vorsfelde/Oebisfelde
- Helmstedt/Marienborn
- Walkenried/Ellrich
- Bebra/Gerstungen
- Ludwigsstadt/Probstzella
- Hof/Gutenfürst

Ein Teil der Liefermargen wurde direkt in Wolfsburg geprüft und abgenommen: Dies übernahm die Intercontrol GmbH Deutsche Warenkontrollgesellschaft Karl-Marx-Stadt. Der damalige DDR-Abgesandte Klaus Popp berichtet von einer Dienstreise Ende Januar 1978 nach Wolfsburg, als er 250 Exemplare freigab und dabei die VW-Qualitätsprüfer mit einer Undichtigkeit an der hinteren rechten Golf-Tür brüskierte: »... ein peinlicher Arbeitsfehler, der sofort abgestellt wurde«[5].

1 Vorstandsmitteilung Volkswagen, V. Köhler (03.03.1978)
2 SPIEGEL 5/78 (28.01.1978)
3 Infos A. Konrad
4 Rahmenvertrag VW-IFA v. 29.11.1977
5 K. Popp: Mein Weg vom Arbeiterkind

Golf-Lieferung in die DDR, der erste Zug am 13. Januar 1978 **Foto: Volkswagen**

Die Motorisierung der Import-Golf - Benziner mit 50 bzw. 70 PS, wahlweise Zwei- oder Viertürer - entsprach dem, was bereits auf dem DDR-Markt angeboten wurde. Stärkere Triebwerke waren kein Thema, schon wegen der erforderlichen Krraftstoffqualität. Der Diesel dürfte die größte Überraschung gewesen sein - offensichtlich startete damit ein Experiment, das auf die Überlegungen zu eigenen Diesel-Motoren aufsetzte: Wie skeptisch wären die DDR-Bürger gegenüber der in Pkw völlig unbekannten Technik? Antwort: gar nicht, im Gegenteil! Denn Diesel-Pkw verbrauchten von ihrer Bauart her ohnehin weniger (wie sich längst herumgesprochen hatte), und das Dieselöl war mit 1,40 M/L günstiger als das handelsübliche Benzin für Ottomotoren.

Speziell für die DDR gedruckter Verkaufsprospekt ohne zusätzliche Angaben wie in den Druckwerken für Westeuropa

Quelle: Sammlg. Dünnebier

Im Bild: der Golf L.

Der Golf. Fortschrittliche Konstruktion, funktionelles Styling.

Als wir darangingen, den Golf zu entwickeln, da dachten wir an ein Auto, das auf dem Höhepunkt der heutigen Automobiltechnik steht. Das den heutigen Verkehrsverhältnissen ebenso entspricht wie den heutigen Ansprüchen an Fahr- und Bedienungskomfort. An einen Wagen, der ebenso geräumig wie gefällig, dabei aber auch zuverlässig und wirtschaftlich ist. An einen Volkswagen eben.

Der Verkehrslage mit ihren engen Parklücken in den Städten haben wir bewußt die platzsparenden Außenmaße entgegengesetzt. Ganze 3,70 Meter Länge oder sechs Quadratmeter Verkehrsfläche sind für den Golf wirklich das Äußerste.

Im Innern waren wir aber sehr großzügig. Dank der Idee mit dem quergestellten Frontmotor konnte der lange Radstand gut ausgenutzt werden. Und wir hatten reichlich Platz für großzügige Planung. Für zwei oder vier Türen, für fünf erwachsene Fahrgäste und für jede Menge Gepäck.

Und um sein Erscheinungsbild unverwechselbar zu prägen, gaben wir ihm sein eigenwilliges, unkonventionelles Styling.

Und damit Sie im Golf auch mit Sicherheit reichlich umsorgt sind, gaben wir ihm die formstabile Fahrgastzelle, die computerberechneten Knautschzonen in den Front- und Heckteilen und die Sicherheitstürschlösser, die einem unkontrollierten Aufspringen bei Unfällen vorbeugen. Wir gaben ihm die spezielle Sicherheitsverankerung der Vordersitze, die Sicherheits-Lehnenverriegelung, die Kindersicherung an den hinteren Türen, eine Sicherheitslenksäule, einen aufschlagentschärften Innenraum und natürlich Automatic-Sicherheitsgurte.

2 3

Im Bild: der Golf LS.

Der Golf. Großräumig und komfortabel.

Manchmal fahren Sie ja nicht nur zum Vergnügen. Sondern zu reinen Transportzwecken. Während andere Autos da von vornherein ausscheiden, so geht beim Golf doch eine ganze Menge von hinten herein.

Seine dachhohe und wagenbreite Heckklappe ist nämlich ausgesprochen einladend. Und sie eröffnet Ihnen auf jeden Fall einen Gepäckraum von 370 Litern. Sie können diesen Gepäckraum fast verdreifachen. Indem Sie mit wenigen Handgriffen Rücksitz und Rücksitzlehne nach vorn klappen. Jetzt haben Sie nämlich einen riesigen, 1100 Liter großen Laderaum.

Und das alles wird getragen vom aufwendigen Fahrwerk. Es hat die Federbein-Vorderachse, die präzisen Geradeauslauf garantiert. Es hat die Verbundlenker-Hinterachse, die eine hohe Spur- und Sturz-Stabilität gewährt. Es hat das diagonale Zweikreis-Bremssystem, wodurch auch bei Ausfall eines Bremskreises immer noch je ein gegenüberliegendes Vorder- und Hinterrad gebremst wird.

Es hat Scheibenbremsen vorn. Und es hat den spurstabilisierenden Lenkrollradius, den Sie spätestens dann zu würdigen wissen, wenn Sie zum Beispiel mal mit einem Vorderrad ins weiche Bankett geraten und dann trotzdem noch die Richtung halten können.

4

5

Bild: der Innenraum vom Golf L.

Der Golf. Ein Vergnügen, rein technisch gesehen.

Beim Golf haben Sie die Wahl zwischen drei Motoren. Nach dem Prinzip: jedem seinen Bedarf, jedem seine Leistung. Da wäre zunächst der 1,1-Liter-Motor. Er leistet 50 PS. Wenn Sie's eiliger haben, werden Sie sich schnell für den 1,5-Liter-Motor mit 70 PS erwärmen können.

Wenn Sie aber Wert auf noch mehr Sparsamkeit legen, dann haben wir für Sie noch etwas ganz Besonderes auf Lager. Eine für diese Klasse ganz ungewöhnliche Motoren-Entwicklung: einen Pkw-Diesel-Motor, der bei 1,5 Liter Hubraum 50 PS hat. Was seine Leistungen betrifft, so steht er hinter einem Benziner nicht mehr zurück. Und was seinen Verbrauch betrifft, so beschränkt er sich in einer Art und Weise, wie es knauseriger schon nicht mehr geht.

Und der Innenraum? Die Vordersitze sind anatomisch richtig geformt. Ihre Polsterung besteht aus einem neuartigen Vollschaumstoff, der Stöße ebenso gut abfedert wie dämpft. Ihre Lehnen sind stufenlos verstellbar. Bis in die Liegestellung. Was die Fondpassagiere angeht, so haben wir auch da alles getan, damit es ihnen gut geht. Sowohl das Dach wie auch die Rückenlehne sind so hoch, daß sich hinten alle zutiefst wohl fühlen. Die Sitze sind übrigens so komfortabel und der Fußraum ist so groß, daß man hinten genauso gut und gern sitzt wie vorn.

Der Golf bietet außerdem viele praktische Dinge, die durchaus nicht immer üblich sind. Das dreistufige Heiz-Lüftungs-Gebläse etwa. Oder die zweistufige Scheibenwischanlage mit zusätzlichem Tipp-Wisch-Kontakt. Die elektrisch betriebene Scheibenwaschanlage. Die beheizbare Heckscheibe. Den Türscheibendefroster. Die Liegesitze. Das Radio.

Der Golf. Suchen Sie sich das Modell aus, das am besten zu Ihnen paßt.

	Motor und Kraftübertragung	Fahrwerk	Fahrleistungen	Abmessungen und Gewichte
Golf L/LD/LS	Vorn angeordneter, quer eingebauter Vierzylinder-Reihenmotor. Obenliegende Nockenwelle mit Zahnriemenantrieb. Wasserkühlung mit elektrisch angetriebenem, thermostatisch geregeltem Kühlventilator. 12-Volt-System mit Drehstromgenerator. Frontantrieb über Einscheiben-Trockenkupplung, vollsynchronisiertes Viergang-Schaltgetriebe, Differential und Doppelgelenk-Halbachsen.	Federung: vorn und hinten durch Schraubenfedern mit Teleskopstoßdämpfern — alle Elemente in Federbeinen kombiniert. Radführung: vorn durch Federbeine und (untere) Dreiecksquerlenker (spurstabilisierender Lenkrollradius), hinten durch Verbundlenkerachse. Lenkung: wartungsfreie, automatisch nachstellende Zahnstangenlenkung. Sicherheitslenksäule. Bremsanlage: Diagonal-Zweikreis-Bremssystem mit Scheibenbremsen vorn und Trommelbremsen hinten. Räder: Lochscheibenräder mit Tiefbettfelge. Bereifung: Stahlgürtelreifen.	a) = Höchstgeschwindigkeit b) = Beschleunigung bei halber Nutzlast c) = Kraftstoffverbrauch nach DIN[2]) d) = Teillastverbrauch (unter günstigen Bedingungen in der Ebene) bei gleichbleibender Geschwindigkeit	**Abmessungen** a) = Radstand b) = Spurweite vorn/hinten c) = Größte äußere Länge/Breite/Höhe d) = Kleinste Bodenfreiheit e) = Wendekreisdurchmesser **Gewichte** a) = Leergewicht 2-/4türig b) = Zul. Gesamtgewicht 2-/4türig c) = Nutzlast, 2-/4türig d) = Zul. Achslasten vorn/hinten e) = Zul. Anhängelasten, gebremst/ungebremst
Golf L	Hubraum 1,1 Liter (1093 cm^3). Bohrung x Hub 69,5 x 72 mm. Leistung 50 PS nach DIN (48 PS nach SAE-netto) bei 6000/min. Verdichtung 8,0. Größtes Drehmoment 79 Nm[1]) (54.5 lb./ft. nach SAE-netto) bei 3000/min. Fallstromvergaser mit doppelt gesteuerter Startautomatic. Generatorleistung: 35 A max. Batterie: 36 Ah.	Felgengröße: 4½ J x 13. Reifengröße: 145 SR 13.	a) 140 km/h b) 0— 80 km/h in 10,0 Sekunden 0—100 km/h in 15,8 Sekunden c) 8,3 Liter/100 km (Normalbenzin) d) bei 80 km/h: 5,8 Liter/100 km bei 100 km/h: 7,1 Liter/100 km	**Abmessungen** a) 2398 mm b) 1390/1358 mm c) 3725/1610/1410 mm d) 125 mm e) ca. 10,3 m **Gewichte** a) 750/775 kg b) 1200/1200 kg c) 450/425 kg d) 610/600 kg e) 800/400 kg
Golf LD mit Dieselmotor	Hubraum 1,5 Liter (1471 cm^3). Bohrung x Hub 76,5 x 80 mm. Leistung 50 PS nach DIN (48 PS nach SAE-netto) bei 5000/min. Verdichtung 23,5. Größtes Drehmoment 82 Nm[1]) (56.6 lb./ft. nach SAE-netto) bei 3000/min. Generatorleistung: 35 A max. Batterie: 63 Ah.	Keine Abweichungen gegenüber Golf L.	a) 140 km/h b) 0— 80 km/h in 11,5 Sekunden 0—100 km/h in 18,0 Sekunden c) 6,5 Liter/100 km (Diesel) d) bei 80 km/h: 4,5 Liter/100 km bei 100 km/h: 5,6 Liter/100 km	**Abmessungen** wie bei Golf L **Gewichte** a) 805/830 kg b) 1250/1250 kg c) 445/420 kg d) 670/600 kg e) 800/400 kg
Golf LS	Hubraum 1,5 Liter (1457 cm^3). Bohrung x Hub 79,5 x 73,4 mm. Leistung 70 PS nach DIN (67 PS nach SAE-netto) bei 5600/min. Verdichtung 8,2. Größtes Drehmoment 110 Nm[1]) (75.8 lb./ft. nach SAE-netto) bei 2500/min. Fallstromvergaser mit doppelt gesteuerter Startautomatic. Generatorleistung: 35 A max. Batterie: 36 Ah.	Abweichungen gegenüber Golf L: Zusätzlich Bremskraftverstärker. Felgengröße: 5 J x 13. Reifengröße: 155 SR 13.	a) 158 km/h b) 0— 80 km/h in 8,2 Sekunden 0—100 km/h in 12,7 Sekunden c) 8,6 Liter/100 km (Normalbenzin) d) bei 80 km/h: 6,0 Liter/100 km bei 100 km/h: 7,2 Liter/100 km	**Abmessungen** wie bei Golf L **Gewichte** a) 780/805 kg b) 1250/1250 kg c) 470/445 kg d) 670/600 kg e) 1000/400 kg

8

[1]) Neue Einheit für Leistungsangabe bzw. Drehmoment und Drehzahl gemäß deutschem Bundesgesetz. Auf- bzw. Abrundung bei Umrechnung gemäß DIN 1333.

[2]) Mit halber Nutzlast bei gleichbleibend ¾ der Höchstgeschwindigkeit (jedoch nicht höher als 110 km/h) gemessener Verbrauch zuzüglich 10 % (DIN 70 030).

Wichtige Ausstattungsdetails des Golf L/LD/LS

Außenausstattung
- Spoiler unter vorderem Stoßfänger
- Zugösen, vorn und hinten
- Halogen-Hauptscheinwerfer (nur in Verbindung mit 70-PS-Motor)
- Außenspiegel, schwarz
- Scheibenbremsen, vorn
- Stahlgürtelreifen
- Dauerschutzkonservierung für Unterboden und Radhäuser
- Steinschlagschutz an den hinteren Kotflügeln
- Große, nach oben öffnende Heckklappe mit Gasfederabstützung
- Stoßfänger, verchromt, mit Stoßleiste
- Zierrahmen am Kühlergrill und an den Fenstern
- Türaußengriffe, schwarz, mit blanker Einlage
- Blanke Zierleisten auf Gürtellinie mit Stoßprofil
- Zierleiste an Unterkante Heckklappe
- Spezieller Schriftzug
- Abschließbarer Tankdeckel
- Rückfahrleuten
- Schmutzfänger hinten

Innenausstattung
- Dreistufiges Heiz- und Frischluftgebläse
- Kombiniertes Belüftungs- und Heizungssystem/Zwangsentlüftung
- Türscheibendefroster
- Flexibler Blendschirm am Instrumententräger
- Radio mit UKW und Mittelwelle
- Ablage für Beifahrerseite
- Deckel für Ablagekasten
- Lichthupe
- Zweistufiger Scheibenwischer
- Scheibenwischer-Intervallschaltung mit Wasch-/Wisch-Automatic
- Drehzahlmesser (nur in Verbindung mit 70-PS-Motor)
- Frischluft-Ausströmer in Armaturentafel, richtungsverstellbar
- Richtungsblinker mit automatischer Abschaltung, Überhol- und Warnlichtschaltung
- Automatic-Sicherheitsgurte vorn
- Sicherheitslenkrad
- Umschäumter Lenkradkranz
- Sicherheitslenksäule
- Abblendbarer Sicherheitsinnenspiegel
- Gepolsterte Sonnenblenden
- Fahrersonnenblende auch seitlich schwenkbar
- Make-up-Spiegel in Beifahrersonnenblende
- Verstellbare Kopfstützen an den Vordersitzen
- Vordersitze mit Liegesitzeinrichtung
- Scheibenwaschanlage mit elektrischer Pumpe
- Automatische Rückschaltung auf Standlicht bei Starten und Abstellen des Motors
- Eine Innenleuchte
- Beheizbare Heckscheibe
- Türkontaktschalter auf Fahrer- und Beifahrerseite
- Sicherheitslehnenverriegelung (2türer)
- Fondsitzbank zur Vergrößerung des Gepäckraumes umlegbar
- Kindersicherung an hinteren Türen (4türer)
- Fondascher
- Abdeckung unter Armaturentafel
- Beifahrerhaltegriff und Fondhalteschlaufen
- Tür- und Fondarmlehnen
- Türarmlehnen mit Grifföffnung
- Teppichbodenbelag
- Sitzbezüge in Breitcord
- Breite Einstiegleiste
- Hutablage, verkleidet
- Parklichtschaltung

9

Der Golf. Suchen Sie sich die Farben aus, die Ihnen am besten stehen.

Stoffsitzbezüge für Golf L/LD/LS (Breitcord).

schwarz — — 03 | pergament — — 04 | tabac — — 08 | marine — — 09

Mögliche Farbkombinationen Sitzbezüge	Außenfarben: Golf L/Golf LD/Golf LS dakotabeige	panamabraun	malagarot	miamiblau	manilagrün	alpinweiß
schwarz						●
pergament		●	●			
tabac	●				●	
marine				●		

Außenfarben für Golf L/LD/LS.

dakotabeige D5D5 — | panamabraun E9E9 — | malagarot H5H5 —

miamiblau K2K2 — | manilagrün M4M4 — | alpinweiß P1P1 —

Weil Druckfarben die Außentarben nicht so satt, brillant und glänzend wiedergeben können (und die Sitzbezüge nicht so weich und gemütlich) wie im Original, sind die Farbmuster nur ein Anhaltspunkt.

10 11

Vereinbarte Uni-Standardfarben
-Dakotabeige
-Panamabraun
-Malagarot
-Miamiblau
-Manilagrün
-Alpinweiß

Die Fahrzeuge verfügten über die Basisausstattung plus einiger Extras (wie Radio und rechten Außenspiegel), Wahlmöglichkeiten bestanden nicht. Die erwähnten Mehrausstattungen waren nur Wunschdenken, beispielsweise Heckscheibenwischer gab es nie. H4-Hauptlicht war nur in Verbindung mit dem 70-PS-Motor zu haben.

Ausstattungen
Z08 Basispaket:
Tankdeckel abschließbar.
Parklichtschaltung
Innenspiegel abblendb.
Gepäckraumabdeckung
Gasdruckfeder
Ablage Beifahrerseite
Rückfahrleuchten
M096 Radio Braunschweig
MQTO Zweikreisbremser/hintere Bremsleuchte
M184 Automatikgurte
M258 verstellbare Kopfstützen
M261 Beifahrer-Außenspiegel
Rückfahrleuchten
M096 Radio Braunschweig
MQTO Zweikreisbremse / hintere Bremsleuchte
M184 Automatikgurte
M258 verstellbare Kopfstützen
M261 Beifahrer-Außenspiegel

wahlweise Mehrausstattung
M425 Heckwischer
Schmutzfänger hinten
M506 Bremskraftverstärker

Obwohl es bereits Gerüchte über die Golf-Lieferung gegeben hatte, wurden die künftigen Adressaten in der DDR vom Ausmaß und den Bezugsbedingungen völlig überrascht. Wieviel wann wohin geliefert werden würde, war offiziell nicht bekannt. Denn pikanterweise sollte die komplette Lieferung in mehreren Margen nach Ost-Berlin gehen, um dort »das Straßenbild zu internationalisieren«. Die Hauptstadt der DDR wurde ohnehin ständig bevorzugt, was zu mitunter bitterbösen Unmutsäußerungen der Menschen in den 16 DDR-Bezirken führte. Als Kunden sollten übrigens keineswegs Funktionäre, sondern vor allem »Bestarbeiter« auserkoren werden – einzige Bedingung war eine Pkw-Anmeldung, wie sie jeder DDR-Bürger möglichst gleich mehrfach im Familienkreis vorliegen hatte.

Folgerichtig erhielten Großbetriebe in Ostberlin wie die Deutsche Reichsbahn, verschiedene Baubetriebe der »Berlin-Initiative«, der VEB Fernsehelektronik, die Berliner Wasserwerke, das Krankenhaus Berlin-Köpenick das Angebot für bestimmte Kontingente, die zur Verteilung anstanden. Funktionäre wurden ganz bewusst nicht als Kunden ins Auge gefasst, um Ärger mit der Bevölkerung zu vermeiden. Sogar der auf den Vorseiten abgebildete Prospekt wurde im Wolfsburger Auftrag gedruckt, der sich in einigen Punkten von der umfangreicheren westdeutschen Ausführung unterschied: Die gehobenen Versionen fehlten, auch der rückseitige Hinweis auf das VAG-Werkstattnetz wurde weggelassen[6].

Die gelieferten Fahrzeuge unterschieden sich natürlich nicht von denen im Westen ausgelieferten, hatten also keineswegs dünneres Blech und schwächere Scheiben (wie dies noch 2023 von der Auto Bild Klassik[7] behauptet wurde). Und bei den DDR-Golf handelte es sich keineswegs um die »nackte« Basis-Ausführung, sondern um die etwas hochwertigere L-Version. Allerdings hatten alle Fahrzeuge des Jahrgangs 1977/78 grundsätzlich noch nicht die später üblichen Verbundglas-Frontscheiben.

Als Beispiel für die Skepsis der angepeilten Kunden mag die Deutsche Reichsbahn Aufbauleitung Tatra – eine im Zuge der »Berlin-Initiative« entstandener Baubetrieb – gelten, wo Ende 1977 alle Bauleiter das Angebot erhielten, sich für einen Golf zu entscheiden. Pikanterweise waren Angehörige der Bauindustrie vom Bezug eines Golf Diesel ausgeschlossen[8]. Hier mag Lenins Denkspruch gegolten haben »Vertrauen ist gut, Kontrolle ist besser«, kamen diese Mitarbeiter doch jederzeit und meist gratis an Dieselkraftstoff heran. Die Leistung von Baumaschinisten im Akkord errechnete sich zudem unter anderem durch den Diesel-Verbrauch... In einem Land mit vergleichsweise hohen Kraftstoffpreisen entwickelten die Bürger eine unglaubliche Kreativität, indem sie beispielsweise niederoktaniges Waschbenzin in Kanistern kauften, mit dem sich Trabant & Co. unter leichter Leistungseinbuße betreiben ließen.

»Der Verkauf der Fahrzeuge wird durch die staatlichen Verkaufsorganisationen VVB Imperhandel und IFA-Vertrieb übernommen«, schrieb »autogramm« im Dezember 1977[9], »die Gestaltung der Verkaufspreise liegt allein in den Händen der DDR-Behörden«. Wie zu erwarten wurden für den Golf zunächst relativ hohe Preise von 30.000 DDR-Mark und mehr angesetzt – denn die DDR-Seite beabsichtigte ja auch, Kaufkraft abzuschöpfen. Weil zudem Unsicherheit bestand, ob die leidigen Dienstleistungen und eventuelle Ersatzteile später in West-Mark zu entrichten waren, lehnten viele potenzielle

6 Infos M. Dünnebier
7 Auto Bild Klassik 2-2023
8 Infos K. Zwingenberger
9 autogramm 12/77 (13.12.1977)

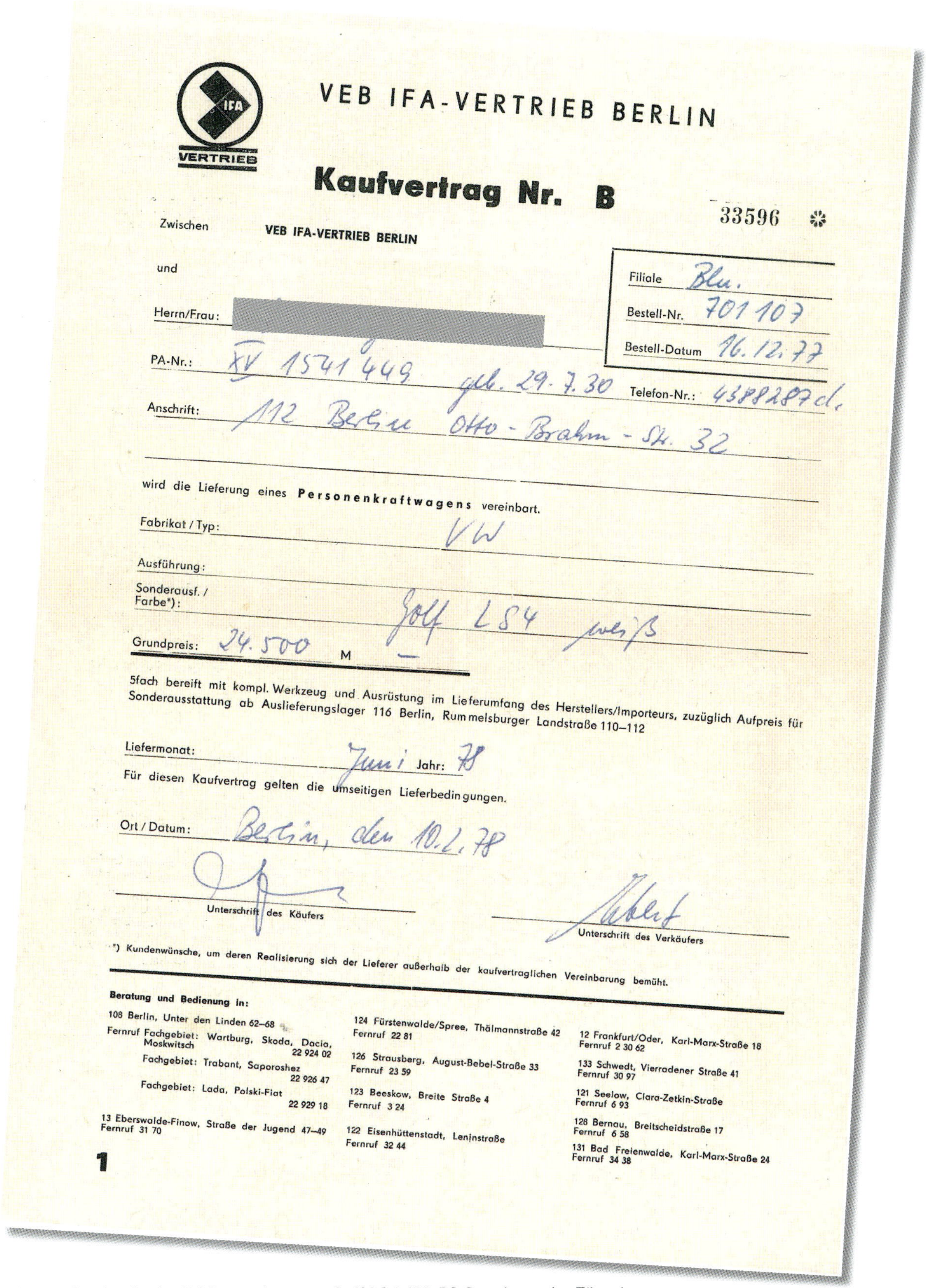

VEB IFA-VERTRIEB BERLIN

VERTRIEB

Kaufvertrag Nr. B 33596

Zwischen **VEB IFA-VERTRIEB BERLIN**

und

Filiale	Blu.
Bestell-Nr.	701 107
Bestell-Datum	16.12.77

Herrn/Frau: [redacted]

PA-Nr.: XV 1541 449 geb. 29.7.30 Telefon-Nr.: 4388287 d.

Anschrift: 112 Berlin Otto-Brahm-Str. 32

wird die Lieferung eines **Personenkraftwagens** vereinbart.

Fabrikat / Typ: VW

Ausführung:

Sonderausf. / Farbe*): Golf LS4 weiß

Grundpreis: 24.500 M

5fach bereift mit kompl. Werkzeug und Ausrüstung im Lieferumfang des Herstellers/Importeurs, zuzüglich Aufpreis für Sonderausstattung ab Auslieferungslager 116 Berlin, Rummelsburger Landstraße 110–112

Liefermonat: Juni Jahr: 78

Für diesen Kaufvertrag gelten die umseitigen Lieferbedingungen.

Ort / Datum: Berlin, den 10.2.78

Unterschrift des Käufers

Unterschrift des Verkäufers

*) Kundenwünsche, um deren Realisierung sich der Lieferer außerhalb der kaufvertraglichen Vereinbarung bemüht.

Beratung und Bedienung in:

108 Berlin, Unter den Linden 62–68
Fernruf Fachgebiet: Wartburg, Skoda, Dacia, Moskwitsch 22 924 02
Fachgebiet: Trabant, Saporoshez 22 926 47
Fachgebiet: Lada, Polski-Fiat 22 929 18

13 Eberswalde-Finow, Straße der Jugend 47–49
Fernruf 31 70

124 Fürstenwalde/Spree, Thälmannstraße 42
Fernruf 22 81

126 Strausberg, August-Bebel-Straße 33
Fernruf 23 59

123 Beeskow, Breite Straße 4
Fernruf 3 24

122 Eisenhüttenstadt, Leninstraße
Fernruf 32 44

12 Frankfurt/Oder, Karl-Marx-Straße 18
Fernruf 2 30 62

133 Schwedt, Vierradener Straße 41
Fernruf 30 97

121 Seelow, Clara-Zetkin-Straße
Fernruf 6 93

128 Bernau, Breitscheidstraße 17
Fernruf 6 58

131 Bad Freienwalde, Karl-Marx-Straße 24
Fernruf 34 38

1

Originalrechnung für den in der DDR angebotenen Golf LS4 (70-PS-Benziner, vier Türen) für 24.500 Mark

Foto: Sammlg. Kittler

Kunden ab. Heutzutage gern kolportiert wird, dass daraufhin bei den Berliner Banken Leute mit Sparguthaben jenseits der 50.000 DDR-Mark abgefragt worden seien und ihnen ein Kaufangebot gemacht wurde – das geschah allerdings erst später, als höherpreisige Citroën für über 40.000 Ostmark nicht so schnell abverkauft werden konnten, wie sich das die DDR-Verkaufsleitung vorgestellt hatte.

Zurück zum Golf: Von den erwähnten ca. 30 Reichsbahn-Mitarbeitern der Aufbauleitung Tatra ging jedenfalls kein Einziger auf das Angebot ein, das ihnen mündlich vom Leiter der Dienststelle mitgeteilt worden war. Das Qualitätsversprechen von Volkswagen »Und läuft und läuft und läuft« kannten die meisten Ostdeutschen nicht – sie befürchteten, dass der grazile Golf auf den Schlaglochpisten der DDR stranden würde. Was nicht der Fall war, der Golf hielt durch. Die Pessimisten von der Bahn dürften sich sehr geärgert haben…

Andere waren nicht so zögerlich. Sofort nach Bekanntwerden des »Golf-Stroms« bildeten sich Warteschlangen an den IFA-Zentren – auch an denen in der Rest-DDR. Mitarbeiter der Staatssicherheit dokumentierten Unmutsbekundungen vielfältiger Art. Es war in der DDDR zudem üblich und sogar gewünscht, Proteste in Form offizieller »Eingaben« an staatliche Stellen zu adressieren.

Erstaunlicherweise reagierten die Genossen auf die doch eher naive Preis-Kritik – und senkten bereits im Februar 1978 die Preise für den Golf um rund ein Drittel auf das Niveau des zweitaktenden Wartburg: Zwischen 19.500 und 25.000 Ost-Mark waren nun anzulegen – ein Lada kostete rund 24.000, ein Trabant rund 10.000 Mark. In Westdeutschland gab es den Golf ab 8.000 DM. Der SPIEGEL[10] mutmaßte, dass bei der unverhofften Preissenkung auch ein Einspruch sowjetischer Außenhandelsvertreter eine Rolle spielte – sie waren verärgert darüber, dass ein Kompaktwagen auf das Preisniveau des Oberklasse-Pkw Wolga gehievt werden sollte (»Infam, den kleinen West-Pkw zum gleichen Preis wie den Wolga anzubieten!«). Keinerlei Einspruch jedenfalls erfolgte seitens Volkswagen (ways bis zum heutigen Tage immer wieder falsch kolportiert wird): Vertragsgemäß überließ man die Preisfestlegung einzig und allein der DDR-Seite.

Der harte Wintereinsatz und der nicht minder harte Betrieb als Zugfahrzeug blieb diesem Golf nicht erspart

Foto: Zwingenberger

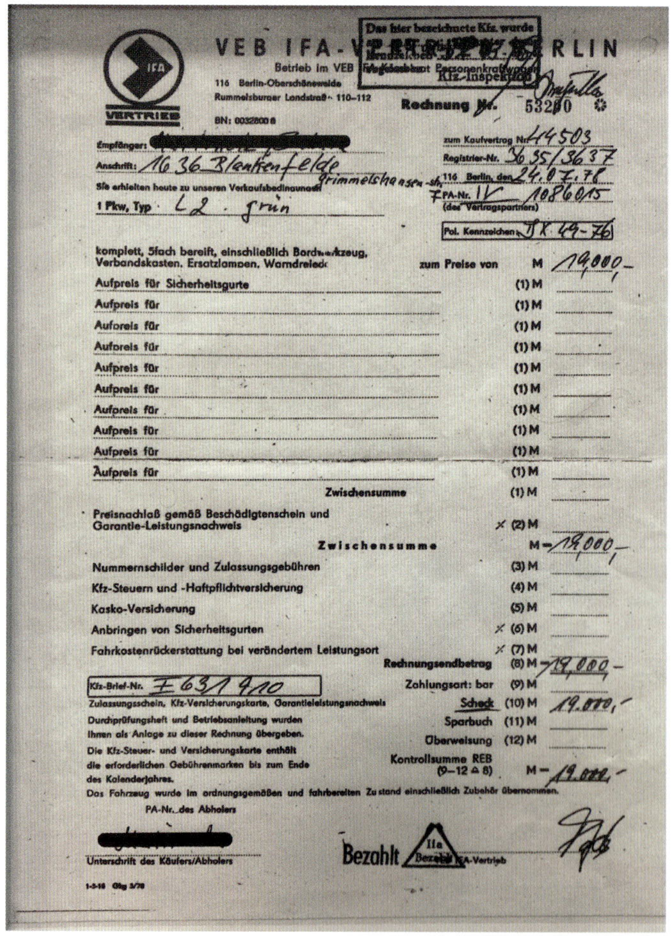

VEB IFA-V… …RLIN
Betrieb im VEB … Personenkraftwagen
116 Berlin-Oberschöneweide
Rummelsburger Landstraße 110–112
BN: 0032800 8
VERTRIEB

Das hier bezeichnete Kfz. wurde … Kfz.-Inspektion

Rechnung Nr. 53200

Empfänger: [geschwärzt]
Anschrift: 1636 Blankenfelde Grimmelshausen-str. 7
Sie erhielten heute zu unseren Verkaufsbedingungen
1 Pkw, Typ L2 . grün

zum Kaufvertrag Nr. 44503
Registrier-Nr. 3635/3637
116 Berlin, den 24.07.78
PA-Nr. IV 108 60 15 (des Vertragspartners)
Pol. Kennzeichen IX 49-76

komplett, 5fach bereift, einschließlich Bordwerkzeug, Verbandskasten, Ersatzlampen, Warndreieck zum Preise von	M	19.000,–
Aufpreis für Sicherheitsgurte	(1) M	
Aufpreis für	(1) M	
Aufpreis für	(1) M	
Aufpreis für	(1) M	
Aufpreis für	(1) M	
Aufpreis für	(1) M	
Aufpreis für	(1) M	
Aufpreis für	(1) M	
Aufpreis für	(1) M	
Aufpreis für	(1) M	
Zwischensumme	(1) M	
Preisnachlaß gemäß Beschädigtenschein und Garantie-Leistungsnachweis	✗ (2) M	
Zwischensumme	M	19.000,–
Nummernschilder und Zulassungsgebühren	(3) M	
Kfz-Steuern und -Haftpflichtversicherung	(4) M	
Kasko-Versicherung	(5) M	
Anbringen von Sicherheitsgurten	✗ (6) M	
Fahrkostenrückerstattung bei verändertem Leistungsort	✗ (7) M	
Rechnungsendbetrag	(8) M	19.000,–
Zahlungsart: bar	(9) M	
Scheck	(10) M	19.000,–
Sparbuch	(11) M	
Überweisung	(12) M	
Kontrollsumme REB (9–12 ≙ 8)	M	19.000,–

Kfz-Brief-Nr. I 631910
Zulassungsschein, Kfz-Versicherungskarte, Garantieleistungsnachweis Durchprüfungsheft und Betriebsanleitung wurden Ihnen als Anlage zu dieser Rechnung übergeben.
Die Kfz-Steuer- und Versicherungskarte enthält die erforderlichen Gebührenmarken bis zum Ende des Kalenderjahres.
Das Fahrzeug wurde im ordnungsgemäßen und fahrbereiten Zustand einschließlich Zubehör übernommen.
PA-Nr. des Abholers
Unterschrift des Käufers/Abholers
Bezahlt IFA-Vertrieb
1-3-16 Glg 3/78

Rechnung für die L2-Einstiegsversion des Golf (50 PS-Benziner, zwei Türen) für 19.000 Mark. Irgendwelche Aufpreise sind nicht vermerkt. Auch dieser Volkswagen aus der 1978er-Lieferung wurde zunächst nach Ostberlin ausgeliefert

Foto: Sammlg. Kittler

10 SPIEGEL 8/78 (19.02.1978)

Der Golf LD des Ostberliner Motorjournalisten Klaus Zwingenberger im Miamiblau wurde nicht geschont und war bei Wind und Wetter im Einsatz ***Fotos: Zwingenberger***

Diesel-Tanksäule der staatlichen Mineralölgesellschaft MINOL. Diesel kostete 1,40 M/L, während Normal (VK88 = 88 Oktan) mit 1,50 M und Extra (94, später nur noch 92 Oktan) mit 1,65 M erheblich teurer war. Für Zweitakt-Mischkraftstoff wurden 1,54 M/L verlangt. Diesel-Fahrer mussten zwar oft an Lkw-Zapfsäulen tanken – was den schönen Nebeneffekt hatte, gerade an Wochenenden nicht an den dicht belagerten Säulen für Benziner-Modelle anstehen zu müssen **Fotos: Zwingenberger**

Zudem ging nun ein sehr kleiner Teil der Lieferung auch an wichtige Industriezentren außerhalb Berlins – beispielsweise an das Leuna-Kombinat in Bitterfeld/Bezirk Halle oder die die WISMUT in Sachsen. Außerdem wurden zumindest in Ostberlin Fahrzeuge mit Transportschäden an Leute weitergegeben, die zur richtigen Zeit an der richtigen Stelle nachgefragt hatten. Klaus Zwingenberger, damals Redakteur der Automobilzeitschrift Der deutsche Straßenverkehr, berichtete in der WELT[11], wie er Ende 1978 in den Besitz eines miamiblauen Golf Diesel gelangte. Der Redakteur und Fotograf entsann sich auch, dass in der populären DDR-Zeitschrift weder ein Golf abgebildet werden, noch getestet werden durfte – die Druckgenehmigungsbehörde befürchtete Eingaben von Lesern, die keine Chance hatten, in den Genuss eines solchen Fahrzeugs zu kommen[12].

11 WELT, 07.11.2009

12 Infos K. Zwingenberger

100.000-km-Dauertest VW Golf LD in der DDR

Den viertürigen Golf LD habe ich am 5.7.1978 in Berlin/DDR gekauft. In der hiesigen Vertragswerkstatt erfolgten die Garantiedurchsicht und die Wartungen im 15.000-km-Rhythmus. Dazwischen, alle 7.500 km, wechselte ich stets das Motorenöl selbst, verwendete (wie die Werkstatt auch) stets das Minolöl Addinol super MV244. Bis etwa zum km-Stand 60.000 brauchte ich zwischen zwei Ölwechseln kein Öl nachzufüllen, jetzt liegt der Ölverbrauch bei etwa 0,5 bis 1 L/7.500 km.

Der Kraftstoffverbrauch lässt sich exakt angeben: Für die 100.000 km (die tatsächlich nur 96.00 km sind, weil der km-Zähler ca 4 % voreilt) brauchte ich 5.676,7 L Diesel. Darin eingeschlossen sind einige Liter Benzin, die ich in strengen Wintertagen zugab. Das ist also ein Verbrauch von 5,7 L/100 km, unter Berücksichtigung der 4 % Abweichung wären es 5,9 L/100 km. Dieser Durchschnitt steht für eine Spanne von 5,3 bis 6,5 L/100 km, im Anhängerbetrieb sind es einmal knapp 8 L/100 km gewesen.

Der größte Teil der Strecke wurde im Geschwindigkeitsbereich zwischen 60 und 100 km/h zurückgelegt. Auf der Autobahn fahre ich meist 100 bis 110 km/h (unter Berücksichtigung der Radarschwelle), hin und wieder auch einmal 120 km/h. Über 130 km/h ist der Wagen nur sehr selten gelaufen (aus Angst vor einem Führerscheinentzug). Ich probiere nur hin und wieder, ob er seine 140 Sachen noch bringt. Bisher hat er sie immer gebracht, wobei der Tacho in allen Geschwindigkeitsbereichen 10 km/h vorgeht.

Außerplanmäßige Reparaturen gab es nur drei. Bei km-Stand 18.000 musste die Zylinderkopfdichtung gewechselt werden, beim Stand von 6.700 und 27.000 waren Auspuffteile zu erneuern, einmal war das Wellrohr gerochen (ich hatte vorher einmal aufgesessen), das andere Mal hatte es ein Loch. Bei Fahrten im Schnee und im leichtesten Gelände habe ich drei Frontspoiler verbraucht.

Innerhalb der Wartungsdurchsichten wurden stets auch Kleinigkeiten repariert (z.B. Instandsetzungen an den Bremsen). Erwähnenswert ist eine größere Instandsetzung im Rahmen der 60.000-km-Wartung. Da ließ ich die Kupplung reparieren (sie rupfte). Das kostete eine regenerierte Druckplatte und Mitnehmerscheibe, einen neuen Teller und Simmerringe. Die Auspuffanlage (außer Wellrohr) wurde erneuert. Ich brauchte eine neue äußere Gelenkwellenmanschette (gerissen), eine regenerierte Wasserpumpe und leistete mir eine neue Batterie.

Da mir kurz vorher bei rund 60.000 km der Motor „durchgegangen“ war, ließ ich mir eine Kurbelgehäuseentlüftung einbauen. Diesen Sommer, also nach fünf Jahren, ist die dicke Sicherung in der Glühkerzenleitung gebrochen. Ein elektrischer Anlass lag nicht vor, ich tippe einfach auf Korrosion. Jetzt, bei rund 105.000 km, brauchte ich vorn rechts einen neuen Stoßdämpfer plus Lager.

Besorgniserregende Rosterscheinungen gibt es nicht. Lediglich das Schürzenblech vorn unten zeigt an den Rändern Rost. Der Wagen wurde im Frühjahr 1979 hohlraumkonserviert (mit Elaskon) und nochmals unterbodengeschützt (mit sogenanntem Ubotex). Ich fahre bei jedem Wetter, hatte bis 1979 keine Garage. Seitdem wird der Golf in einer Tiefgarage abgestellt. Mein Wagen wird nur selten gewaschen und nie nach „deutscher Art“ gepflegt.

Der Kurbelmechanismus des linken hinteren Fensters hat einen Defekt, er holt die Scheibe nicht mehr von unten hoch, man muss mit der Hand erst einmal nachhelfen. Die Spange zur oberen Befestigung des Kühlers hat nie richtig gehalten. Da habe ich eine Eigenlösung gefunden.

Als einziges Ärgernis hat sich die Einspritzpumpe erwiesen, die im Leerlauf nicht konstant arbeitete, sondern wellenartig. Nach den Erfahrungen der Werkstatt besteht aber keine Sicherheit, diesen Fehler durch eine Reparatur (die sehr teuer ist) beseitigen zu können. Auch eine neue oder regenerierte Pumpe ist mir zu teuer.

Als größtes Plus des Wagens sehe ich die außerordentliche Handlichkeit in allen Belangen, angefangen beim Lenkrad bis hin zur Sitzposition, vom Fahrverhalten einmal ganz abgesehen, das einfach als tadellos bezeichnet werden muss.

Für mich haben sich alle Erwartungen, die ich an dieses Auto gestellt hatte (vom Fahrspaß bis zur Wirtschaftlichkeit), voll erfüllt. … Die 100.00 km Erfahrungen haben nichts von dieser Begeisterung genommen. Im Gegenteil. Die Entscheidung für den Diesel war 1978 keine Entscheidung für ein billiges Auto (der viertürige LD war damals mit 25.500 M das teuerste Modell in der DDR), sondern Ausdruck meiner Neugier für ein Stück modernster Autotechnik.

Gern würde ich den nächsten Schritt kennenlernen, den Turbodiesel, der alle Tugenden des Dieselmotors zu haben scheint, aber für die seltenen Fälle, in denen wirklich einmal etwas mehr Leistung gebraucht wird, noch etwas dazuzulegen hat, z.B. beim Überholen und im Anhängerbetrieb.

Auszüge eines Erfahrungsberichts zum Golf 1 LD

Quelle: Zwingenberger

KTA

Technische Kurzbeschreibung

TS-Nr. 546/77

Art des Fahrzeuges	Personenkraftwagen
Typ	VW 17 FA/1,1-2 Golf L
ABE erteilt am	10. 11. 1977
gültig ab Fg.-Nr.	17 83 13 97 98
Hersteller	Volkswagenwerk AG, Wolfsburg
Land	BRD

2	97	01	3
Typnummer			

Ergänzungen der ABE
1. vom
2. vom
3. vom

Daten Zulassungsschein und Fahrzeug-Brief

Typ-Nr.	2 97 01 3	
Fabrikat	VW Golf L	
Typ	17 FA/1,1-2	
zul. Gesamtmasse		1 200 kg
Sitzplätze		5
Geschwindigkeitsbegrenz.		— km/h
zul. Anhängelast	gebr.	800 kg
	ungebr.	400 kg

— Baujahr
— Fg-Nr.
— Farbe

Weitere Eintragungen für den Fahrzeugbrief:
Größte Nutzleistung: 37 kW (50 PS)
Hubraum: 1,093 dm³
Ausnahmegenehmigung Nr. 40/77 zu den §§ 58, 66 und 69 StVZO vom Ministerium des Innern erteilt.

KTA

Technische Kurzbeschreibung

TS-Nr. 543/77

Art des Fahrzeuges	Personenkraftwagen
Typ	VW 17 CK/Diesel - 4 Golf LD
ABE erteilt am	9. 11. 1977
gültig ab Fg.-Nr.	17 83 14 16 70
Hersteller	Volkswagenwerk AG, Wolfsburg
Land	BRD

2	97	05	6
Typnummer			

Ergänzungen der ABE
1. vom
2. vom
3. vom

Daten Zulassungsschein und Fahrzeug-Brief

Typ-Nr.	2 97 05 6	
Fabrikat	VW Golf LD	
Typ	17 CK/Diesel-4	
zul. Gesamtmasse		1 250 kg
Sitzplätze		5
Geschwindigkeitsbegrenz.		— km/h
zul. Anhängelast	gebr.	800 kg
	ungebr.	400 kg

— Baujahr
— Fg-Nr.
— Farbe

Weitere Eintragungen für den Fahrzeugbrief:
Größte Nutzleistung: 37 kW (50 PS)
Hubraum: 1,471 dm³
Ausnahmegenehmigung Nr. 40/77 zu den §§ 58, 66 und 69 StVZO vom Ministerium des Innern erteilt.

Technische Kurzbeschreibung

Nr.		
1	Fahrzeugart Art des Aufbaues	Personenkraftwagen Limousine, 2-türig
2 Fahrgestell	a) Hersteller b) Typ c) Art des Antriebs d) Zahl der Achsen e) Radstand (mm) f) zul. Anhängelast (kg) g) Ort der Anbringung der FG-Nr.	Volkswagen AG Wolfsburg 17 Vorderradantrieb 2 davon angetrieben 1 Radformel 4 × 2 2 400 400 ungebremst 800 gebremst Federbeinabstützung rechts
3 Antriebsmaschine	a) Hersteller b) Typ c) Art, Kraftstoff, Takt d) größte Nutzleistung e) Hubraum (dm³) f) Zylinderzahl g) Akku h) Lichtmaschine/Anlasser i) Ort der Anbr. der Motor-Nr.	Volkswagen AG Wolfsburg FA Verbrennungskraftmaschine, VK, 4-Takt 37 kW (50 PS) bei 6 000 min⁻¹ 1,093 4 Zündfolge 1—3—4—2 12 V 36 Ah 12 V 500 W / 12 V 800 W Zylinderblock links unter Zündverteiler
4 Massen (kg)	a) Versteuerte Masse b) Leermasse c) Nutzlast zul. d) Gesamtmasse zul. e) Auflagelast zul. f) Achslast zul. g) Dachlast zul. h) Zahl der Plätze zul. (einschl. Fahrerplatz)	— 750 450 1 200 — v 610 m — h 600 75 5 Sitzplätze — Notsitze — Stehplätze — Liegeplätze
5 Maße (mm)	a) Maße über alles b) kleinste Bodenfreiheit c) Spurweite d) kleinster Wendekreisdurchmesser e) größte innere Maße Kofferraum f) Zusätzl. Höhe der Aufsteckteile g) Höhe d. Ladefläche üb. d. Fahrbahn h) Überhangwinkel i) Behälter, Fassungsvermögen	l 3 725 b 1 610 h 1 410 125 belastet v 1 390 h 1 358 l 10 650 r 9 800 l 760 / 1 080 b 890 / 1 300 h 960 — — unbelastet v 24° h 23° — m³
6	Geschwindigk.-Begrenzung (km/h)	— wegen —
7 Brems-anlage	a) Art der Betriebsbremse b) erreichte mittl. Bremsverzög. c) Bremsanschluß zum Anhänger d) Art der Motorbremse	Allrad, hydraulisch, Zweikreis 6,2 m/s² — —
8	Anhängerkupplung Kupplungstyp	— —
9 Räder/Bereifung	a) Zahl der Räder b) Felgen c) Bereifung d) Höchstgeschwindigkeit (km/h)	4 4 1/2 J × 13 H2 145 SR 13 oder 6,15 — 13 140
10	Füllmenge Kraftstoff/Fahrbereich	40 l / ca. 450 km

Geräusche: außen 78 dB (AF) innen 77 dB (AF)
Abgasemission: R 15

Technische Kurzbeschreibung

Nr.		
1	Fahrzeugart Art des Aufbaues	Personenkraftwagen Limousine, 4-türig
2 Fahrgestell	a) Hersteller b) Typ c) Art des Antriebs d) Zahl der Achsen e) Radstand (mm) f) zul. Anhängelast (kg) g) Ort der Anbringung der FG-Nr.	Volkswagenwerk AG Wolfsburg 17 Vorderradantrieb 2 davon angetrieben 1 Radformel 4 × 2 2 400 400 ungebremst 800 gebremst Federbeinabstützung rechts
3 Antriebsmaschine	a) Hersteller b) Typ c) Art, Kraftstoff, Takt d) größte Nutzleistung e) Hubraum (dm³) f) Zylinderzahl g) Akku h) Lichtmaschine/Anlasser i) Ort der Anbr. der Motor-Nr.	Volkswagenwerk AG Wolfsburg CK Verbrennungskraftmaschine, DK, 4-Takt 37 kW (50 PS) bei 5 000 min⁻¹ 1,471 4 Zündfolge 1—3—4—2 12 V 63 Ah 12 V 500 W / 12 V 1 500 W Zylinderblock vorn
4 Massen (kg)	a) Versteuerte Masse b) Leermasse c) Nutzlast zul. d) Gesamtmasse zul. e) Auflagelast zul. f) Achslast zul. g) Dachlast zul. h) Zahl der Plätze zul. (einschl. Fahrerplatz)	— 830 420 1 250 — v 670 m — h 600 75 5 Sitzplätze — Notsitze — Stehplätze — Liegeplätze
5 Maße (mm)	a) Maße über alles b) kleinste Bodenfreiheit c) Spurweite d) kleinster Wendekreisdurchmesser e) größte innere Maße Kofferraum f) Zusätzl. Höhe der Aufsteckteile g) Höhe d. Ladefläche üb. d. Fahrbahn h) Überhangwinkel i) Behälter, Fassungsvermögen	l 3 725 b 1 610 h 1 410 125 belastet v 1 390 h 1 358 l 10 650 r 9 800 l 760 / 1 080 b 890 / 1 300 h 960 — — unbelastet v 24° h 23° — m³
6	Geschwindigk.-Begrenzung (km/h)	— wegen —
7 Brems-anlage	a) Art der Betriebsbremse b) erreichte mittl. Bremsverzög. c) Bremsanschluß zum Anhänger d) Art der Motorbremse	Allrad, hydraulisch, Zweikreis 6,2 m/s² — —
8	Anhängerkupplung Kupplungstyp	— —
9 Räder/Bereifung	a) Zahl der Räder b) Felgen c) Bereifung d) Höchstgeschwindigkeit (km/h)	4 4 1/2 J × 13 H2 145 SR 13 oder 6,15 — 13 140
10	Füllmenge Kraftstoff/Fahrbereich	40 l / ca. 600 km

Geräusche: außen 79 dB (AF) innen 78 dB (AF)
Abgasemission: R 24

Alle für den Import vorgesehenen Golf wurden zuvor vom KTA, der staatlichen Kfz-Prüfstelle, akribisch geprüft

Quelle: Sammlg. Kittler

Golf LD im DDR-Look – wobei die obligaten Schmutzfänger ohne das Wolfsburg-Wappen ausgeliefert worden sind
Foto: Crummenerl/GENEX

Zwei- und Viertürer der 1978er-Lieferung in Malagarot, Panamabraun und Dakotabeige **Fotos: Enge**

Die zunächst beanstandeten hohen Preise spielten später gar keine Rolle mehr, im Gegenteil. Wie alle Gebrauchtwagen in der DDR stieg der Golf im Preis – und erreichte absurde Forderungen von bis zu 100.000 DDR-Mark und mehr. Zeitzeuge Pohl[13] berichtet von Golf-Interessierten, die am IFA-Auslieferungslager in Berlin-Rummelsburg Fahrer frisch ausgelieferter Golf anhielten, und 100.000 DDR-Mark für den 1.1-Liter (50 PS) und bis zu 120.000 DDR-Mark für die 70-PS-Version anboten. Viele dieser Autos gingen durch mehrere Hände und landeten in einem anderen DDR-Bezirk. B. Herrmann schrieb[14], dass nach offiziellen Erhebungen 1980 – also zwei Jahre nach Lieferung – von 9.575 nach Ostberlin gelieferten Golf nur noch zwei Drittel (6.510 Einheiten) in der Hauptstadt angemeldet waren – der Rest hatte sich in der ganzen Republik verteilt. Fast immer zu Preisen weit oberhalb des einstigen Einstandspreises.

13 Infos E. Pohl

14 B. Hermann: Westautos

VW Golf L2 aus der 1978er-Lieferung im AutoMuseum in Wolfsburg
Foto: Kittler

Dieses Fahrzeug aus der 10.000er-Exportserie wird von der sehr engagierten Original Golf 1 IG e.V. gern auf Ausstellungen präsentiert
Foto: 1. Original Golf 1 IG

Auch im Anhängerzugbetrieb machte der Golf eine gute Figur - wobei die Dieselversion natürlich vorteilhafter war ***Foto: Enge***

Autos waren generell heiß geliebt und - von Ausnahmen abgesehen - permanent vorausschauender Pflege unterzogen. Für Westautos galt das natürlich noch viel mehr
Foto: Sammlg. Kittler

Nochmals der Wagen von Klaus Zwingenberger, den auch der zum Wehrdienst eingezogene Sohn begeistert fuhr. Das Auto war bis 1989 im Familienbesitz **Fotos: Zwingenberger**

50-PS-Viertürer als Exponat im August Horch Museum in Zwickau

Foto: Kittler

Der Golf mit Taxiausstattung am Dresdner Hauptbahnhof war schon fast eine Attraktion - andere als Taxi eingesetzte Westwagen in der DDR sind bislang nicht bekannt geworden. Die Behörden verlangten übrigens grundsätzlich viertürige Autos für diesen Einsatzzweck

Foto: Verkehrsmuseum Dresden

Feierabend-Straßenverkehr in Ostberlin - und mittendrin, rechts, ein Golf I *Foto: Verkehrsmuseum Dresden*

Solche exorbitanten Preise wurden später auch für Secondhand-Golf I und II aus GENEX-Lieferungen gefordert und gezahlt[15]. Nachdem sich die Annoncenverwaltung der unter Autofans überaus populären Tageszeitung NEUE ZEIT mit ihrem landesweit bekannten Auto-Anzeigenteil weigerte, Golf-Kaufgesuche zu veröffentlichen, fand man künftig Angebote und Gesuche nach einem »Viertakt-Pkw« - jeder wusste, was gemeint war[16].

Die erwähnten GENEX-Golf wurden offiziell erst ab 1981 angeboten. Bereits vorher über den Devisen-Geschenkdienst verkaufte VW Golf blieben unter dem Radar. Tatsächlich aber hatte der SPIEGEL[17] bereits Anfang 1978 berichtet, dass im aktuellen Jauerfood/GENEX-Katalog der Golf als erstes Westauto für die DDR aufgetaucht sei, wenngleich mit einem happigen Preisaufschlag. »Allerdings kostet der Golf L statt des von VW empfohlenen Richtpreises von 10.340 DM bei Jauerfood/GENEX 12.860 DM«.

Gleich nach der politischen Wende 1989 starteten erste private Bemühungen, in die DDR gelieferte Golf I als Liebhaberautos zusammenzuhalten *Quelle: Dünnebier*

15 Infos H. Enge

16 Infos H. Bernotat

17 SPIEGEL 3/78 (15.01.1978)

Der Volksmund reagierte wie gewohnt im Handumdrehen recht kreativ: Die in Berlin zugelassenen ersten Golf liefen mit dem Kennzeichen »IBN«, was mit »Ich bin neureich« übersetzt wurde. Etwas später waren die Behörden im Rahmen eines größeren Trabant-Kontingents bei »IAS« angelangt, was als »Ich armes Schwein« umgedeutet wurde. Was zu »IBD« und »IBV« gedichtet wurde, ist bislang unbekannt. Auch andere Spottverse wurden geschmiedet: »Die einen laufen sich 'nen

Import-Golf bei Motorsportveranstaltungen in der DDR ***Fotos: Stefan Mai***

Wolf, die anderen kaufen sich 'nen Golf«. Dass just in jener Zeit auch Volvo 244 DLS nach Ost-Berlin geliefert wurden, die das Kennzeichen »IBM« (»Ich bin Millionär«) erhielten, fächerte den Unmut der missgestimmten Bevölkerung weiter an. Es gab sogar Enthusiasten, die ihren Golf im Motorsport einsetzten[18].

18 B. Hermann: Westautos

Fotos: Sammlg. Mahlke (oben), Stefan Mai (2x unten)

10. Service für den Golf

Teil der Verhandlungen war der im Dienstleistungsvertrag detailliert geklärte Service in der DDR. Für die DDR-Seite war dies eine neue Situation, die aber mit erstaunlich wenigen Problemen einherging.

Kundendienstvertrag (Auszüge)[1]
Durchführung KD durch VEB Imperhandel, 116 Berlin, Tabbertstr. 6-7
§5 VW stellt 16 Sätze Spezialwerkzeug mit erforderlicher Zusatzausrüstung sowie 16 Lesegeräte für ET-Fiches zur Verfügung. Weiteres Spezialwerkzeug bzw. Ergänzungssätze auf Bestellung gegen gesonderte Berechnung.
§6 Lieferbasis VE AHB Transportmaschinen, 108 Berlin, Johannes Dieckmann Str. 11-13. »Kostenlose Lieferung zur Einrichtung von Vertragswerkstätten gem. KD Vertrag«.
§7 VW schult technisches Personal auf Funktion, Pflege, Wartung und Mängelbeseitigung.
Bei Schulung in BRD Kostenübernahme f. Mittagessen, Pausenerfrischung an Werktagen und Wohnraum durch VW AG.
Ebenfalls Übernahme der mit Ausbildung verbundenen Fahrtkosten in der BRD (nicht An- und Ausreise in/aus BRD).
VW AG stellt Schutzbekleidung.
Bei Schulung in DDR Kostenübernahme entsendeter Fachkräfte nicht durch DDR.
Schulungstermine bis 30.09.1978.

Noch Ende 1977 erfolgten erste Lieferungen für den Aufbau eines zentralen Ersatzteillagers in Bralitz nahe Eberswalde, auch dafür war ein gesonderter Vertrag erstellt worden. Dieses Ersatzteil-Konsignationslager hütete monatlich nachzuordernde Teile für eine Million DM, als durchschnittlicher Jahresumsatz waren 1,7 Millionen DM prognostiziert worden. Daneben gab es ein kleineres »Handlager« in Berlin. Nach dem Kommissionsprinzip mussten die DDR-Partner erst nach tatsächlicher Entnahme an Volkswagen überweisen.

Kernpunkte Konsignationslager-Vertrag[2]
(1a) KD-Lager in DDR, Verw. U. Verkauf über AHB/TM
(1b) Übertragung Abwicklung an VE Imperhandel
(1c) VW stellt Teile für 500.000 DM, noch nicht bezahlt, monatl. eine Bestellung
(2a) AHB/TM trägt alle Kosten Lagerhaltung incl. Personal
(11) Versorgungsverpflichtung endet 10 Jahre nach Produktauslauf des Fz

1 Kundendienstvertrag VW-IFA v. 18.11.1977

2 Konsignationslager-Vertrag zwischen VW und VE AHB Transportmaschinen Exp-Imp., 08 Berlin, Joh Dieckmann Str. 11-13, unterz. WP Schmidt u. K Vacano

Vom Ersatzteillager aus wurden die 16 Kundendienststützpunkte in der DDR versorgt - wobei die Kunden in DDR-Währung zahlten. Damit einher ging die Entsendung von westdeutschen Schulungsexperten, um in der DDR die Mechaniker in der Technik des Golf zu unterweisen. Allerdings gab es dazu im Dezember 1977 zunächst noch Konfliktpotenzial: Aus Westdeutschland entsandte Techniker sollten neben ihrem DM-Gehalt auch Ostmark bekommen, während Osttechniker im Westen einen DM-Zuschlag erhalten sollten. Das DDR-Finanzministerium wollte den Wolfsburgern aber für ihren Teil Steuern abziehen, was gegen die bei Volkswagen geltenden Mitbestimmungsregeln verstoßen hätte.

Volkswagen Personal-Verhandler Hans-Alfred Kuckler[3] brach daraufhin in Ostberlin die Verhandlungen ab und reiste Richtung Wolfsburg ab. Am Grenzübergang Marienborn wurde er allerdings rausgewinkt, um nochmals mit dem Ostberliner Finanzbeamten zu telefonieren. Kuckler blieb hart und setzte sich durch. Der Ost-Verhandler reiste an, aus Wolfsburg kam Dr. Polker als Vertreter des Rechtswesens hinzu - und der strittige Vertragspassus wurde abgeändert. Vorstandschef Schmücker rügte Kuckler später und ließ ihn wissen, dass er wegen einer solchen Kleinigkeit das Geschäft nie und nimmer aufs Spiel gesetzt hätte...

Neben der Bedienungsanleitung bekam jeder DDR-Golf einen Kundendienst-Pass ***Foto: Kittler***

Neben den Serviceschulungen in der DDR (begonnen 1978 in Leipzig, später ging es weiter in Berlin) komplettierten Reparaturleitfäden und Mikrofiche-Lieferungen den Kundendienstvertrag. Schulungen gab es auch für DDR-Mitarbeiter direkt vor Ort in Wolfsburg, wobei dies vor allem für den IFA Vertrieb Berlin galt[4]. Geregelt wurden die Ausstattung der 16 Betriebe mit Golf-Spezialwerkzeug (»kostenlos Spezialwerkszeug für je einen Arbeitsplatz«), die Schulungsmaßnahmen für das technische Personal und die Ersatzteilversorgung in einem zusätzlich abgeschlossenen Kundendienstvertrag. Und jedes Auto bekam gemäß Kundendienstvertrag eine Betriebsanleitung und einen Kundendienst-Pass.

Die CI-Regeln von Volkswagen galten übrigens nicht für die neuen Dienstleister in der DDR. Aber vereinbart wurde, dass in den VEB-Reparaturbetrieben ausschließlich die in die DDR gelieferten Golf gewartet werden sollten - offensichtlich sah man Grund zur Sorge, dass Westberliner Kunden ihre Autos zum Service in die DDR gebracht hätten. Volkswagen verstand in dieser Frage überhaupt keinen Spaß. So wurde noch 1982 in einer Vorstandssitzung nachgefragt: »Hat die DDR auch normale Westberliner Kunden-VW in DDR gewartet?«[6]

Kostenaufstellung für Einrichtung einer Werkstatt (10.10.1977, Preisstand 1977) [5]		
	Zahlungsziel 6 Mon.	**Zahlungsziel 12 Mon.**
All. Werkzeug (Werkzeugwagen)	870	900
je Mechaniker:		
VW-Spezialschlüssel	350	360
Spezialtestgeräte	930	960
Sonderwerkzeug A1 Golf	1.740	1.800
Sonderwerkzeug A2 Golf	2.900	3.000
Einrichtungen zur Diesel-Betreuung	700	720
1 Mikroplan-Lesegerät	1.100	1.140
1 Satz Reparaturanleitungen	gratis	
ET Katalog u. Preisliste Mikrof.	gratis	

3 Infos H-A Kuckler

4 Infos H. Enge

5 Kundendienstvertrag VW-IFA

6 Vorstandsprotokoll Volkswagen, 07.06.1982

Im Folgenden die wichtigsten der 16 staatlichen VEB Kraftfahrzeug Instandhaltungsbetrieben (KIB) - einer pro DDR-Bezirk. Diese Werkstätten warteten - unter technischer Regie des VEB Imperhandel - auch die über GENEX ins Land gekommenen Volkswagen und ab 1985 den T3.[7]. Außerdem erledigten sie den Service für andere West-Fabrikate wie Volvo, während zum Beispiel in Berlin-Marzahn eine zusätzliche Werkstatt für französische Fabrikate eingerichtet wurde. Ersatzteile und Lohnleistungen für die meisten GENEX-Importe wurden in Mark der DDR berechnet[8].

- KIB/KIB Bruno-Bürgel-Weg Berlin (VEB Autoservice Berlin BT 8)
- KIB Dresden Liebstädter Straße
- KIB Leipzig (VE Kraftverkehr) Simildenstraße
- KIB Zwickau Schlachthof/Leipziger Straße
- KIB Gera Swertlovstraße
- KIB Weimar

Golf-Reparaturen im Ostberliner Instandhaltungsbetrieb Bruno-Bürgel-Weg ***alle folgenden Fotos: Zwingenberger***

7 Infos H. Enge

8 Infos M Zwingenberger

ICB 9-22

ICD 9-56
IBS 6-09

Die Umfänge der Servicearbeiten entsprachen 1 : 1 denen der westlichen Werkstätten **Foto: Zwingenberger**

Private Servicebetriebe waren nicht unter den Service-Garantie-Partnern – damit entstand eine »Zweiklassengesellschaft« beim Service. Andererseits erlahmte nun das Interesse am guten, alten Käfer. PGH (Produktionsgenossenschaften des Handwerks) kamen später hinzu, beispielsweise ab 1987 die PGH Kfz Pankow in Ostberlin für den T3 und für Motorenreparaturen.

Personal-Schulungen durch VW-Mitarbeiter erfolgten in Ostberlin (Verkauf und Ersatzteile) und in Leipzig (Kundendienst)[9]. Schulungen für private Werkstätten gab es offiziell nicht, man behalf sich u.a. mit privat organisierten, aber vom VW-Kundendienst unterstützten Lehrgängen im sozialistischen Ausland (Schulungen bzgl. Motoren u. Getriebe Typ 1, 2 und 3; März 1973 Einführungsschulung für Passat in Budapest, offiziell für ungarische Werkstätten – mit inoffizieller Teilnahme einer Handvoll privater DDR-Servicebetriebe u.a. Lorenz und Enge). Zusätzlich kam es sogar zu komplett privat initiierten Schulungen beispielsweise 1986 für den VW LT 1, da einige dieser Nutzfahrzeuge über den Starkstromanlagenbau Dresden eingeführt werden sollten. Schulungsleiter war Horst Walka, bis Ende 2013 Leiter Service-Akademie in WOB bzw. Leiter VSQ, vorher Leiter VST[10].

Staatlich geregelt waren die Inspektionspreise, gleiches galt auch für die Entlohnung der Mechaniker. Mitunter fanden sich jedoch durchaus Möglichkeiten, dem Kunden weitere Kosten in Rechnung zu stellen, beispielsweise bei »neuen Preisstellungen«.

9 Vorstandsmitteilung Volkswagen, V. Köhler (10.3.1978)

10 Infos H. Enge

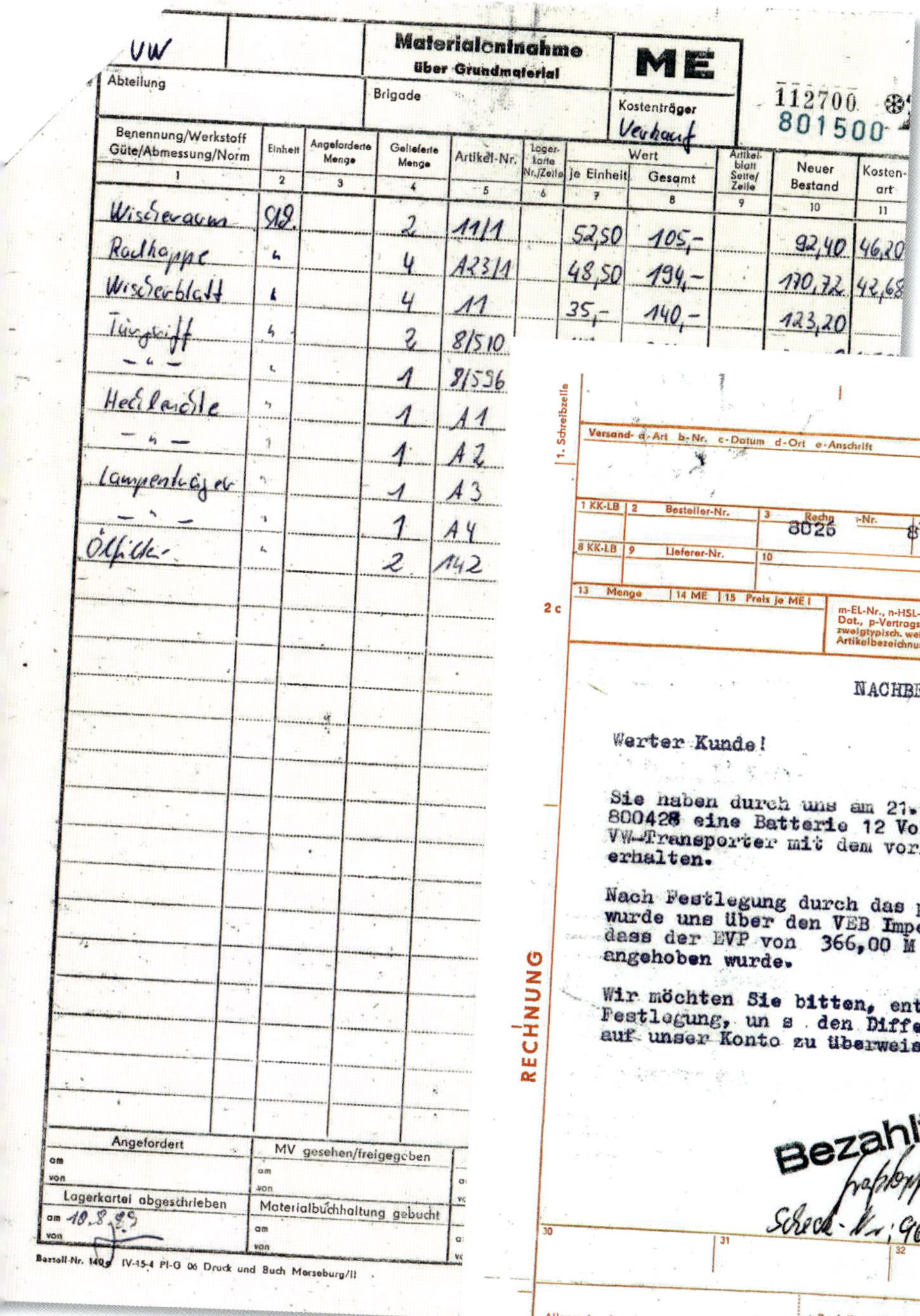
VW

Abteilung | Brigade

Materialeinnahme über Grundmaterial **ME**

Kostenträger: Verkauf

112700
801500

Benennung/Werkstoff Güte/Abmessung/Norm	Einheit	Angeforderte Menge	Gelieferte Menge	Artikel-Nr.	Lagerkarte Nr./Zeile	Wert je Einheit	Wert Gesamt	Artikelblatt Seite/Zeile	Neuer Bestand	Kostenart
1	2	3	4	5	6	7	8	9	10	11
Wischerarm	Stk.		2	11/1		52,50	105,-		92,40	46,20
Radkappe	"		4	A23/1		48,50	194,-		170,72	42,68
Wischerblatt	"		4	11		35,-	140,-		123,20	
Türgriff	"		2	8/510						
-"-	"		1	8/596						
Heckleuchte	"		1	A1						
-"-	"		1	A2						
Lampenträger	"		1	A3						
-"-	"		1	A4						
Ölfilter	"		2	142						

Angefordert am / von — MV gesehen/freigegeben am / von
Lagerkartei abgeschrieben am 18.8.89 von — Materialbuchhaltung gebucht am / von

Bestell-Nr. 1409 IV-15-4 PI-G 06 Druck und Buch Merseburg/II

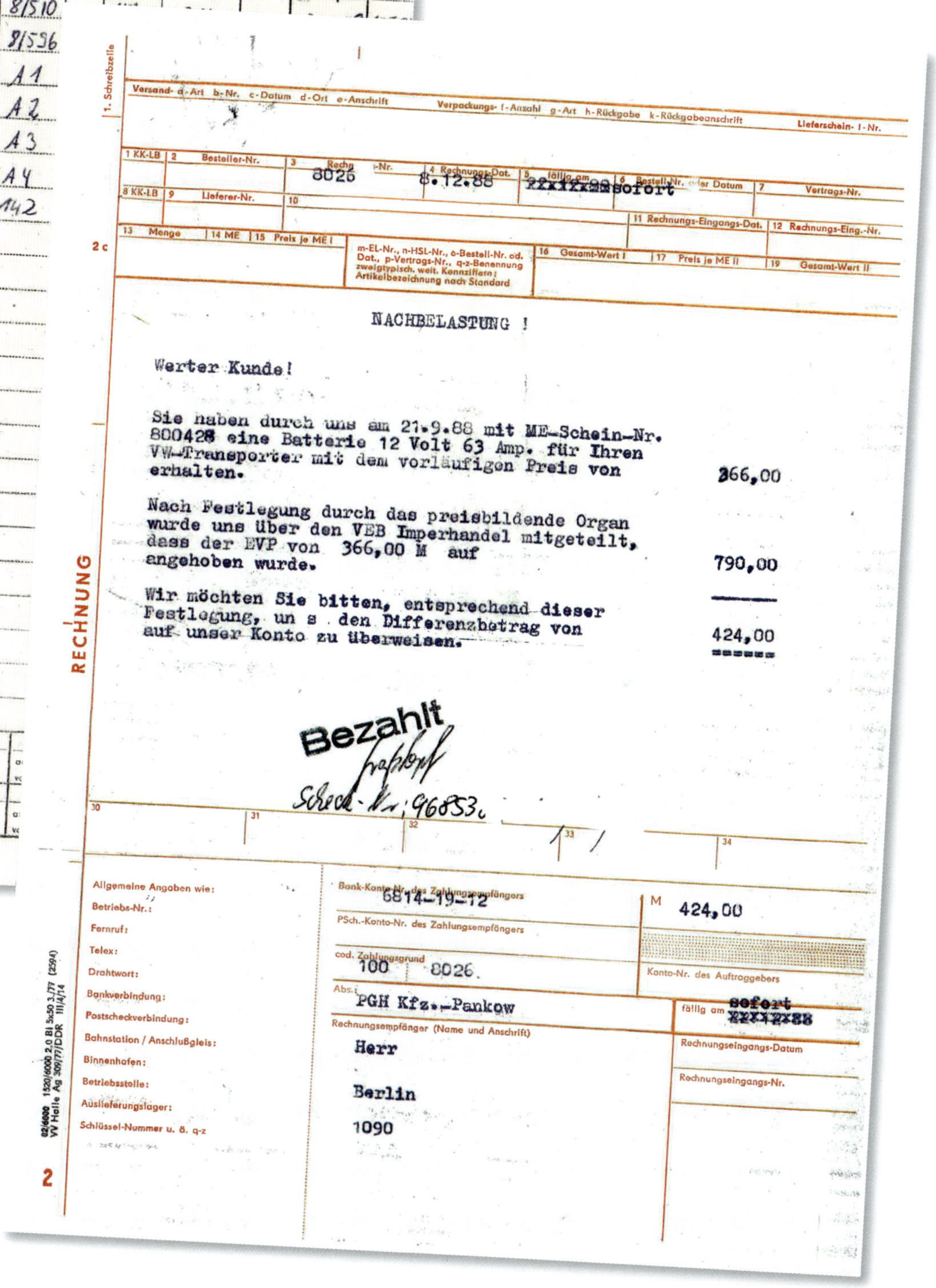
RECHNUNG

Versand- a-Art b-Nr. c-Datum d-Ort e-Anschrift — Verpackungs- f-Anzahl g-Art h-Rückgabe k-Rückgabeanschrift — Lieferschein- l-Nr.

1 KK-LB | 2 Besteller-Nr. | 3 Rechn.-Nr. 8026 | 4 Rechnungs-Dat. 8.12.88 | 5 fällig am sofort | 6 Bestell-Nr. oder Datum | 7 Vertrags-Nr.

8 KK-LB | 9 Lieferer-Nr. | 10 | 11 Rechnungs-Eingangs-Dat. | 12 Rechnungs-Eing.-Nr.

13 Menge | 14 ME | 15 Preis je ME I | m-EL-Nr., n-HSL-Nr., o-Bestell-Nr. od. Dat., p-Vertrags-Nr., q-z-Benennung zweigtypisch. weit. Kennziffern; Artikelbezeichnung nach Standard | 16 Gesamt-Wert I | 17 Preis je ME II | 19 Gesamt-Wert II

NACHBELASTUNG !

Werter Kunde!

Sie haben durch uns am 21.9.88 mit ME-Schein-Nr. 800428 eine Batterie 12 Volt 63 Amp. für Ihren VW-Transporter mit dem vorläufigen Preis von erhalten. 366,00

Nach Festlegung durch das preisbildende Organ wurde uns über den VEB Imperhandel mitgeteilt, dass der EVP von 366,00 M auf angehoben wurde. 790,00

Wir möchten Sie bitten, entsprechend dieser Festlegung, uns den Differenzbetrag von auf unser Konto zu überweisen. 424,00

Bezahlt
Scheck-Nr. 96853.

Allgemeine Angaben wie: Betriebs-Nr.: Fernruf: Telex: Drahtwort: Bankverbindung: Postscheckverbindung: Bahnstation / Anschlußgleis: Binnenhafen: Betriebsstelle: Auslieferungslager: Schlüssel-Nummer u. ä. q-z

Bank-Konto-Nr. des Zahlungsempfängers: 6814-19-12 — M 424,00
PSch.-Konto-Nr. des Zahlungsempfängers
cod. Zahlungsgrund: 100 8026. — Konto-Nr. des Auftraggebers
Abs.: PGH Kfz.-Pankow — fällig am sofort
Rechnungsempfänger (Name und Anschrift): Herr, Berlin 1090 — Rechnungseingangs-Datum — Rechnungseingangs-Nr.

02/6000 1520/6000 2.0 Bl 3x50 3./77 (2594) VV Halle Ag 309/77/DDR III/4/14

Reparatur- und Ersatzteilrechnung, Wartungsheft, Preisanhebungs-Mitteilung *Quelle: Zwingenberger*

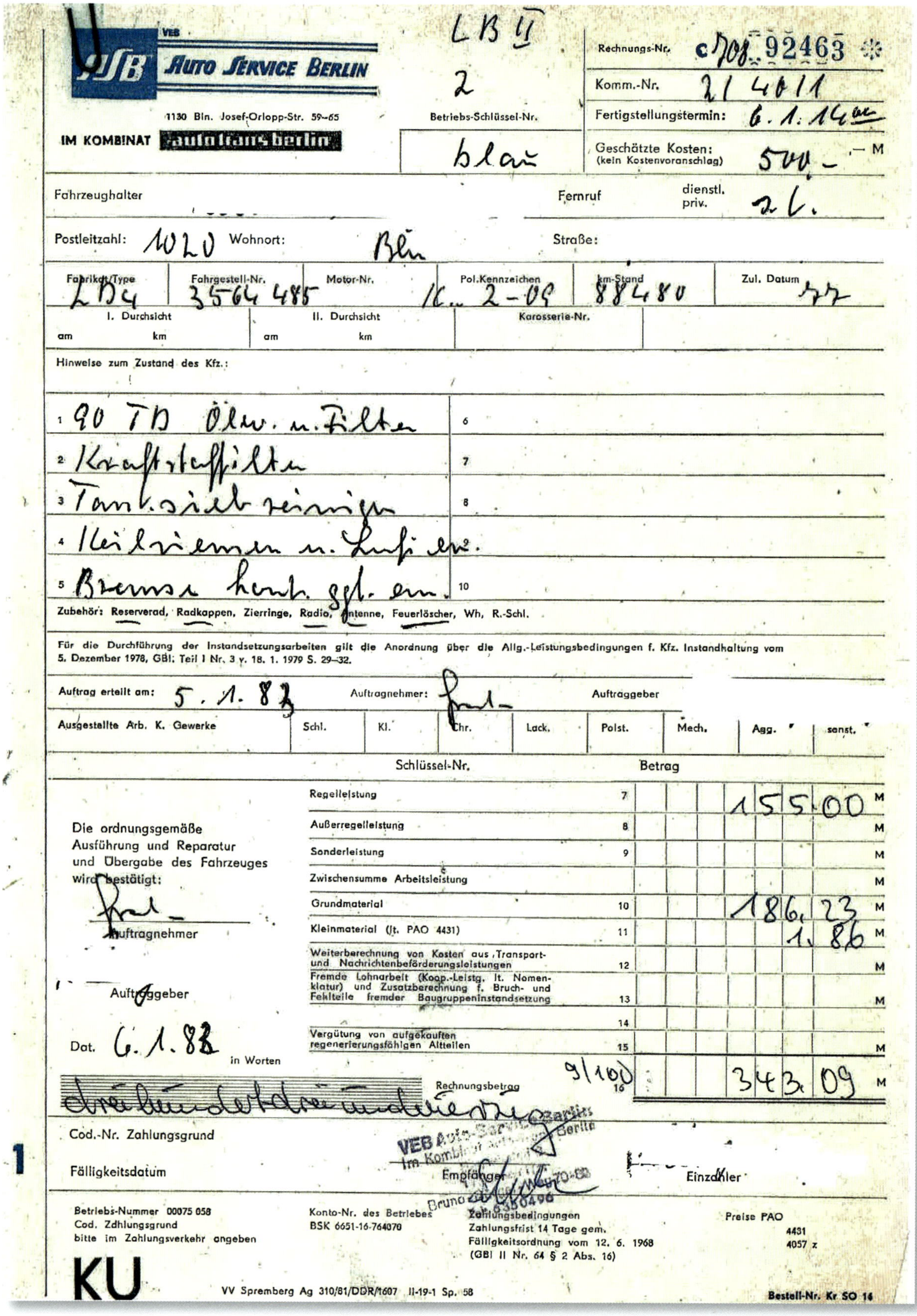

VEB AUTO SERVICE BERLIN

1130 Bln. Josef-Orlopp-Str. 59–65

IM KOMBINAT autotrans berlin

LB II

Betriebs-Schlüssel-Nr. 2

blau

Rechnungs-Nr. c 708 92463

Komm.-Nr. 21 4011

Fertigstellungstermin: 6. 1. 14⁰⁰

Geschätzte Kosten: (kein Kostenvoranschlag) 500,– M

Fahrzeughalter

Fernruf dienstl. priv.

Postleitzahl: 1020 Wohnort: Bln Straße:

Fabrikat/Type	Fahrgestell-Nr.	Motor-Nr.	Pol. Kennzeichen	km-Stand	Zul. Datum
LB4	3564485		IC... 2-09	88480	77

I. Durchsicht		II. Durchsicht		Karosserie-Nr.
am	km	am	km	

Hinweise zum Zustand des Kfz.:

1 90 TD Ölw. u. Filter
2 Kraftstoffilter
3 Tanksieb reinigen
4 Keilriemen u. Luftf. ern.
5 Bremse kontr. ggf. ern.
6
7
8
9
10

Zubehör: Reserverad, Radkappen, Zierringe, Radio, Antenne, Feuerlöscher, Wh, R.-Schl.

Für die Durchführung der Instandsetzungsarbeiten gilt die Anordnung über die Allg.-Leistungsbedingungen f. Kfz. Instandhaltung vom 5. Dezember 1978, GBl. Teil I Nr. 3 v. 18. 1. 1979 S. 29–32.

Auftrag erteilt am: 5. 1. 82 Auftragnehmer: Auftraggeber

Ausgestellte Arb. K. Gewerke	Schl.	Kl.	Chr.	Lack.	Polst.	Mech.	Agg.	sonst.

Die ordnungsgemäße Ausführung und Reparatur und Übergabe des Fahrzeuges wird bestätigt:

Auftragnehmer

Auftraggeber

Dat. 6. 1. 82

	Schlüssel-Nr.	Betrag	
Regelleistung	7	155,00	M
Außerregelleistung	8		M
Sonderleistung	9		M
Zwischensumme Arbeitsleistung			M
Grundmaterial	10	186,23	M
Kleinmaterial (lt. PAO 4431)	11	1,86	M
Weiterberechnung von Kosten aus Transport- und Nachrichtenbeförderungsleistungen	12		M
Fremde Lohnarbeit (Koop.-Leistg. lt. Nomenklatur) und Zusatzberechnung f. Bruch- und Fehlteile fremder Baugruppeninstandsetzung	13		M
	14		
Vergütung von aufgekauften regenerierungsfähigen Altteilen	15		M
Rechnungsbetrag	16	343,09	M

in Worten: dreihundertdreiundvierzig

Cod.-Nr. Zahlungsgrund

Fälligkeitsdatum

Empfänger Einzahler

VEB Auto-Service Berlin im Kombinat autotrans berlin

Betriebs-Nummer 00075 058
Cod. Zahlungsgrund
bitte im Zahlungsverkehr angeben

Konto-Nr. des Betriebes
BSK 6651-16-764070

Zahlungsbedingungen
Zahlungsfrist 14 Tage gem.
Fälligkeitsordnung vom 12. 6. 1968
(GBl II Nr. 64 § 2 Abs. 16)

Preise PAO
4431
4057 z

KU

VV Spremberg Ag 310/81/DDR/1607 II-19-1 Sp. 58

Bestell-Nr. Kr SO 14

Wartungsarbeiten beim km-Stand von fast 90.000 im Januar 1982 *Quelle: Zwingenberger*

Kleinere Wartungsarbeiten konnten damals noch von den Kunden selbst durchgeführt werden *Foto: Zwingenberger*

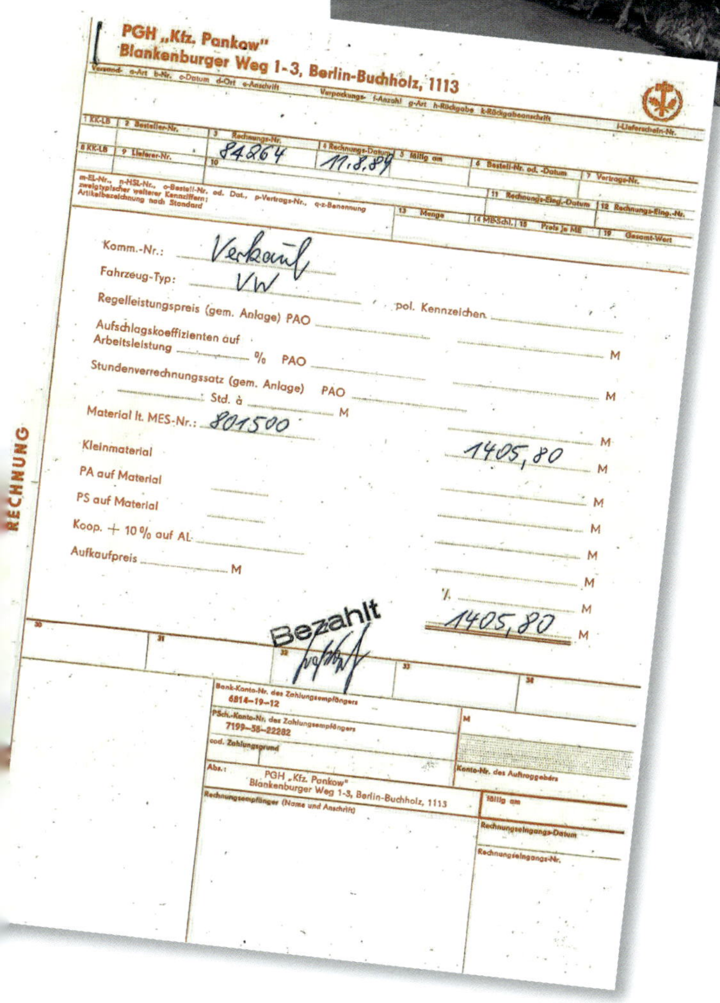

PGH „Kfz. Pankow"
Blankenburger Weg 1-3, Berlin-Buchholz, 1113

RECHNUNG

Rechnungs-Nr. 84264 — Rechnungs-Datum 11.8.89

Komm.-Nr.: Verkauf
Fahrzeug-Typ: VW
Regelleistungspreis (gem. Anlage) PAO — pol. Kennzeichen
Aufschlagskoeffizienten auf Arbeitsleistung — % PAO — M
Stundenverrechnungssatz (gem. Anlage) PAO — M
Std. à — M
Material lt. MES-Nr.: 801500 — M
Kleinmaterial — 1405,80 M
PA auf Material — M
PS auf Material — M
Koop. + 10 % auf AL — M
Aufkaufpreis — M
% — M
Bezahlt — 1405,80 M

Bank-Konto-Nr. des Zahlungsempfängers 6814-19-12
PSch.-Konto-Nr. des Zahlungsempfängers 7199-55-22282
Abs.: PGH „Kfz. Pankow" Blankenburger Weg 1-3, Berlin-Buchholz, 1113

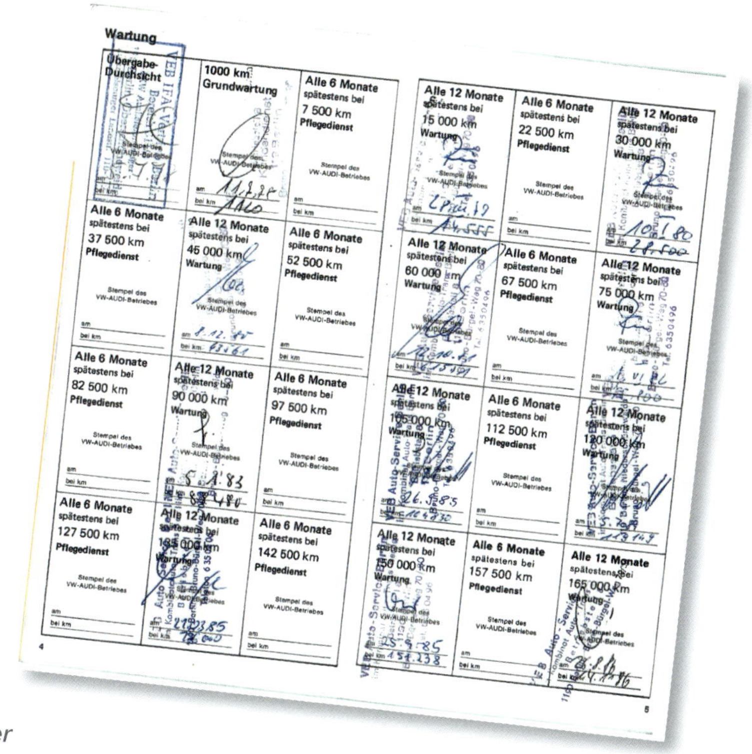

Lückenlos geführtes Wartungsheft und Rechnung von 1989
Quelle: Zwingenberger

11. Kompensationsverhandlungen bis Anfang der 80er

Natürlich wurde in Ost und West überlegt, das Geschäft fortzusetzen. Schmücker war bereit, auch weitere Kompensations-Geschäfte zu akzeptieren, beispielsweise Plastikteile aus der DDR. Aber offensichtlich bereiteten die Umstände der Kompensation mehr Aufwand, als gedacht, und die Zahlungsfähigkeit des Ostens reduzierte sich immer weiter. Der SPIEGEL[1] berichtete, die DDR sei an längerfristigen Aufträgen interessiert, um so das beste und modernste Auto zu haben. Eine Idee von Volkswagen war darum eine spätere Gestattungsproduktion ähnlich wie in Jugoslawien. Sowohl Schmücker als auch DDR-Devisenbeschaffer Schalck wollten den Bezug von Volkswagen über die 10.000er Lieferung hinweg fortsetzen.

Volkswagen signalisierte schließlich sogar seine Bereitschaft, gegebenenfalls nahezu das gesamte Exportvolumen an DDR-Werkzeugmaschinen als Kompensat zu übernehmen. Angedacht wurde sogar ein Lizenzerwerb seitens der DDR – wobei die DDR den Golf dann aber auch anderswohin exportieren wollte... Dazu Vorstand Münzner: »Wenn es nach der wirtschaftlichen Logik geht, stehen die Chancen gut – für beide Seiten. Nur, die Politik folgt einer anderen Logik«[2].

Zunächst schienen alle Signale auf Grün zu stehen. So berichtete Einkäufer Klaus Vacano[3] schon am 25. November 1977, also noch vor dem Golf-Lieferbeginn, an Schmücker, von einem möglichen Folgegeschäft mit der DDR: Von dort sei nach den Preisen für ca. 600 Pkw-Motoren in der Hubraumklasse 1,1 bis 1,5 L gefragt worden. Denn der Wartburg solle baldigst einen Nachfolger im Leistungsspektrum von 50 bis 85 PS mit Marktchancen in Westeuropa bekommen. Geplant seien im Endausbau schier unglaubliche 250.000 Einheiten/Jahr, die Vertrags-Laufdauer solle über acht Jahre gehen. Nach Angaben eines Gesprächspartners hätten technische Einbauversuche bereits stattgefunden. Die DDR-Seite prüfe die Beschaffung von Motoren durch Einkauf im Ausland oder aber die Errichtung von Fabrikanlagen in Lizenz. Dass dies ein Jahrzehnt später tatsächlich Realität werden würde, konnte damals noch niemand ahnen.

Die Vertragsabschlüsse zur Einkaufs-Rahmenvereinbarung im Rahmen des Golf-Geschäfts sollten bis 1979 abgeschlossen und die Lieferungen bis Juli 1981 beendet sein. Mitarbeiter von Einkaufs-Vorstand Münzner hatten ihre Fühler ausgestreckt, um adäquate Ware zu sichern. Dafür erhielten sie Mehrfach-Visa, die sie zu jederzeitigen Dienstreisen in die DDR berechtigten. Dr. Horst Müller-Neuhof, damals Leiter Produktionseinkauf[4] »Ich

1 SPIEGEL 8/78 (20.02.1978)
2 Ebenda
3 Interne Mitteilung K. Vacano, Volkswagen (25.11.1977)
4 Infos H. Müller-Neuhof (2015)

hatte ab 1978 ein halbjährliches Dauervisum, wurde aber an der Grenze keineswegs bevorzugt behandelt«. Die Aufenthalte der Volkswagen Mitarbeiter in ostdeutschen Hotels wurden übrigens abschläglich in das Vertragsvolumen eingerechnet – das galt auch für alle anderen Volkswagen-Angehörigen, die künftig beispielsweise zur Leipziger Messe reisten[5].

Allerdings kamen die in der DDR georderten Investitionsgüter oder auch Produktionsmaterial und sonstige Betriebsmittel nicht in jedem Fall pünktlich an, da die DDR-Betriebe erst noch die von Volkswagen vorgegebene Produktqualität erreichen mussten oder die planwirtschaftlich bedingten Engpässe Verzögerungen hervorriefen – die Zuverlässigkeit sei aber stets gewährleistet gewesen, entsinnt sich Müller-Neuhof[6].

»Aufs Ganze gerechnet, ergaben sich aus dem Liefervertrag aber durchaus Vorteile, zumal die gelieferten Pressen und Werkzeugmaschinen durch Zuverlässigkeit die Produktivität steigern halfen«, heißt es im Fazit der Historischen Kommunikation Volkswagen[7]. Produktionsvorstand Günther Hartwich lobte – mit Abstrichen: Wir glauben, dass die Pressen des VEB ERFURT in ihrer Technik für uns brauchbar wären. Allerdings wären gewisse technische Veränderungen an den Pressen erforderlich«[8]. Allerdings standen zusätzliche hochwertige Werkzeugmaschinen für Volkswagen nicht unbegrenzt zur Verfügung – denn sie waren ohnehin Exportschlager der DDR und damit entsprechend knapp[9].

Seit Dezember 1977 lieferte die DDR Stahlblech, wobei es erste Lieferungen bereits 1974 gegeben hatte. Dessen Qualität ließ indes zu wünschen übrig, weil es teilweise durch Zumischungen von Buntmetall verunreinigt und damit besonders rostanfällig war. Dazu kamen die in Kapitel 8 erwähnten ERFURT-Pressanlagen und Werkzeugmaschinen, die noch bis in die 2010er-Jahre hinein im Einsatz in Wolfsburg waren – einige Pressen gingen auch weiter nach Mexiko und China.

Ab 1979 erfolgten Lieferungen des VVB Kombinat Fahrzeugelektrik Ruhla von FER-Scheinwerfern für Golf I und II sowie später für den Transporter T3 (Bosch-Lizenz). FER war aus zwei enteigneten kleinen Firmen in Eisenach und Ruhla/Thür. Hervorgegangen und firmierte ab 1958 als VEB Fahrzeugelektrik Ruhla mit Betrieben in Ruhla, Eisenach, Brotterode und Gumpelstadt – ab 1968 wurde FER zum Stammbetrieb des neuen Kombinats Fahrzeugelektrik. Gefertigt wurden Wischermotoren, Scheibenwischer, Blinkgeber, Rundumleuchten und Automobil-Scheinwerfer – mit einer Exportquote von fast 50 %[10].

Laut Müller-Neuhof[11] handelte es sich hier im langfristig angelegte Lieferbeziehungen – ein Drittel aller Golf (inkl. der in Jugoslawien gefertigten TAS-Modelle) bekamen Ruhla-Leuchten, der Rest wurde mit Hella-Lampen versehen. Beide Scheinwerfer verfügten über die gleiche, die Ost-Leuchten vermutlich sogar über eine etwas bessere Qualität infolge eines patentierten Belüftungsverfahrens und reichlicher Innen-Verzinnung. Solche Scheinwerfer kamen übrigens auch im Polo zum Einsatz[12].

Nur für die 1978er Golf I für den DDR-Binnenmarkt und für Lieferungen nach Kanada eingesetzt wurden Pneumant-Reifen aus Riesa, die direkt ans Band in Wolfsburg geliefert wurden. Auch Kohle und Heizöl gingen im Rahmen des Geschäfts in den Westen. Die ab 1981 gelieferten GENEX-Golf I und später Golf II sowie der Transporter T3 waren allerdings nie mit Pneumant-Reifen ausgestattet[13].

Andererseits ergaben sich im Folgenden mitunter sehr ungewöhnliche Nebengeschäfte – denn es kamen eben nicht nur Rohstoffe, Werkzeugmaschinen und Pkw-Zulieferungen aus der DDR, sondern auch um ganz andere Dinge bis hin zu Dresdner Christstollen, Textilien und Brotaufstriche[14]. Die Einkäufer von Volkswagen mussten hier enorm kreativ sein und sich als Meister der kommerziellen Vernetzung beweisen. So gelangten Dresdner Christstollen und angeblich auch Thüringer Würste in den Westen. Offensichtlich waren Dreiecksgeschäfte schlussendlich doch irgendwie möglich. Jedenfalls waren eingesessene westliche Händler verärgerte, wie Eik/Behling[15] berichteten: »Im Westen sind die Obsthändler sauer, denn der Tauschhandel ...ist ein Präzedenzfall. Er hilft der devisenschwachen DDR ... und das halten viele für politisch schädlich«. Vor allem in Westberlin kam tatsächlich ein nicht unerheblicher Teil einfacher Nahrungsmittel aus dem Osten.

Geradezu optimistisch stimmte ein Besuch der Volkswagen-Verhandler Albrecht und Dierks im Außenhandelszentrum Ostberlin am 12. November 1979. Die DDR-Vertreter Hans-Joachim Hässler und Gustav Jänichen regten eine Zusammenarbeit beim Bau des VW-T3-Transporters und des LT in der DDR an. In dieses Geschäft hätte Jugoslawien einbezogen werden können. VW wurde zudem angefragt, zusammen mit Bosch/MAN bei der Modernisierung des DDR-Lkw IFA W50 mitzuwirken. Bosch führte daraufhin noch Ende 1979 vertiefende Gespräche mit dem Ziel einer Rücklieferung von Einspritzpumpen. Das Angebot bei der Rekonstruktion der DDR-Automobilindustrie, insbesondere bei den Transportern, mitzuwirken, war vielversprechend – wurde aber nicht weiter ausgeführt[16].

5 Infos B. Wiersch
6 Infos H. Müller-Neuhof
7 Hist. Kommunikation Volkswagen
8 Schreiben G. Hartwich, Volkswagen (1979)
9 SPIEGEL 50/77 (05.12.1977)
10 79 Oktan, 2/2023
11 Infos H. Müller-Neuhof
12 Infos H. Enge
13 Ebenda
14 Infos U. Birnbaum
15 Eik/Behling: Verschlusssache
16 Vorstandsunterlagen Volkswagen, 1979

Abgeschlossene Verträge einschl. Planetarium in Mio DM[17] (Stand Ende 1978)	
Heizöl/Kohle	
Rhein. Brikett / REX	2,860 / 29,0
Investgüter	
18.01.1978 Werner Jähnert KG, Göttingen	0,002
Elektronenmikrosk Jenaoptik	
9.2.1978 Arthur Flister KG, Herzogenaurach	0,52
Kühlmittelzusatz	
27.02./06.03.78 WMW Exp-Imp	0,685
1 Fräs- u. 9 Universal-Werkzeugmaschinen	
14.4.1978 Maschinenexport	0,616
5 Güterwagen	
24.4.1978 Jähnert	0,017
Elektronenmikrosk Jenaoptik	
24.4.1978 Wemex Düsseldorf	0,202
Werkzeuge Schwarzenberg	
03.05.1978 Jähnert	0,004
Stereomikroskop	
27.07.1978 Stereomikroskop	0,005
14.09.1978 Theolit	0,005
24.08.1978 Flister	0,164
205.000 kg Frostschutz	
16.06.1978 Fa Dani, MZ-Kastel	0,002
Drehschieber	
Einzelbestellungen	
Fa Wittenbecher, Essen	0,001
Normmotoren	
20.06./03.10.1978 Wemex	
1 Ziehpresse, 6 Kurbelpressen	9,947
1 Ziehpresse, 5 Kurbelpressen	8,866
diverse Maschinen/Anlagen	7,266
Einkauf allg.	60,195 Mio
Einkauf Produktionsmaterial	
21.12.1977 Transportmaschinen	1,119
42.00 Pneumant-Reifen	
22.12.77/28.9.1978 Transportmaschinen	3,728
2.210.000 Lampen	
5.000.000 Zündkerzen	0,175
05.01.1978 Union Außenhandelsgesellsch	
für Metallwaren Leipzig	0,975
21.5 Mio Normschrauben	
14.02.1978 Hoselmann, Klöckner, Schmolz,	
Bickenbach Essen	0,400
Edelstahl	
05.04.1978 Union	0,043
Normschrauben/muttern	
19.07.1978 Union	2,186
Normschrauben/muttern	
20.05.1978 Transportmaschinen	0,360
Abdeckradschrauben	
25.05.1978 AHB Heimelectric Blankenburg	1,050
versch. Ausrüstungen	
02.06.1978 Transportmaschinen	0,335
50.000 Nebelschlussleuchten	
04.07.1978 Union	0,09
Kugeln Achsantrieb	
13.09.1978 Techno Commerz	0,006

17 Vorstandsunterlagen Volkswagen, 1980

Probeauftrag Bremsscheiben	
20.07.1978 Transportmaschinen	21,407
Elektromaterialien	
(21.07.1978 - Bestll. Nebelschlussleuchten)	
19.09.1978 Chemie Export Import Berlin	0,5
110 t Verdünner	
10.10.1978 Techno Commerz	0,003
Probeauftrag Flügelrad Wasserpumpe	
Produktionsmaterialien	32,747
Einkauf allgemein u. Produktionsmaterialien	92,952
Fa. Jähnert	1,5
Planetarium	
in Vorb.: WEMEX, Düsseldorf	4,5
Konstruktionsauftrag für 2 Mio in 1979	
2,5 Mio in 1980	
Fa. Schwarzenberg	
Summe 06.11.1978	98,942 Mio

Hoffnung auf weitere Automobilgeschäfte hatten die vielen Besuche hochrangiger Ostvertreter wie von Dr. S. Brückner im Juni 1978 gemacht. Am 13. Dezember 1978 schrieben ihm die Herren Schmücker/Münzner: »Dabei sollte es unser Ziel sein, von dem anfänglich zwangsläufigen Crash-Programm zu kontinuierlichen gegenseitigen Geschäftsbeziehungen zu gelangen. Ihr nächster Besuch sollte auch dazu dienen, uns über die von Ihnen angesprochenen Weiterentwicklung unserer Geschäftsbeziehungen weiter zu unterhalten«.

Als Zeichen des guten Willens hatte sich der VW-Konzern entschieden, sich 1978 erstmals an der Leipziger Herbstmesse beteiligen, nachdem die DDR immer wieder ausdrücklich eingeladen hatte. Auf dem Stand wurden vier Pkw (Audi 100 SE GL, Passat GLS, Golf GLS, Mexiko Käfer) und ein Transporter-Modell (T2) gezeigt. Zur Messeeröffnung reisten Vertriebsvorstand WP Schmidt und Export-Verkaufsleiter Klaus Vacano nach Leipzig. Messen wurden auch in Brünn, Posen und Moskau besucht.

Toni Schmücker hatte Ende 1978 das Kompensationsgeschäft verteidigt: »Ein Problem der deutschen Automobilindustrie ist die Erschließung neuer Märkte. Im Ostblock sind ausbaufähige Märkte noch vorhanden. Es wäre leichtfertig, nicht den Versuch zu unternehmen, sich hier möglicherweise bietende Chancen zu nutzen. Die Golf-Lieferungen in die DDR sind abgeschlossen. Die Gegenlieferungen aus der DDR erfolgen schwerpunktmäßig in den Jahren 1978/79. Im Fahrwasser der Fahrzeugauslieferungen folgten die notwendigen Ersatzteillager sowie 16 Kundendienststützpunkte in der DDR«[18].

Schmücker war in der Öffentlichkeit vorgeworfen worden, von der Ost-Seite über den Tisch gezogen worden zu sein. »Er sieht einen möglichen Einstieg für weitere Ostgeschäfte, wies jedoch Vorwürfe zurück, mit den Gegengeschäften nicht wirtschaftlich gehandelt zu haben. VW habe das Recht, seine Einkäufe dort vorzunehmen, wo es ihm opportun erscheine«, zitierte ihn Schwacke[19].

Hinsichtlich des Gegenliefervolumens arbeitete der Einkauf weiter mit Nachdruck daran, übernommene Abnahmeverpflichtungen zu erfüllen, die VW bei Vorliegen geeigneter wettbewerbsfähiger Angebote im Rahmen des Bedarfs verpflichtet, Waren im Wert von 90 Mio DM von der DDR abzunehmen, davon 81,5 Mio in 1978 und 79), Überhänge in 1990 und 8,5 Mio verbleibende Zinsen von 7/80 bis 7/81. Ende 1980 hatte Volkswagen tatsächlich seine Verkaufsverpflichtungen in der DDR erfüllt bzw. sogar übererfüllt. Die vereinbarten Lieferungen für 90 Millionen DM hatten sich in der Realität verdoppelt. So wurden allein für Werkzeugmaschinen und Presswerkzeuge 70 Millionen DM aufgebracht.

Dennoch war eine Lieferung weiterer Golf nicht in Sicht, obwohl sich VW künftig immer und auf verschiedenen Ebenen zu einer Fortsetzung des Geschäfts ins Spiel brachte. Der offizielle Bezug von gerade mal drei Audi 100 (»zu Versuchszwecken gekauft«) im Dezember 1979 war nun wirklich kein epochaler Schritt. Gelegentlich schien die Situation geklärt - was sich anschließend wieder als Trugschluss erwies.

Als Beispiel ein zu optimistisches Schreiben von Volkhard Köhler im Frühjahr 1980: »Während der Leipziger Frühjahrsmesse haben wir Einkaufsvertreter mit Entschiedenheit darauf hingewiesen, dass bei unserem großen Einkaufsvolumen in der

18 Schwacke auto-info Nr. 285, 02.10.1978

19 Schwacke auto-info Nr. 259, 03.04.1978

DDR es nun endlich auch mit der Abnahme von VW-Fahrzeugen weitergehen müsse. Unser Nachdruck hat – lt. H. Ludwig – seine Wirkung nicht verfehlt. VEB Transportmaschinen hat während der Messe noch die Auflassung dafür erhalten, mit VW in Verhandlungen über die Lieferung von Fahrzeugen an GENEX einzutreten. Bei erfolgreichem Verhandlungsverlauf dürfte die Abnahme der Fz. allerdings erst im 2. Halbjahr 1980 erfolgen (es sollen 500 Fz sein)«[20].

Auch diplomatisch wurde Druck gemacht. Am 30. September 1980 mahnte Schmücker in einem Brief an DDR-Funktionär Beil nach der Leipziger Herbstmesse: »Das Geschäft DDR/VW hinsichtlich unserer Einkäufe hat sich erheblich besser entwickelt, als es die anfänglichen Schwierigkeiten erwarten ließen. Schließlich haben wir mittlerweile Waren im Wert von über 180 Mio in der DDR geordert und somit unsere Einkaufsverpflichtung in Höhe von 90 Mio DM erheblich übertroffen. Leider haben die Gespräche in Leipzig keine greifbaren Ergebnisse gebracht, wie es bei unseren Verkäufen (also mehr Golf in DDR – d.V.) weitergehen kann«[21].

Daraufhin kam der Ständige Vertreter der DDR, Ewald Moldt, am 6. November 1980 ins Volkswagenwerk Braunschweig, dort begrüßt von VW-Personalvorstand Dr. Peter Frerk[22]. Offensichtlich sollte Moldt die Wogen glätten. Aber zwei Wochen (10. Oktober 1980) später unterrichtete Münzner seine Vorstandskollegen über die zögerliche Haltung der DDR hinsichtlich Anschluss-Aufträgen an die VW AG. Es sei zu überlegen, ob die VW AG den Bezug bestimmter Teile im Rahmen der nun zu verhandelnden Jahresabschlüsse beenden solle.

Volkswagen stoppte tatsächlich seine Einkaufsbemühungen, woraufhin Dr. Schalck seinem vorgesetzten Staatssekretär Günter Mittag dringend empfahl, wenigstens 500 T3 zu ordern. Als immer noch nichts passierte, teilte der VW-Vorstand offiziell mit, dass nun keine neuen Aufträge mehr erfolgten, lediglich die Verträge für Fahrzeugelektrik im Wert von 25 Mio DM würden noch erfüllt. Wobei zu ergänzen ist, dass mittlerweile ein Großteil der VW Golf mit Scheinwerfern von FER Ruhla ausgestattet worden sind. Münzner sagte Mitte 1981 die Bereitschaft für weitere Gespräche ab und strich die Teilnahme von Volkswagen auf der Leipziger Messe »wegen unbefriedigender Geschäftsentwicklung mit der DDR«. Dass zu allem Überfluss auch noch 10.000 Mazda 323 in die DDR importiert wurden, hatte das Fass zum Überlaufen gebracht.

Schließlich knickten die Ostpartner ein, und Schalck erklärte am 15. September 1981 die Bereitschaft, 1.000 Golf ins GENEX-Programm aufzunehmen. Volkswagen hob den Einkaufsstopp auf und ging zur Herbstmesse 1981 nach Leipzig, um dort für 6,2 Mio DM neue Anschlussaufträge abzuschließen.

20 V Köhler an Schmücker/Schmidt, Volkswagen (21.03.1980)

21 Vorstandsprotokoll Volkswagen, 30.09.1980

22 Vorstandsprotokoll Volkswagen, 29.09.1980

Auf der Messe gezeigt wurden sechs Pkw und vier Nutzfahrzeug-Exponate von VW. Dass der »Vertrag über 10.000 Mazda jetzt ausläuft« wurde in einer internen Mitteilung der Wolfsburger mit Befriedigung vermerkt.

Das bereits erwähnte Kombinat FER Ruhla nahe Eisenach blieb eine feste Größe im Ost-West-Handel. Dort wurde neben Scheinwerfern auch Glühlampen, Nebelschlussleuchten, Scheibenwaschpumpen und Scheibenwischermotoren hergestellt. Die Ost-Partner erwiesen sich dabei als sehr geschäftstüchtig. So besuchte eine Delegation des VVB Automobilbau, darunter je ein Vertreter vom Automobilwerk Ludwigsfelde, den Robur-Werken Zittau und Hans Schieck (FER), im September 1977 verschiedene Stände auf der IAA in Frankfurt (Fa. Lange/Stuttgart als Partner der FER-Fahrradbeleuchtung incl. der entsprechenden Lichtmaschinen, Gabel KG/Schwelm als Importeur von FER-Scheinwerfern/Rückleuchten und deren Wettbewerber Fa. Hella/Lippstadt). FER produzierte auch Seitenblinker, Scheibenwischerteile und Signalhörner und nutzte die Reise, um neue Trends aufzuspüren. Bemerkung im Dienstreisebericht: »Der Verlauf der Reise selbst war korrekt und ohne Provokationen«.

In Vorbereitung der Messeauftritte wurde bei den zu erwartenden Exportkunden exakt zwischen dem »Sozialistischen« und dem »Nichtsozialistischen Währungsgebiet« (NSW) unterschieden.

Regelmäßige Dienstreisen führten FER-Vertreter wie Entwicklungsleiter H. Holland-Moritz zu Volkswagen. Im Dienstreisebericht vom 3./4. Dezember 1980 berichtet er von der Übergabe verbesserter Signalhörner für die Erstmusterprüfung und den Statusabgleich für Scheinwerfer für den T3 sowie über die erfolgte Prüfung von Wischermotoren und von H4-Scheinwerfern für den Golf. Bei diesen Gesprächen ergaben sich neue Geschäftskontakte. So weilte Holland-Moritz im Oktober 1980 zweimal im Westen – einmal bei Hella in Lippstadt und einmal bei Volkswagen in Wolfsburg und Hannover. Besprochen wurden die TE-Prüfung verschiedener FER-Erzeugnisse unter Einbindung von Unterlieferanten wie der Fa. Wurlitzer in Müllhorst[23].

Auch mit anderen Kunden wurde seitens FER ein guter Kontakt gepflegt – beispielsweise wurden im Februar 1980 drei Peugeot-Vertreter eingeladen, mit denen gemeinsam das AWE-Werk in Eisenach besichtigt wurde. Peugeot hatte Interesse an Signalhörnern, Blinkgebern, Batterien, Zusatzscheinwerfern und allgemeine Leuchten. Die Franzosen äußerten besonderes Interesse an Signalhörnern in VW-Ausführung (»zum Ausgleich VW-Sortiment«).

Wie kaum anders zu erwarten, beobachtete VW diese und andere Export-Aktivitäten. Das ging bis zu einer Beschwerde im

23 Infos Heiko Lantzsch

Liste der auf dem FER-Messestand während der LHM 1979 erwarteten Kunden **Quelle: FER**

Eingeladene Exportkunden zur LHM 1979

S W

Maschinenexport Moskau / UdSSR
Avtoexport Moskau / UdSSR
Traktoroexport Moskau / UdSSR
Pannonia, Budapest / UVR
Mogürt, Budapest / UVR
TrANselektro, Budapest / UVR
Auto-Dacia, Bukarest / SRR
Impexmin, Bukarest / SRR
Polmot, Warschau / VRP
Elektrin, Warschau / VRP
Pezetol, Warschau / VRP
Motokov, Prag / CSSR
Transimport, Habana / Cuba
Avtoimpex, Sofia / VRB
Technoimport, Sofia / VRB
Rapid, Beograd / SFRJ
Interimpex, Skopie / SFRJ
Maschinoimport, Hanoi / DRV
Slovenija Avto, Ljubljana / SFRJ
Elektrometal, Beograd / SFRJ

N S W

Zwettler & Co., Salzburg / Österreich
Technochema Klagenfurt / Österreich
CEVO-Autozubehör Altheim / Österreich
F. M. Blinder Montevideo / Uruguay
Metropole Rio de Janeiro / Brasilien
Dogri Agency & Trading Co., Trippli / Libyen
Maschinen Export - und Finanz AG Zürich / Schweiz

- 2 -

Volkswagen AG Wolfsburg / BRD
UNION Fröndenberg / BRD
Dieteg, Walsrode / BRD
Gabel, Schwelm / BRD
Hella, Lippstadt / BRD
KHD, Köln / BRD
Bekiaris, Athen / Griechenland
Liltvedt, Oslo / Norwegen
Warnekaer, Hellerup / Dänemark
Autometall, Göteborg / Schweden
Jaskari, Helsinki / Finnland
AOA, Brüssel / Belgien
Rodix, Brüssel / Belgien
Harteveldt, Zoeterwoude / Holland
Westerneng, Hoorn / Holland
Casteels, Paris / Frankreich
ASE + MOD (Armee), Baghdad / Irak
Fresko, Istanbul / Türkei
Kalai, Damaskus / Syrien
Tepalux, Torino / Italien
Bomann, Hamburg / BRD
Berda Freres, Casablanca / Marokko
LMI Tunis / Tunesien
Intertruck, Dartford / Großbritanien
Ringlamp, Leeds / Großbritanien
O'Dwyer & Ticher, Dublin / Ireland
Espi, Bombay / Indien
Misr. Car Trading, Cairo / Ägypten
Motorhuset, Oslo / Norwegen
Schlepper- und Ersatzteildienst Dahl-Paderborn / BRD
Guebet, Fresnes / Frankreich

Durch den AHB TM wurden die französischen Automobilkonzerne Citroen, Peugeot, Renault und Chrysler eingeladen.

FER-Chef Schieck (li) mit Goldmedaille des Außenministeriums auf der Leipziger Herbstmesse 1982. ***Foto: Lantzsch***

Februar 1980: »FER verkauft zu unserer Verwunderung auch schon Golf-Rundscheinwerfer an Dritte, über Fa. Dolf van Eijk, Rotterdam. Dieses Vorgehen von FER ist besonders schwerwiegend, da hier in großem Maße Know-how von VW an FER im Zuge des Freigabeverfahrens geflossen ist. Zuerst wurden diese Scheinwerfer mit VW- und FER-Warenzeichen von FER angeboten (Abmahnung erfolgt), nun werden sie nur noch mit FER-Warenzeichen an Dritte verkauft«[24].

Ein besonderer Fall war die technische Ausstattung eines Planetariums durch den VEB Carl Zeiss Jena (Jenoptik). Dem waren zahlreiche Besuche und Gegenbesuche des Spitzenmanagements vorweggegangen und nachgefolgt. Jenoptik stellte den damals wohl weltbesten, Mikroprozessor-gesteuerten Hochleistungs-Sternenprojektor »Spacemaster« (mit dem sich ein Himmelspanorama mit über 9.000 Sternen darstellen ließ) bereit. Volkswagen schenkte die 1,5 Mio DM teure Investition der Stadt Wolfsburg anlässlich des 40. Stadtjubiläums im Jahr 1978. Aber dieses Geschenk war zunächst arg umstritten, weil die Stadt eine kostspielige Planetariums-Hülle um das VW-Geschenk herum bauen musste: eine Dreiviertelkugel von über 18 m Durchmesser sowie vier Kreissegmente für die Nebenräume, realisiert binnen 27 Monaten. Die mit Spritzbeton versehene Stabnetz-Architektur wurde von 2.000 Knoten zusammengehalten[25].

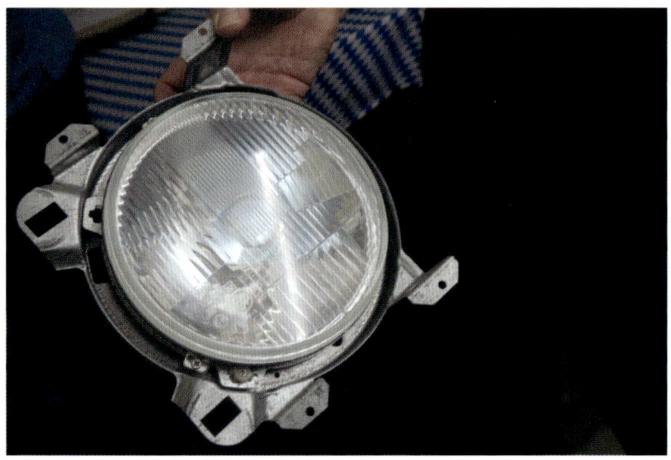

Blinker links/rechts oben und Einbauscheinwerfer mit H4-Licht für den Golf I ***Fotos: Kittler***

24 Vorstandsprotokoll Volkswagen, 15.02.1980

25 Kern/Locke: Geteilte Geschichte

Einweihung des Wolfsburger Planetariums 1981 **Foto: Planetarium/Jochen Fritzsche**

Auch hier wirkten Architekten und Techniker aus der DDR mit. Federführend war der für seine Schalen-Architektur bekannte Ulrich Müther, der beispielsweise das »Ahornblatt« in Ostberlin und den »Teepott« in Warnemünde entworfen hatte. »Aus Jena kam die Architektin Getrud Schille hinzu, aus Braunschweig das Büro Kersten, Martinoff & Strukh«[26]. Der auch im Westen oft eingesetzte Ulrich Müther war mehrfach privat zu Gast bei Volkswagen Führungskräften wie Volkhard Köhler, ohne dass ihm daraus je Schwierigkeiten erwuchsen[27].

Die Einweihung des Planetariums fand am 1. Dezember 1981 im Rahmen eines kleinen Staatsakts statt - mit Rolf Nolting (Oberbürgermeister Wolfsburg), Horst Münzner (stv. VW-Vorstandsvorsitzender), Staatssekretär Dr. Hermann Freiherr von Richthofen, Dr. Weert Börner (Staatssekretär im Niedersächsischen Ministerium für Wissenschaft und Kunst) und aus der DDR Ewald Moldt (Ständiger Vertreter in Bonn) sowie Dr. Wolfgang Biermann und Siegfried Huelss (Jenoptik).[28].

Wolfsburger Planetarium und Golf L in Panamabraun aus der 1978er Lieferung, Exponat von Volkswagen Classic

Foto: Kittler

26 Ebenda

27 Infos Ines Köhler

28 Pressemappe 30 Jahre Planetarium Wolfsburg, 2011

Ab dem 3. Dezember 1983 war das Planetarium dann der Öffentlichkeit zugängig. Gewartet wurde der Projektor auch künftig von Technikern aus Jena, aber nach der politischen Wende stockten Ersatzteillieferungen infolge insolventer Zulieferer. 1996 wurde der ursprüngliche »Spacemaster« durch einen leistungsstärkeren »Starmaster« ersetzt[29].

Die Statistiken von Volkswagen sprachen eine klare Sprache: Die Partner im Osten mussten sich bewegen. Was ihnen angesichts der maladen Wirtschaftssituation ihres Landes sehr schwer fiel. In späteren Interviews und Veröffentlichungen von Hochkarätern wie Günter Mittag ist nachzulesen, dass die Entscheider in der DDR in der Zwickmühle saßen – sie wussten um den Zustand ihrer Wirtschaft, mussten aber gleichzeitig den Vorgaben ihres großen Bruders Sowjetunion entsprechen und glaubten zudem, keine ideologischen Verwässerungen zulassen zu dürfen.
Die nachfolgende Tabelle zeigt die Entwicklung der Lieferverpflichtungen im Vergleich zur Zusammenstellung Stand 1978 von S. 126.

1. Abgeschlossene Verträge in Mio. DM (Stand Januar 1981)	
1. Einkauf allgemein	
Heizöl/Kohle	154.774
Investgüter	
Werner Jähnert KG, Göttingen	0,370
(Messgeräte)	
Arthur Flister KG, Herzogenaurach	4,913
(Kühlmittel 1978-82)	
WMW Exp-Imp	66.178
(Pressenstraßen: 3 WOB, 1 NSU, 1 MEX, Einzelpressen)	
Maschinenexport	0,637
(5 Güterwagen)	
Fa Wittenbecher, Essen	0,115
(Normmotoren)	
Heimelectric	0,134
(Schmelzeinsätze, Drehschieber)	
Unitechna	0,043
(Schneidemaschine)	
Summe Investgüter	97.920
Summe Einkauf allg.	252.694
2. Einkauf Produktionsmaterial	
Transportmaschinen	1,119
(42.000) Pneumant-Reifen 145/155 SR 13)	
(22.12.1977-1982)	
8.9.1978 Transportmaschinen	8,864
(4,2 Mio Lampen)	
(1978-1982)	
Union Außenhandelsgesellsch. Lpz.	5,644
(21.5 Mio) Normschrauben	
Hoselmann, Klöckner, Schmolz,	
Bickenbach Essen	1,338
(Edelstahl 1978-1981)	
Transportmaschinen	0,521
(Nebelschlussleuchten 1978-1980)	
Union	0,010
(Kugeln Achsantrieb)	
Transportmaschinen	3,514
(790.000 Hörner, 1978-1982)	

29 Pressemappe 30 Jahre Planetarium Wolfsburg, 2011

Transportmaschinen	3,481
(193.000 Nebelscheinw. m. Glühlampen, 1978-1982)	
Transportmaschinen	7,525
(440.000 Scheinw. Golf m. Glühlampen, 1978-1982)	
Transportmaschinen	4,530
(300.000 Scheinw. Typ II NF m. Glühlampen, 1980-1984	
Techno Commerz	0,900
(Zahnriemenscheiben/Flügelräder, 1982/83)	
Summe Produktionsmaterialien	39136
3. Sonstig anzurechn. Käufe	
Dt. Seereederei/Deutrans	0,947
1978-80	
Lpz. Messeamt	0,141
Standkosten, 1978-80	
Obella, Bremen	0,177
(Christstollen für Wirtschaftsbetriebe)	
Jähnert, Göttingen	1,500
(Planetarium, 1978)	
Jähnert, Göttingen	0,034
(Geräte f. Stadkrankenhaus WOB)	
Dt. Bobinet, Trier	0,120
(Gewirke)	
Molau, Bremen	1,807
(Vormaterial Schaumst.)	
4. Gegenbestellungen	296.556
5. Volumen abzügl. Öl/Kohle	141,7 Mio
aber bei Vertragsabschluss für 1978/79 vereinbart Öleinkauf für ca. 30 Mio DM,	
darum anrechenb. Kompensationsvolumen	171,7

Handelsbilanz (Anfang 1982) [30]	
Bestellvolumen z.Z.	
Heizöl/Kohle	154.774.000
Investgüter/Betriebsmittel	97.920.000
P-Einkauf (bis 1984)	36.136.000
Sonst. anrechenb. Käufe	4.726.000
(Deutrans, Planetarium)	
Summe	296.556.000
VW-Vertrieb abgewickelt: (10.200 Golf)	83,6 Mio DM
Ersatzteile	6,5 Mio DM
Zinsen Golf:	11,9 Mio DM

30 Volkswagen Handelsbilanz (Anfang 1982)

12.

Weitere West-Importe

Volvo, Mazda, Citroën für DDR-Mark

Schon lange vor der Lieferung der 10.000 Golf von 1978 hatte die DDR-Führung weitere Ventile geöffnet, um ihre Bürger mit Autos zu versorgen. Polski Fiat gab es bereits ab Ende 60er, Lada ab 1970, Dacia ab 1972. Wobei diese Importe aber nicht kontinuierlich weiterliefen, lieferten doch die Ostblockpartner lieber gegen Devisen in den Westen. Ab 1974 kamen jährlich rund 90.000 Importautos zusätzlich zu den 60.000 Wartburg und 110.000 Trabant (von denen aber die Hälfte selbst wieder in den Export ging).

Allerdings erwies sich die Hinwendung Richtung Osten als Holzweg: Die DDR als Musterschüler der östlichen Wirtschaftsgemeinschaft hatte in nachhaltige Kooperationen im Ostblock gesetzt, aber nationale Eifersüchteleien verhinderten gemeinsame Projekte. Die DDR blieb so als einziger bei seiner Uralttechnik – und verpasste nachhaltige Exportchancen. Anders die Russen, Rumänen und Polen, die westliche Lizenzautos mit sparsameren, umweltfreundlicheren Viertaktmotoren bauten und damit in Westeuropa konvertierbare Währung einfuhren.

Spektakulär geriet die bereits genannte Lieferung von 1.000 Volvo des Typs 244 DLS (eine Spezialanfertigung für die DDR: Vierzylindertechnik und Sechszylinderoptik) ab Dezember 1977, die für 42.800 DDR-Mark an begüterte Mitmenschen (darunter Handwerker, »Schallplattenunterhalter« und Einzelhändler) gingen, die anschließend in vielen Fällen von der Steuerfahndung geprüft wurden. Die Limousinen kamen exklusiv nach Ostberlin, von denen aber binnen drei Jahren die Hälfte in andere Bezirke des Landes weiterverkauft wurde[1].

1981 kamen 10.000 Mazda 323 hinzu, die im Zuge der Vorbereitungen von Honeckers Japan-Besuch im Mai 1981 verhandelt wurden. Ursprünglich sollte der Vertrag mit Toyota gemacht werden, aber diese Absicht zerschlug sich in allerletzter Minute. Die ausschließlich zweitürigen Mazda mit 1,1-L-55 PS-Motor gab es für 24.600 Ostmark (plus 2.400 M für das Kassetten-Radio).

1 B. Herrmann: Westautos

Mazda 323.

Technische Daten

Motor

Type: 4-Zylinder-Viertakt-Reihenmotor, quergestellt, wassergekühlt, mit obenliegender Nockenwelle

Bohrung und Hub	70 x 69,6
Hubraum	1071 cm³
Verdichtungsverhältnis	9,2
Max. Leistung kw (PS)	40 (55) / 6000
Max. Drehmoment (DIN)	8,0 / 4000
Inhalt Motoröl	3,7 l
Batterie	45 A
Anlasser	0,8 kW
Lichtmaschine	50 Ah
Vergaser	Fallstrom-Register-Vergaser
Benzinpumpe	mechanisch
Kühlung	wassergekühlt
Ventilator	elektrisch
Kupplung	Einscheiben-Trockenkupplung mit Tellerfeder
Getriebe	4-Gang
1. Gang	3.416
2. Gang	1.947
3. Gang	1.290
4. Gang	0.918
Rückwärtsgang	3.214

Wendekreisradius:	4,6 m
Bremse:	Diagonal-Zweikreisbremssystem mit Bremskraftverstärker vorn: Scheibenbremse hinten: Trommelbremse, selbst nachstellend
Aufhängung:	Einzelradaufhängung vorn und hinten; vorn und hinten: Federbein mit Schraubenfedern
Stoßdämpfer:	vorn und hinten: Teleskop-Stoßdämpfer – doppelt wirkend
Lenkung:	Typ: Zahnstangenlenkung – Übersetzung: 20 : 1
Tankinhalt:	42 Liter
Maße:	Gesamtlänge ... 3995 mm Gesamtbreite ... 1630 mm Gesamthöhe ... 1375 mm Radstand ... 2365 mm Spurweite: vorn ... 1390 mm hinten ... 1395 mm Min. Bodenfreiheit ... 150 mm
Eigengewicht:	815 kg
Kraftstoffverbrauch: (Normverbrauch)	Stadtzyklus ca. 8,4 l 90 km/h ca. 5,8 l 120 km/h ca. 7,9 l
Kopffreiheit:	vorn ... 963 mm Fond ... 940 mm
Beinfreiheit:	vorn ... 1054 mm Fond ... 876 mm
Kofferraum:	275 Liter. Wenn man den darunter liegenden Raum um den Reservereifen auch benutzt, erhöht sich der Fassungsraum des Kofferraums auf 293 Liter.

Volvo 244 DLS (OMMMA-Festival 2019) oben, Mazda 323 (Originalprospekt Leipziger Messe) und – vor einem Golf I – am Straußberger Platz in Ostberlin **Fotos: Kittler**

Citroën GSA Pallas und Peugeot 305 für die DDR **Fotos: Kittler**

Die DDR lieferte dafür für ca. 60 Millionen VM (Verrechnungsmark) WMW-Pressen, Schleifmaschinen und Fahrzeugelektrik[2]. Aus Frankreich gelangten Ende 1979/Anfang 1980 je 500 Citroën GSA Pallas und Peugeot 305 (Einheitspreis zunächst 38.500 DDR-Mark, später ca. 42.000 Mark) ins Land, dem gesellten sich weitere 4.500 Citroën GSA Pallas und später nochmal 500 Citroën GSA hinzu. Für Privilegierte wurden noch einige Peugeot 309 in die DDR geholt[3]. Auch hier ging es in den allermeisten Fällen um Kompensationsgeschäfte, in deren Gefolge beispielsweise auch Wagenheber für Volvo und Peugeot in Treffurt produziert wurden.

Die bis Anfang der 80er importierten Fahrzeuge konnte im Prinzip jeder erwerben, der über eine Anmeldung für einen Viertakt-Pkw verfügte. Zumindest beim relativ teuren Citroën GSA Pallas gab es sogar zunächst Zurückhaltung, so dass die staatlichen Automobilhändler nachhaken mussten (und anschließend ungewöhnlicherweise mitunter mehrere Inserate notwendig wurden, um das Fahrzeug wieder privat weiterzuveräußern). Vorrang bei derlei automobilen Köstlichkeiten hatten Künstler, Ärzte, Direktoren und andere verdiente VIPs, denen man »Sonderkontingente« zur Verfügung stellte. Anträge wurden beispielsweise beim Komitee für Unterhaltungskunst oder beim Ostberliner Magistrat, Abteilung Kultur gestellt – wo man sich um die Verbesserung der »sozialen Lebensbedingungen freiberuflicher Künstler« kümmerte[4].

Devisenquelle GENEX

Die DDR-Entscheider hatten inzwischen eine Möglichkeit entdeckt, Westautos ins Land zu holen und noch dazu Geld zu verdienen – indem sie ab Anfang der 80er-Jahre sofort lieferbare Fahrzeuge aus östlicher und westlicher Produktion ins GENEX-Programm aufnahmen. GENEX-Ableger mit gleicher Zielstellung waren Jauerfood in Dänemark und Palatinus in der Schweiz. Hier angebotene Waren mussten mit harter Währung bezahlt werden. Diejenigen, die ein Auto gegen Westmark erworben hatten, mussten die Teile und zunächst auch den Service in DM löhnen. West-Pkw konnten zudem in den Intershops einiger großer Hotels (zeitweise exklusiv im Intershop des Berliner Metropol Interhotels) bezogen werden. Die Zahl dieser Intershops hatte ab Mitte der 70er sprunghaft zugenommen.

2 B. Schulte: Armageddon

3 B. Herrmann: Westautos

4 A. Mentzel: Alles Achim

POSTANSCHRIFT: JAUERFOOD AG*
MOSEDALVEJ 15 · DK-2500 KOPENHAGEN VALBY, DÄNEMARK

Jauerfood

GENEX
Geschenksendungen
in die DDR

*Reg. Nr. 50 969 Kopenhagen/Dänemark
Telefon: (Vorwahl 00451)
Kopenhagen - 30 31 00
Telex: Nr. 164 30 jaugen dk
Telegrammadresse:
Jauerfood - Kopenhagen
Bank: Deutsche Bank AG, Hamburg,
Konto-Nr. 11/43106
Hellerup Bank - Kopenhagen/Hellerup
Valuta-Kto. Nr. 96 93 01 - 3
Postscheckkonto in Hamburg:
Ausl. Kto. Nr. 2798 98-204

Autopreisliste

Die Lieferbedingungen gemäss Katalog 1986 sowie Hinweise für die Auslieferung sind weiterhin verbindlich. Alle Preise verstehen sich in DM. Es handelt sich um Gesamtpreise (einschließlich Pauschale) für die entsprechenden Liefermonate.

Mai - Dezember 1986

Typ/Liefermonat	Mai	Juni	Juli	Aug.	Sept.	Okt.	Nov.	Dez.
Wartburg 353 W Limousine Standard	9.576	9.545	9.515	9.484	9.453	9.422	9.392	9.361
Wartburg 353 S Limousine	10.716	10.685	10.655	10.624	10.593	10.562	10.532	10.501
Wartburg 353 S Limousine m. Stahlschiebedach	12.321	12.290	12.260	12.229	12.198	12.167	12.137	12.106
Wartburg 353 W Tourist (Kombi)	10.021	9.990	9.960	9.929	9.898	9.867	9.837	9.806
Wartburg 353 S Tourist m. Stahlschiebed. (Kombi)	12.421	12.390	12.360	12.329	12.298	12.267	12.237	12.206
Wartburg Trans ohne Plane und Spriegel	9.126	9.095	9.065	9.034	9.003	8.972	8.942	8.911
Wartburg Trans mit Plane und Spriegel	9.526	9.495	9.465	9.434	9.403	9.372	9.342	9.311
Trabant 601 Limousine Standard	5.341	5.323	5.307	5.290	5.274	5.257	5.240	5.223
Trabant 601 Limousine -S-	5.541	5.523	5.507	5.490	5.474	5.457	5.440	5.423
Trabant 601 Limousine -S- de Luxe	6.361	6.343	6.327	6.310	6.294	6.277	6.260	6.243
Trabant 601 Universal Standard (Kombi)	6.176	6.158	6.142	6.125	6.109	6.092	6.075	6.058
Trabant 601 Universal -S- (Kombi)	6.421	6.403	6.387	6.370	6.354	6.337	6.320	6.303
Trabant 601 Universal -S- de Luxe (Kombi)	7.351	7.333	7.317	7.300	7.284	7.267	7.250	7.233
Barkas B 1000 Kasten-Mehrzweckfahrzeug	15.198	15.159	15.119	15.080	15.041	15.001	14.962	14.922
Barkas B 1000 Pritschen-Wagen mit Plane und Spriegel	14.347	14.306	14.265	14.224	14.183	14.141	14.100	14.059
Barkas B 1000 Kleinbus	17.219	17.177	17.135	17.092	17.051	17.009	16.967	16.925
Lada 2105 Limousine	14.321	14.284	14.247	14.210	14.173	14.136	14.099	14.062
Lada 21061 Limousine	14.535	14.495	14.455	14.415	14.375	14.335	14.295	14.255
Lada 2107 Limousine	15.995	15.955	15.915	15.875	15.835	15.795	15.755	15.715
Skoda 120 L Limousine	13.035	13.001	12.968	12.934	12.900	12.866	12.833	12.799
Skoda 120 LS Limousine	13.565	13.531	13.498	13.464	13.430	13.396	13.363	13.329
Ford Orion CL			20.004	19.966	19.927			
Fiat Uno 60 Super			15.243	15.209	15.175			
Renault 9 GTL			18.814	18.776	18.737			
Golf C 1300 ccm, 55 PS, 4türig			18.552	18.517	18.481			
Golf C 1600 ccm, 75 PS, 4türich			20.099	20.058	20.016			
Golf C Diesel 1600 ccm, 54 PS, 4türig			20.769	20.729	20.689			
Golf CL 1300 ccm, 55 PS, 4türig			21.262	21.227	21.191			
Golf CL 1600 ccm, 75 PS, 4türig			22.809	22.768	22.726			
Golf CL Diesel 1600 ccm, 54 PS, 4türig			23.479	23.439	23.399			
VW Passat GL 2226 ccm, 115 PS			31.316	31.261	31.205			
VW Transporter Kombifahrzeug			27.158	27.112	27.066			
VW Transporter Pritschenwagen ohne Plane und Spriegel			25.442	25.399	25.356			
VW Transporter Pritschenwagen mit Plane und Spriegel			26.802	26.759	26.716			
Alle Trabant-Wagen können mit Hycomat zu einem Mehrpreis von DM 350,-- vermittelt werden.								

Jauerfood und Palatinus gehörten zur GENEX-Gruppe (Zusammenstellung von 1988) *Quelle: Sammlg. Kittler*

Palatinus GmbH
8023 ZÜRICH

GENEX-Automobile
Aktuelle Liefermöglichkeiten

	Art.-Nr.	frühestens ab Liefermonat	*) letzter Zahlungstermin	DM-Preise einschl. Pauschale
Wartburg 353				
Limousine Standard -W-	71.111	November	10.10.1988	9'384.--
Limousine -S-	71.311	November	10.10.1988	10'524.--
Limousine -S- mit Stahlschiebedach	71.461	November	10.10.1988	10'704.--
Tourist -W-	71.611	November	10.10.1988	9'829.--
Tourist -S- mit Stahlschiebedach	71.761	November	10.10.1988	11'154.--
Trans (ohne Plane und Spriegel)	71.811	November	10.10.1988	8'934.--
Trans (mit Plane und Spriegel)	71.861	November	10.10.1988	9'334.--
Trabant 601				
Limousine Standard	70.111	November	10.10.1988	5'240.--
Limousine -S-	70.211	November	10.10.1988	5'440.--
Limousine -S- de Luxe	70.011	November	10.10.1988	6'260.--
Universal Standard	70.411	November	10.10.1988	6'075.--
Universal -S-	70.511	November	10.10.1988	6'320.--
Universal -S- de Luxe	70.711	November	10.10.1988	7'250.--
Lada				
2104 Kombi	74.161	November	10.10.1988	14'747.--
2121 Allrad	74.911	November	10.10.1988	18'656.--
2105 Limousine	74.311	November	10.10.1988	14'107.--
2107 Limousine	74.611	November	10.10.1988	15'698.--
2108 Samara	74.631	November	10.10.1988	15'047.--
VW Passat				
VW Passat CL	77.392	Dezember	3.10.1988	31'617.--
VW Passat CL Variant	77.412	Dezember	3.10.1988	32'417.--
VW Golf C				
1300 ccm, 55 PS, 4-türig	77.612	Dezember	3.10.1988	19'408.--
1600 ccm, 75 PS, 4-türig	77.712	Dezember	3.10.1988	21'034.--
1600 ccm, 54 PS, 4-türig (Diesel)	77.512	Dezember	3.10.1988	21'760.--
VW Golf CL				
1300 ccm, 55 PS, 4-türig	77.662	Dezember	3.10.1988	22'298.--
1600 ccm, 75 PS, 4-türig	77.762	Dezember	3.10.1988	23'894.--
1600 ccm, 54 PS, 4-türig (Diesel)	77.562	Dezember	3.10.1988	24'620.--
BMW				
BMW 318 i	78.912	Dezember	3.10.1988	31'921.--
BMW 316	auf Sonderanfrage			
BMW 320 i	auf Sonderanfrage			
Peugeot				
P 309 GR, 75 PS, 4-türig	78.812	Dezember	3.10.1988	22'614.--
Renault				
R 9 GTL, 60 PS, 4-türig	bis auf weiteres nicht lieferbar			
Ford				
Orion CL, 71 PS, 4-türig	78.712	Dezember	3.10.1988	20'571.--
Fiat				
Uno 60 Super, 58 PS, 4-türig	auf Sonderanfrage			
Barkas B 1000 (auf Sonderanfrage)				
Kasten-Mehrzweckfahrzeug	73.111	November	10.10.1988	15'192.--
Pritschenwagen	73.211	November	10.10.1988	14'100.--
Kleinbus	73.311	November	10.10.1988	17'197.--
VW Transporter				
Kombifahrzeug	77.062	Dezember	3.10.1988	28'839.--

*) **Achtung:**
Die Auslieferung kann nur dann im betreffenden Monat erfolgen, wenn die Zahlung bis zu diesem Termin **bei uns eintrifft.** Gegebenenfalls genügt uns auch die abgestempelte Einzahlungsquittung oder deren Kopie.

Stand: 14.9.1988 / 20

Änderungen vorbehalten

Großaufträge für weitere Autos, die gegen DDR-Mark auf den nimmersatten Binnenmarkt geworfen werden würden, waren nun erst mal vom Tisch. Einige Golf der allerersten Marge waren – wie in Kapitel 9 erwähnt – zurückgehalten und für Westmark veräußert worden: Es ging um ca. 500 Einheiten jener 10.000er-Lieferung, die 1978/79 via GENEX für Westmark offeriert wurden[5]. Zu den gegen harte Währung angebotenen Fahrzeugen gehörten recht früh auch Fiat 128, 130, 131 und wenige 132. »Vertrieb über Intershop«, nannten es Recherchepapiere von Volkswagen vereinfachend: »Berichten zufolge wird der Intershop-Vertrieb forciert. Die Nachfrage nach VW soll beachtlich sein«.

Ergo: Volkswagen wollte ein Stück von diesem Kuchen abhaben und gab den DDR-Partnern sehr bestimmt Rückmeldung. Nach einigem Hin und Her wurde – wie bereits erwähnt – im September 1981 ein neuer Vertrag zwischen VW und dem AHB Transportmaschinen über die Lieferung von bis zu 1.000 Golf für das GENEX-Programm abgeschlossen. Damit war der Weg frei für weitere Verhandlungen auf Kompensationsbasis.

Das Eis gebrochen worden war am 18. Mai 1982 bei einem Meeting in Ostberlin zwischen dem VE AHB Transportmaschinen, Metama (Handelsvertretungen), GENEX Berlin und Volkswagen. »Im Gegensatz zu den langwierigen Verhandlungen bis Vertragsabschluss im September 1981 war die Atmosphäre sehr gut, fast freundschaftlich. 480 Fahrzeuge wurden bisher abgerufen, 330 schon ausgeliefert. Anfängliche Zahlungsverzögerungen sind überwunden. Und die Auslieferungsqualität übertrifft DDR-Erwartungen«, hieß es. Bis Ende 1982 sollten die 1.000 Golf in der DDR sein. Man versprach sich ein »kontinuierliches Wachstum und den Abschluss eines Anschlussvertrags«.

Das Ganze wurde interessiert von der Presse beobachtet, was beispielsweise die WELT[6] spekulieren ließ: »Die ‚DDR' ist offenbar bereit, wieder mehrere Tausend Golf zu kaufen. Hahn reist demnächst nach Ostberlin, um entsprechende Verträge abzuschließen. Wie aus Ostberlin bekannt wurde, hat VW kürzlich 2.400 Golf (eine optimistische Übertreibung – d.V.) an GENEX geliefert«.

Der stark modifizierte Golf I zirka Baujahr 1982 und der Golf II von 1984 (auf Seite 143), beide mit Ostberliner Nummer, kamen aus dem GENEX-Kontingent ***Fotos: Elsing, Steffens***

5 B. Hermann: Westautos

6 WELT, 28.05.1982

Volkswagen kam jedenfalls ab 1982 in den GENEX-Katalog zurück: mit dem Golf A1 C (Facelift-Version mit großen Heckleuchten) mit 50/70 PS sowie dem neuen 1.6 Diesel (54 PS). Und ab 1983 mit Golf A2 C und CL mit 55/75 PS Otto oder 54 PS Diesel zwei- und viertürig für 18.000 bis 23.700 DM. Von diesem Golf II sollten – so ein durchaus glaubhaftes Gerücht – ebenfalls 10.000 Einheiten für DDR-Mark ins Land kommen. Stark gemacht habe sich dafür Minister Günther Kleiber – aber daraus wurde zunächst nichts[7].

Zu haben waren ab 1987 auch der Facelift-Passat B2 GL (Typ 32b mit 2.0 Fünfzylinder, 115 PS) in Österreich-Konfiguration mit KE-Jetronic (max. 50 Exemplare, nur Stufenheck-Limousine) und ab 1989 einige wenige B3 Limousinen, T3 – nicht aber Jetta, Polo oder Scirocco[8]. Die Lieferzeiten betrugen übrigens nur wenige Wochen.

Die Preise für den Golf II, wobei der Reparaturservice und die Versorgung mit Ersatzteilen nach Ablauf der Garantie gegen DDR-Mark erfolgte:
- C 50 PS 2T (13.990) / 4T (14.710 DM)
- C 70 PS 2T (15.150) / 4T (15.860)
- C D 54 PS 2T (15.800) / 4T (16.510 DM)

Im GENEX-Programm enthalten waren sogar »schnelle« Zutaten wie der Hella-Doppelscheinwerfer-Grill oder der Kamei-Heckflügel.

7 Infos H. Enge

8 Ebenda

Transporter

Die weltberühmten Transporter mit idealen Innen- und Außenmaßen im Fahrzeugbereich bis 1 Tonne Ladevolumen.

Technische Daten	Pritschenwagen	Kombi
Motor	im Wagenheck längs eingebauter 4-Zylinder-Diesel-Reihenmotor	im Wagenheck längs eingebauter 4-Zylinder-Viertakt-Wasser-Boxermotor
Hubraum	1588 cm³	1913 cm³
Leistung	37 kW/50 PS	44 kW/60 PS
Höchstgeschwindigkeit	103 km/h	118 km/h
Verbrauch	8,6 l/100 km bei ¾ der Höchstgeschwindigkeit + 10%	9,7 l/100 km bei 90 km/h
Antrieb	Hinterradantrieb	Hinterradantrieb
Kühlsystem	Wasserkühlung mit Dauerfrostschutzfüllung bis −25° C	Wasserkühlung mit Dauerfrostschutzfüllung bis −25° C
Getriebe	Viergang-Schaltgetriebe mit angeblocktem Achsantrieb	Viergang-Schaltgetriebe mit angeblocktem Achsantrieb
Türen	2	3
Tankvolumen	ca. 60 l	ca. 60 l
Anzahl Sitzplätze	3	8
Stahlgürtelreifen	185 R 14 C	185 R 14 C
Maße und Gewichte		
Gesamtlänge	4570 mm	4570 mm
Gesamtbreite	1870 mm	1845 mm
Gesamthöhe	1930 mm	1960 mm
Leergewicht	1465 kg	1395 kg
Nutzlast	995 kg	995 kg

Ausstattung

Auszug aus dem Ausstattungsumfang

Fahrerhaus

- Sicherheitslenkrad
- Sicherheitsinnenspielgel
- 2 Kopfstützen
- Klapp- und schwenkbare, einfarbige Sonnenblenden
- Großes Ablagefach auf der Beifahrerseite
- Ascher in Armaturentafel
- Beifahrerhaltegriff
- Türverkleidung
- Türzuziehgriff
- Einschlüsselsystem
- Einzelsitze für Fahrer und Beifahrer
- Automatik-Sicherheitsgurte für Fahrer und Beifahrer, beim dritten Sitz ein statischer Beckengurt
- Fußboden mit Gummimatte ausgelegt
- Dachverkleidung
- Instrumenteneinsatz mit Tachometer, Kilometerzähler, Kraftstoffvorratsanzeige, Temperaturanzeige für Kühlflüssigkeit mit zus. Warnleuchte, Kontrolleuchte für Generator, Öldruck, Blinkleuchten, Warnblinker, Fernlicht
- Regelbare Instrumentenbeleuchtung
- Leuchtkennzeichnung der Schalter und der Heiz- und Frischluftregelung
- Zweistufenschaltung und Tippwisch-Kontakt für Scheibenwischer
- Kombiniertes Belüftungs- und Heizsystem mit 3stufigem Gebläse
- Zwei einstellbare Ausströmer in Armaturentafel
- Defrosterdüsen für Windschutzscheibe und Seitenscheiben
- Regelbare Zwangsentlüftung in den Fahrerhaustüren
- 1 Innenleuchte

Der Pritschenwagen
wird in der Farbe mediumblau geliefert. Die Ladefläche ist 2,73 × 1,74 m groß. In der Ausführung mit Plane und Spriegel steht gar ein Ladevolumen von 5,76 m³ zur Verfügung. Damit wird der Pritschenwagen zu einem Nutzfahrzeug für jedes Transportvorhaben.

Die «Kombi»-Ausführung
für die vielfältige Praxis; als komfortabler Reisewagen für 8 Personen ist sie ebenso geeignet wie für den Lastentransport mit einem Ladevolumen von 3,8 m³. Im Handumdrehen läßt sich die Sitzbank ausbauen, sodaß sich die Ladekapazität auf stattliche 5,7 m³ erhöht. Die Auslieferung des «Kombi» erfolgt in den Farben **mediumblau, lichtgrau, oder timurbeige.**

Die Lieferzeit beträgt 8 Wochen.

Ersatzteilversorgung und Service erfolgen außerhalb der Garantiezeit gegen Mark der DDR.

Äußere Merkmale

- Rundscheinwerfer
- Zwei Rückfahrleuchten
- Warn- und Blinkleuchten
- Zwei große Außenspiegel
- Elektrische Scheibenwaschanlage
- Radzierdeckel
- Abschließbarer Tankdeckel
- Unterbodenschutz
- Hohlraumkonservierung im unteren Karosseriebereich

Preise für Liefermonat:		**April**	**Mai**	**Juni**	**Juli**	**Aug.**	**Sept.**
VW Transporter Kombifahrzeug	**Artikel-Nr.**	77.054	77.055	77.056	77.057	77.058	77.059
	Grundpreis:	26 800	26 800	26 800	26 800	26 800	26 800
	Pauschale:	495	449	403	358	312	266
	Gesamtpreis:	**27 295**	**27 249**	**27 203**	**27 158**	**27 112**	**27 066**
VW Transporter Pritschenwagen ohne Plane und Spriegel	**Artikel-Nr.**	77.804	77.805	77.806	77.807	77.808	77.809
	Grundpreis:	25 100	25 100	25 100	25 100	25 100	25 100
	Pauschale:	471	428	385	342	299	256
	Gesamtpreis:	**25 571**	**25 528**	**25 485**	**25 442**	**25 399**	**25 356**
VW Transporter Pritschenwagen mit Plane und Spriegel	**Artikel-Nr.**	77.854	77.855	77.856	77.857	77.858	77.859
	Grundpreis:	26 460	26 460	26 460	26 460	26 460	26 460
	Pauschale:	471	428	385	342	299	256
	Gesamtpreis:	**26 931**	**26 888**	**26 845**	**26 802**	**26 759**	**26 716**

In der Pauschale ist u.a. die Haftpflichtversicherung für das laufende Jahr enthalten.

Kaskoversicherungen Seite 199.
Detaillierte Informationen Seite 227.

Bus und Pritsche im GENEX-Angebot. In der DDR zum Campingfahrzeug umgebaute GENEX-Pritsche. Und Ostalgie in den Berliner Messehallen (2019) mit GENEX-VW ***Foto: Kittler (2x), Elsing***

Zu Ihrer Wahl stehen vier Farben:
Nevadabeige, gambiarot, marineblau und alpinweiß.
Die Lieferzeit beträgt 8 Wochen. Farbauswahl unverbindlich.
Die Ersatzteilversorgung und der Service erfolgen außerhalb der Garantiezeit gegen Mark der DDR.

Technische Daten	Passat «GL»
Motor	vorn angeordneter, längs eingebauter 5-Zylinder-Reihenmotor
Hubraum	2226 cm³
Leistung	85 kW/115 PS bei 5500 U/min.
Gemischaufbereitung	mechanisch-elektronisch geregelte Einspritzanlage
Höchstgeschwindigkeit	184 km/h
Verbrauch	7,9 l/100 km bei 90 km/h
Antrieb	Frontantrieb über Einscheiben-Trockenkupplung
Getriebe	5-Gang-Schaltgetriebe
Bremsen	Diagonal-Zweikreis-Bremssystem, Scheibenbremsen vorn und selbstnachstellende Trommelbremsen hinten, Bremskraftverstärker, Bremskraftregler
Felgengröße	5½ J × 13
Stahlgürtelreifen	185/70 HR 13
Elektrik	12 V Drehstromgenerator
Maße und Gewichte	
Gesamtlänge	4530 mm
Gesamtbreite	1710 mm
Gesamthöhe	1395 mm
Wendekreisdurchmesser	10,85 m
Leergewicht	1100 kg
Gesamtgewicht	1580 kg
Dachlast	max. 75 kg
Zulässige Anhängelast	gebremst bis 10% Steigung 1500 kg ungebremst bis 12% Steigung 590 kg

Ausstattung

Außenausstattung

Verbundglas-Windschutzscheibe
Breite, bis an die Radhausausschnitte reichende Stoßfänger, vorn mit integriertem Spoiler
Breite, seitliche Rammschutzleisten
Schwarze Zierleiste auf der Vorderkante des Motordeckels sowie unterhalb des Kühlergrills und der Scheinwerfer
Blanke Zierleiste in den seitlichen Rammschutzleisten und den Stoßfängerabdeckungen
Blanke Zierleisten an Front-, Seiten- und Heckfenster
Windleitschaufel auf dem Scheibenwischerarm der Fahrerseite
Von innen einstellbarer Außenspiegel auf Fahrerseite
Blanke Radvollblenden

Innenausstattung

Gepolsterte Armaturentafel mit blanker Zierleiste
Abschließbarer, beleuchteter Ablagekasten auf der Beifahrerseite
Umschäumtes Vierspeichenlenkrad
Stoff-Sitzbezüge in «Streifen-Velours»
Ausklappbare Mittelarmlehne mit Durchladeeinrichtung «Skisack»
Höhen- und neigungseinstellbare Kopfstützen mit Stoffbezug für Vordersitze und die äußeren Rücksitzplätze
Türablagekästen vorn mit Lautsprecherblenden
Mittelkonsole
Fußraumauskleidung in Tufting-Velours mit Trittbrettschutz auf der Fahrerseite
Gepäckraumabdeckung bzw. Hutablage mit Tufting-Velours verkleidet
Velourierter Formteilhimmel
Klapp- und schwenkbare Sonnenblende mit Make-up-Spiegel auf der Beifahrerseite
Zwei Dreipunktsicherheitsgurte vorn
Zwei Dreipunktsicherheitsgurte und ein statischer Beckengurt hinten
Beifahrerhaltegriff
Haltegriffe hinten mit Kleiderhaken
Ablagefach auf Fahrerseite unterhalb der Armaturentafel
Ablagefach für Bordbuch
Abblendbarer Sicherheitsinnenspiegel
Stoffbezogene Türverkleidungen mit eingeformter Armlehne
Stauhfach im Gepäck- bzw. Laderaum rechts und links
Ein Ascher vorn mit Beleuchtung, ein Ascher hinten rechts

Funktionsausstattung

Halogen-Hauptscheinwerfer
Integrierte Nebelscheinwerfer
Integrierte Nebelschlußleuchte
Beheizbare Heckscheibe
Abschließbarer Deckel für Kraftstoffbehälter mit zusätzlicher Klappe
Kombiniertes Belüftungs- und Heizungssystem mit 3stufigem Gebläse, Fußraumausströmern vorn und hinten, 4 einstellbaren Ausströmern in der Armaturentafel und Defrosterdüsen für Windschutz- und Seitenscheiben
Regelbare Instrumentenbeleuchtung
Warnblinkanlage
Kontrolleuchte für angezogene Handbremse und Flüssigkeitsstand
Parklichtschaltung
Innenleuchte mit Abschaltverzögerung und Kontaktschaltern an allen Türen
Leuchtkennzeichnung der Schalter sowie der Heizungs- und Belüftungsanlage.
Kindersicherung an den hinteren Türen
2 Rückfahrleuchten
Elektrische Scheibenwaschanlage vorn und Zweistufenschaltung für Scheibenwischer, Scheibenwischer-Intervallschaltung, Tipp-Wisch-Kontakt und Wasch-Wisch-Automatik
Doppeltonfanfare
Instrumenteneinsatz mit Tachometer, Tageskilometerzähler, Digitalzeituhr, Drehzahlmesser, Kraftstoffvorratsanzeige, Temperaturanzeige für Kühlflüssigkeit mit zusätzlicher Kontrolleuchte für Generator, Öldruck, Blinkleuchte, Fernlicht
Dauerschutzkonservierung für Unterboden und Radhäuser
Hohlraumkonservierung
Radhausschalen vorn
Reserverad in Fahrbereifung
Stereo-Radio-Kassetten-System «Gamma» mit LCD-Frequenzanzeige (siehe Abbildung Seite 217
Zusätzlicher Lautsprecher in der Armaturentafel

Preise für Liefermonat:		April	Mai	Juni	Juli	Aug.	Sept.
VW Passat GL **2226 cm³, 115 PS** mit Stereo-Kassettenradio «Gamma»	**Artikel-Nr.**	77.354	77.355	77.356	77.357	77.358	77.359
	Grundpreis:	30 900	30 900	30 900	30 900	30 900	30 900
	Pauschale:	583	527	472	416	361	305
	Gesamtpreis:	**31 483**	**31 427**	**31 372**	**31 316**	**31 261**	**31 205**

In der Pauschale ist u.a. die Haftpflichtversicherung für das laufende Jahr enthalten. Kaskoversicherungen Seite 199. Detaillierte Informationen Seite 227.

219

Das im Golf «CL» und im Passat «GL» eingebaute **Stereo-Kassettenradio «Gamma»** im Flächendesign zeichnet sich aus durch:

Regelbare Beleuchtung der Bedienelemente, UKW-/MW-Bereichstaste, vier Stationstasten für UKW und MW mit Rückmeldeanzeige im LC-Display, elektronischer Sendersuchlauf mit zweistufiger Suchlaufempfindlichkeit, manuelle Frequenzabstimmung, Balance- und Überblendregler, digitale Frequenz- und Stereoanzeige im LC-Display, Klangwaage, automatische Störunterdrückung, Stereo-Kassettenteil mit schnellem Vor- und Rücklauf. Mit je zwei Lautsprechern vorn/hinten sowie Stabantenne.

Für dieses Kassettenradio wird die Ersatzteilhaltung und der Service 5 Jahre nach Lieferung gewährt.

Technische Daten	Golf 55 PS	Golf 75 PS	Golf Diesel
Motor	vorn angeordneter, quer eingebauter 4-Zylinder-Reihenmotor. Fünffach gelagerte Kurbelwelle, Ventilsteuerung über Zahnriemen durch obenliegende Nockenwelle		
Hubraum	1272 cm³	1595 cm³	1588 cm³
Leistung kW (PS)	40/55	55/75	40/54
Höchstgeschwindigkeit	151 km/h	167 km/h	148 km/h
Verbrauch (l/100 km bei 90 km/h)	5,5	5,8	4,8
Antrieb	Frontantrieb über Einscheiben-Trockenkupplung		
Getriebe	vollsynchronisiertes 4-Gang-Schaltgetriebe		
Schaltung	Knüppelschaltung		
Kühlsystem	Wasserkühlung, elektrisch angetriebener Lüfter		
Bremsen	Diagonal-Zweikreis-Bremssystem mit Scheibenbremsen vorn und Trommelbremsen hinten, Bremskraftverstärker		
Felgengröße	5 J×13	5½×13	5 J×13
Radialreifen	155 SR 13	175/70 SR 13	155 SR 13
Maße und Gewichte			
Gesamtlänge	3985 mm		
Gesamtbreite	1665 mm		
Gesamthöhe	1415 mm		
Wendekreis-∅	ca. 10,5 m		
Leergewicht	845 kg	890 kg	920 kg
Gesamtgewicht	1320 kg	1400 kg	1430 kg

217

Geliefert werden Golf «C» und «CL» in den Farben:

- marineblau
- gambiarot
- alpinweiß
- nevadabeige

Bei Bestellung bitte angeben (unverbindlich)

Die Lieferzeit für den Golf in beiden Ausführungen beträgt 8 Wochen.

Die Ersatzteilversorgung und der Service erfolgen außerhalb der Garantiezeit gegen Mark der DDR.

Preise für Liefermonat:		April	Mai	Juni	Juli	Aug.	Sept.
Golf C **1300 cm³, 55 PS, 4türig** ohne Radio	**Artikel-Nr.**	77.604	77.605	77.606	77.607	77.608	77.609
	Grundpreis:	18 260	18 260	18 260	18 260	18 260	18 260
	Pauschale:	398	362	327	292	257	221
	Gesamtpreis:	**18 658**	**18 622**	**18 587**	**18 552**	**18 517**	**18 481**
Golf C **1600 cm³, 75 PS, 4türig** ohne Radio	**Artikel-Nr.**	77.704	77.705	77.706	77.707	77.708	77.709
	Grundpreis:	19 770	19 770	19 770	19 770	19 770	19 770
	Pauschale:	454	412	371	329	288	246
	Gesamtpreis:	**20 224**	**20 182**	**20 141**	**20 099**	**20 058**	**20 016**
Golf C Diesel **1600 cm³, 54 PS, 4türig** ohne Radio	**Artikel-Nr.**	77.504	77.505	77.506	77.507	77.508	77.509
	Grundpreis:	20 450	20 450	20 450	20 450	20 450	20 450
	Pauschale:	438	398	358	319	279	239
	Gesamtpreis:	**20 888**	**20 848**	**20 808**	**20 769**	**20 729**	**20 689**
Golf CL **1300 cm³, 55 PS, 4türig** mit Stereo-Kassettenradio «Gamma»	**Artikel-Nr.**	77.654	77.655	77.656	77.657	77.658	77.659
	Grundpreis:	20 970	20 970	20 970	20 970	20 970	20 970
	Pauschale:	398	362	327	292	257	221
	Gesamtpreis:	**21 368**	**21 332**	**21 297**	**21 262**	**21 227**	**21 191**
Golf CL **1600 cm³, 75 PS, 4türig** mit Stereo-Kassettenradio «Gamma»	**Artikel-Nr.**	77.754	77.755	77.756	77.757	77.758	77.759
	Grundpreis:	22 480	22 480	22 480	22 480	22 480	22 480
	Pauschale:	454	412	371	329	288	246
	Gesamtpreis:	**22 934**	**22 892**	**22 851**	**22 809**	**22 768**	**22 726**
Golf CL Diesel **1600 cm³, 54 PS, 4türig** mit Stereo-Kassettenradio «Gamma»	**Artikel-Nr.**	77.554	77.555	77.556	77.557	77.558	77.559
	Grundpreis:	23 160	23 160	23 160	23 160	23 160	23 160
	Pauschale:	438	398	358	319	279	239
	Gesamtpreis:	**23 598**	**23 558**	**23 518**	**23 479**	**23 439**	**23 399**

In der Pauschale ist u.a. die Haftpflichtversicherung für das laufende Jahr enthalten. Kaskoversicherungen Seite 199. Detaillierte Informationen Seite 227.

Passat Typ 32b mit 2.2-L-Fünfzylinder (115 PS) und Radio Gamma im GENEX-Katalog. Ersatzteilversorgung und Service gegen Mark der DDR **Quelle: Sammlg. Kittler**

Individuell modifizierter Fiat 132 (Ostberlin) aus dem GENEX-Programm **Foto: Elsing**

Angeboten wurden die verschiedensten Fahrzeuge – beispielsweise Ford Escort Stufenheck (Orion), Fiat 131, 128, Uno und Fiat Regata, Renault 9 und 11, sogar ein Yamaha XJ 600-Motorrad mit gedrosseltem 50 PS R4 (9.900 DM). Diese Fahrzeuge wurden exklusiv im Intershop des Ostberliner Metropol-Hotels gezeigt. Den Ford Orion gab es zeitweise auch via GENEX. Gegeben hat es zudem Volvo der 200er- und 300er-Serie (Ende 70er/Anfang 80er-Jahre), Mazda 323 (bis 1984), Citroën AX, Fiat Ritmo, BMW 316/318i/320i und sogar 520i, während Opel, Mercedes, Audi nie offeriert wurden. Was Volkswagen besonders geärgert hatte: dass der Mazda 323 sogar im GENEX-Programm aufgetaucht war. Dazu wurden von VW der GENEX-Preis des 323 Zweitürers (14.300 DM) recherchiert und angemerkt, dass der Ersatzteilservice nach Ablauf der Garantie in DDR-Mark erfolgt.

GENEX-Fiat 131 bei einem Treffen in Chemnitz **Foto: Kittler**

Zur Gesamtsumme: 1990 betrug der Bestand an Pkw in der DDR 3,5 Millionen. Davon waren rund 100.000 West-Autos, von denen wiederum die Hälfte auf Volkswagen entfiel. In seiner ab 1977 geführten Exportstatistik für die DDR führt VW insgesamt 31.409 Einheiten auf, gemeint sind damit wohl auch die GENEX-Fahrzeuge. Es handelte sich um 26.664 Golf I und II, vier Jetta/Vento, einen Polo, 49 Passat B3 Stufenheck und 81 Passat B3 Variant, 4.117 Transporter T3 sowie zwei Caddy und 45 LT. Die restlichen, hier nicht aufgeführten rund 20.000 Volkswagen waren auf anderen Wegen ins Land gekommen. Zeitzeugen berichten, dass es alles gab – außer dem Typ 181 und dem Iltis. Sicher liefen die meisten VW in Ostberlin und im Umland, aber auch in den Bezirksstädten kam einiges zusammen: Überliefert sind im Bezirk Leipzig 422 Golf I und II (Stand 1985).

Offizielle GENEX-Lieferstatistik (lt. Schalck-Untersuchungsausschuss 1994) [9]									
Fahrzeuge	**1981**	**1982**	**1984**	**1984**	**1985**	**1986**	**1987**	**1988**	**Summe**
Westfahrzeuge									
BMW 3er	–	–	–	–	–	–	–	36	36
Fiat	187	45	10	–	46	18	24	23	353
Ford	–	–	–	–	–	137	274	231	642
Mazda	394	206	285	380	75	–	–	–	1.340
Peugeot	–	–	–	–	–	–	–	33	33
Renault	–	–	–	–	69	42	25	18	154
VW insg.	51	936	1.298	1.521	2.284	2.498	2.445	2.299	13.332
Golf C	51	936	1.298	1.521	2.184	1.418	1.126	1.019	9.553
Golf CL	–	–	–	–	100	1.060	1.319	1.280	3.779
VW Passat	–	–	–	–	8	84	90	53	235
VW Transporter	–	–	–	–	5	17	11	14	47
Ostfahrzeuge									
Barkas	138	128	132	102	71	91	126	122	910
Lada	525	653	460	1.349	1.730	1.822	2.281	2.466	11.486
Skoda	440	406	212	368	424	320	295	210	2.675
Trabant	4.914	4.954	5.384	5.270	4.888	4.623	4.387	4.840	39.260
Wartburg	6.833	6.780	7.468	5.973	3.931	4.122	3.916	3.290	42.313

9 Hermann: Westautos

13.

Westwagen für Funktionäre und Prominenz

Schon Anfang der 70er kamen erste Volvo Vier- und Sechszylinder-Limousinen der 140er-/160er-Serie aus dem neutralen Schweden nach Ostberlin, mit denen sich hohe Staatsfunktionäre chauffieren ließen. Mit den Nachfolgemodellen der 240er/260er-Serie rüstete auch der Regierungsfuhrpark um. Sogar eine eigene Volvo-Fachwerkstatt ist dafür errichtet worden. In der zweiten Hälfte der 70er gelangten zunehmend auch Langversionen vom Typ 264 TE (umgebaut bei Bertone in Italien) zum Einsatz. Dazu kamen später einige wenige nochmals verlängerte 264 GLE und verlängerte Kombis des Typs 245 Transfer.

Ab 1982 ersetzten die neuen Volvo 760 sowie 760 TE und GLE mit verlängertem Radstand die bisherigen Oberklasse-Schweden im Ostfuhrpark. Lt. Hermann kamen bis 1987 insgesamt knapp 300 Volvo Staatskarossen nach Ostberlin, bis zum Ende der DDR gesellten sich weitere Exemplare hinzu.

Bereits Ende 1979 vereinbart wurde der Bezug von Citroën CX und Peugeot 604. Hintergrund mag zum einen das Gelenkwellen-Geschäft mit PSA vom 8. Juni 1978 (800-Mio-VM-Investition)[1] gewesen sein, zum anderen aber der sänftenartige Komfort (beim CX) und die Möglichkeit, gepanzerte Versionen zu erhalten. Volvo konnte damit nicht zufriedenstellend dienen. Honecker mochte insbesondere den CX Prestige, von dem 1985 nochmals acht Exemplare ins Land kamen. Einer der eher unbeliebten gepanzerten 604 Ti ging als Regierungsgeschenk an Polens Regierungschef Wojciech Jaruzelski. 1987 umfasste der Staatsfuhrpark dann zehn Citroën CX 25 Special mit Sonderschutz. Der letzte »Überlebende« steht heute im Verkehrsmuseum Dresden. Weitere Projekte, beispielsweise der Bezug des XM, zerschlugen sich mit dem Mauerfall.

Die Gesamtzahl der für die Staatsführung orderten Fahrzeuge bleibt vage: Insgesamt sollen ca. 1.000 Volvo 164, 245 Transfer-Kombi, 264 TE, 760 L sowie Citroën CX Prestige und BX nach Ostberlin gegangen sein. Tatsächlich dürfte die Zahl einschließlich der Vierzylinder-Limousinen höher gelegen haben[2].

1 79 Oktan 2/2023

2 B. Herrmann: Westautos

Verlängerter Volvo 264 TE für Regierungsdienststellen (OMMMA-Festival 2019) ***Fotos: Kittler***

Sondergeschützter Citroën CX 25 Prestige Turbo 2 (ABS) im Verkehrsmuseum Dresden (Kennzeichen IGD 3-83), bis Mitte der 90er vom Bundeskriminalamt eingesetzt ***Foto: Eremeev_CC-BY-SA 3.0***

Aber auch Einzellieferungen wurden für die verschiedensten staatlichen Dienststellen, Kombinate und bestimmten Kreise der Parteiführung getätigt. In den Memoiren von Honeckers Leibwächter ist zu lesen, dass sich einer der Funktionäre »über den angeblichen Lärm, den unser Zweitakter machte« beschwerte. Wurden doch die Wochenend-Speisenlieferungen nach Wandlitz mit einem Wartburg getätigt. »Daraufhin wurde ein VW Transporter angeschafft, der aber nur unwesentlich leiser war«. Die Beschwerde sei jedoch nicht von den Honeckers selbst gekommen, nutzte doch Margot Honecker selbst ein Auto aus Eisenach. Aber in dienstlicher Funktion chauffierte sie die unterschiedlichsten Autos, darunter einen Fiat Regata und einen Volvo 343[3].

Staatliche Stellen bis hin zum Ministerium für Staatssicherheit fuhren auch den Fiat 128. Der Kreis der Berechtigten für Westautomobile beinhaltete zudem Vertreter von Massenorganisationen von den Blockparteien bis zu FDJ und Einheitsgewerkschaft FDGB. 1989 sollen noch weitere 2.000 Citroën BX (Dienstwagen-Farbe war grundsätzlich Dunkelblau) bestellt worden sein. Funktionäre der mittleren Führungsebene fuhren Citroën- und Peugeot-Mittelklasse-Limousinen, dies galt auch für hohe Offiziere von NVA und Polizei. Im Schalck-Umfeld ist sogar ein damals topaktueller Golf II GTI zugelassen worden (das dunkelblaue Auto war unlängst bei der Bremen Classic Motorshow zu sehen).

Politiker wie Honecker, Stoph und Mielke orderten ganz besondere Fahrzeuge für ihr Lieblingshobby – die Jagd. So wurden ein Mercedes-G-Modell und ein Range Rover in stark modifiziertem Outfit als »Jagdwagen« angeschafft – in beiden Fällen mit abgedecktem Herstellernamen. Auch ein in Westberlin bei Rometsch für teuer Geld umgebauter Land Rover gehörte zum Fuhrpark der Honecker-Jagdwagen.

3 Hermann: Westautos

Volvo 760 in Langversion (Dienstwagen Günter Mittag mit Fahrer Klaus Kreuzmann) **Fotos: Schönefeld/BMVG**

Vom Parteiapparat genutzter Citroën BX vor der Bezirksverwaltung der SED in Karl-Marx-Stadt **Foto: Kittler**

Land Rover-Jagdwagen von Erich Honecker aus der Sammlung Crummenerl/GENEX (oben) und modifizierter Range Rover-Jagdwagen von Erich Mielke (im Depot des Technikmuseums Berlin) ***Fotos: Kittler***

Ein in der Öffentlichkeit kaum beachtetes Einsatzfeld für (westliche) Pkw waren der Limousinenservice und das Mietwagengeschäft für sog. Devisenausländer, das B. Hermann detailliert beschreibt. Fiat 128 und 131, vor allem aber Volvo 260er-/760er-Modelle und sogar S-Klassen von Mercedes und 7er-BMW waren im Einsatz in der DDR.

Auch Prominente jeder Couleur wurden mit westlichen Pkw bei Laune gehalten - darunter gern Modelle von Volkswagen. So schreibt der SPIEGEL im Sonderheft Geschichte[4] über den tatsächlich erfüllten Wunsch einer Sportlerin: »In Flammen- oder Ferrarirot«, so hätte ein Regierungsvertreter im April 1988 ihre Frage nach einem Golf II Viertürer notiert. Ihr vorher genutzter Lada VAZ 2107 war verunfallt. Nach einem erneuten Unfall mit dem roten Golf soll ihr ein zweiter Kompakter aus Wolfsburg beschafft worden sein[5].

Künstler und Wissenschaftler schmückten sich gern mit westlichen Karossen, die auf den verschiedensten Wegen ins Land kamen. Verbrieft sind die die Rockbands Karat und Puhdys, Dagmar Frederic. Kurt Masur und Wolfgang Lippert (Volvo), sowie Anwalt Dr. Wolfgang Vogel, Konzertmeister Kurt Masur, Forscher Manfred v. Ardenne, Manfred Krug und Frank Schöbel (Mercedes).[6] Koko-Chef Schalck-Golodkowski nannte einen privaten Volvo 244 DL (mit Anhängerzugvorrichtung) sein eigen[7]).

Dieser Golf II GL 90 PS mit Schiebedach, Servolenkung und mit dem Wunschkennzeichen (T)KW soll von 1988 bis 1993 von einer bekannten Eiskunstläuferin gefahren worden sein[8].

Fotos: Crummenerl

4 SPIEGEL SH Geschichte (3/2015)

5 A. Heger: Diplomarbeit

6 B. Herrmann: Westautos

7 Crummenerl/GENEX

8 Infos G. Crummenerl/GENEX

14.

Verworfene Alternativen

Gekürzte Erdöl-Lieferungen

In der DDR bestand seit längerem dringender Handlungsbedarf, weil die eigene Kfz-Industrie ins Hintertreffen geraten war. Zu spüren war dies an den nur noch minimalen Exportchancen für Trabant & Co, den nicht wegzudiskutierenden Zweitakt-Emissionen und dem viel zu hohen Kraftstoffverbrauch. Im Sommer 1979 versuchten die Wirtschaftsfunktionäre Walter Halbritter, Gerhard Schurer und Minister Siegfried Böhm, Parteichef Erich Honecker persönlich davon zu überzeugen, den Preis von höherwertigem VK94-Kraftstoff von damals 1,65 M/L auf 2,70, besser noch auf 3,70 M/L hochzusetzen. Auch andere subventionierte Verbraucher-Endpreise (Nahrungsmittel, Fleisch, Kartoffeln) sollten erheblich steigen. Nachdem sich aber abzeichnete, dass dies zu Protesten der Bevölkerung sorgen würde, strich Honecker eine bereits halbherzig erteilte Zustimmung[1].

Doch die Ölproblematik verschärfte sich weiter, weil die Sowjetunion als wichtigster Öllieferant die Preise überproportional erhöhte. Bruno Mahlow, Dolmetscher Erich Honeckers, berichtete vom Besuch eines Abgesandten von Leonid Breschnjew 1981, der eine Kürzung der Öl-Lieferungen an die DDR ab 1982 damit begründete, dass ein großes Unglück geschehen und es um die Existenz der Sowjetmacht gegangen sei – sprich: dass die UdSSR große wirtschaftliche Probleme habe[2]. Und natürlich wussten die sowjetischen Genossen, dass ein Teil der bisherigen Lieferungen von der DDR gegen Devisen in den Westen verkauft wurde.

Die DDR-Partner fielen aus allen Wolken, wurden doch nun tatsächlich statt zugesagten 19 nur noch 17,1 Millionen Tonnen geliefert. Und kostete 1971 eine Tonne Öl noch 14 Rubel, stieg der Preis 1981 auf 92 Rubel und 1983 auf 142 Rubel[3]. Derartige Kürzungen und Preissteigerungen mussten übrigens auch Ungarn, Bulgarien und die ČSSR hinnehmen. Damals wären, so bekannte Günter Mittag 1990, grundsätzliche Korrekturen an der Gesamtpolitik erforderlich gewesen. Dies hätte aber eine Senkung des Lebensstandards bedeutet... Bittbriefe Honeckers an Breschnjew, Andropow, Tschernenko und Gorbatschow seien abschlägig beschieden worden. Dass daraufhin von der DDR – zähneknirschend – die Wirtschaftsbeziehungen zur Bundesrepublik intensiviert wurden, war einer der sicher nicht gewollten Nebeneffekte der damaligen Politik. Wirtschaftslenker Günter Mittag behauptete 1991 in einem Interview, Ende 1987 habe er erkannt, dass jede Chance verspielt sei. Zuletzt hätte er im Mai 1989 Erich Honecker erneut aufgefordert, Einsparungen im Staatshaushalt vorzunehmen[4].

1 A. Malycha: Der Konsumsozialismus

2 RotFuchs, April 2023

3 Interview H. Mehnert (2015)

4 G. Mittag in: SPIEGEL 37/91 (08.09.1991)

So war es in der DDR überlebensnotwendig geworden, den Ölverbrauch deutlich zu reduzieren, natürlich auch bei den Kraftfahrzeugen. In jener Zeit wurde beispielsweise für volkseigene Betriebe der Kraftstoff limitiert, nach offizieller Lesart wegen »begrenzter Raffineriekapazitäten« - was natürlich nichts an der nicht auf Sparsamkeit ausgelegten Motorentechnik der Ostmobile änderte. War das zugemessene Deputat zu Ende, blieben die Autos halt stehen. Bis 1983 wurde zudem das für die Wärmeversorgung erforderliche Erdöl weitestgehend durch Braunkohle ersetzt - zum Schaden der Umwelt. Das eingesparte Heizöl - angeblich 6 Mio Tonnen - soll wiederum für Devisen in den Westen verhökert worden sein[5].

AWE-Versuch P360 mit Skoda-Motor längs und mit selbsttragendem Aufbau (1974) ***Foto: AWE***

Sparsamere Antriebe

Aber es war klar, dass sparsamere Fahrzeugantriebe entwickelt werden mussten. Nicht nur wegen des geringeren Verbrauchs, sondern auch wegen der potenziellen Möglichkeit, DDR-Pkw wieder in den West-Export zu bringen und damit Devisen zu erwirtschaften. Grundbedingung dafür war, dass die international vereinbarten ECE (Economic Comission for Europe)-Regelungen »zur Schadstoff- und Geräuschemission sowie zur Sicherung einer Entlastung der Umwelt« einzuhalten waren[6].

AWZ-Erprobungs-Exemplar P610 FM15 mit Skoda-Motor quer ***Foto: August Horch Museum***

An das 11,5 Millionen Mark teure Kreiskolbenmotoren-Abenteuer wollte natürlich niemand mehr erinnert werden. Aber 9n den 60er- und 70er Jahren hatte es in der DDR immer Versuche mit sparsameren Motoren gegeben, allen voran mit einem eigenständigen Boxer-Viertaktprojekt von 1957 bis 1960 (1088 ccm, 45 PS)[7]. Obwohl der Traum von einem Einheits-Pkw zusammen mit den Tschechen 1973 geplatzt war, hofften die Automobilbauer in Eisenach und Zwickau weiterhin, in ihre neu zu entwickelnden Pkw Viertakt-Vierzylinder von Skoda einbauen zu dürfen. Aber ohne Lizenzen und Anlagenimporte aus dem Westen wäre man auch hier nicht weitergekommen[8].

5 HH. Hertle: Die Diskussion der ökonomischen Krisen

6 W. Sonntag: Der lange Weg in: aufgeHorcht 1/2006

7 P. Kirchberg: Plaste

8 Ebenda

Zudem versuchte man ab 1976, den mit einem Exportstopp bedrohten Wartburg 353 mit einem Dacia-1300-Motor aus Rumänien zu modernisieren. Allerdings scheiterten zunächst die Verhandlungen mit den Emissären vom Balkan. Daraufhin nahm AWE Direktkontakt mit Renault auf, ging es doch im Prinzip um den gleichen Basismotor wie beim Dacia, der in 10.000 Einheiten jährlich bezogen werden und ausschließlich den Export-Wartburgs zugutekommen sollte[9]. Prospekte für einen für einen äußerlich nahezu unveränderten »Wartburg 1300« waren 1978 schon gedruckt. Doch mit der 1978er Leipziger Herbstmesse endete buchstäblich in letzter Minute die bereits vertragsreife Kooperation mit den Franzosen – weil die Devisen-klamme DDR vergeblich auf ein Kompensationsgeschäft beharrte. Aus dem gleichen Grund wurden weitere Verhandlungen auch mit Mazda auf Eis gelegt. Das Projekt Dacia-Motor war schließlich 1984 vom Tisch.

Daraufhin arbeitete AWE ab 1980 an einem eigenen Dreizylinder-Viertakter (AWE 234)[10] auf Basis des bestehenden Zweitakter-Grundmotors. 88 % aller vorhandenen Grundmittel hätten genutzt werden können, allerdings hätten die Zylinderköpfe an einem neuen Standort in Eisenach-West gefertigt werden müssen. Bis 1985 sollte dieser auf 1,2 L Hubraum vergrößerte mindestens 59 PS starke Motor serienreif sein. Die entsprechende Planungssumme umfasste einen Valutaanteil von 3,8 Millionen DM, wobei andererseits die Kraftstoffeinsparung sehr stolze 2,3 L/100 km betragen hätte.

Eines der Probleme war aber, dass der Motor nicht in den Trabant hineinpasste. Vor allem aber hatten wegen der bevorstehenden Entscheidung für den künftig zu nutzenden, aber noch geheimen VW-Motor Eigenkonstruktionen keine echte Chance mehr. Was die DDR-Triebwerksentwickler zu diesem Zeitpunkt noch nicht ahnen konnten. Im »Stufenplan 1980-1989«[11] hatte

Mit dem WARTBURG 1300 erweitert der VEB Automobilwerk Eisenach/DDR sein Produktions- und Lieferprogramm an markanten Personenkraftwagen um ein neues Modell für den internationalen Markt.
Kennzeichnend für diese WARTBURG-Variante ist hauptsächlich die Ausrüstung mit einem 1289-cm³-4-Zylinder-Viertaktmotor. Das längsstehend vor dem Wärmetauscher des Kühlsystems eingebaute Antriebsaggregat entwickelt eine Leistung von 40 kW (54 PS) bei 5250 U/min. Neben kraftvoller Elastizität, ausgewiesen durch ein max. Drehmoment von 88 Nm (9,1 kpm) bei 3000 U/min, zeichnet sich der Motor durch besonders günstige Wirtschaftlichkeit aus. Die Kraftübertragung erfolgt über die Einscheiben-Trockenkupplung und das vollsynchronisierte Vierganggetriebe mit Mittelschaltung und sperrbarem Freilauf auf die Vorderräder: Der WARTBURG 1300 hat selbstverständlich Frontantrieb – wie nun bereits seit einem Vierteljahrhundert alle PKW-Typen aus dem traditionsreichen Eisenacher Automobilbau.

In Verbindung mit dem Frontantrieb gewährleistet das hochentwickelte WARTBURG-Fahrwerk hervorragende Fahreigenschaften (bestätigt auch durch die zahlreich erzielten demonstrativen WARTBURG-Erfolge im internationalen Rallyesport). Diese bewährte und perfektionierte Basisbaugruppe sorgt gleichzeitig für hohe aktive Sicherheit und ausgezeichneten Fahrkomfort. Maßgebend dafür sind solche modernen Konstruktionsmerkmale wie Einzelradaufhängung vorn an Doppelquerlenkern und hinten an Schräglenkern, Langweg-Schraubenfedern mit zentral angeordneten Teleskopstoßdämpfern und Querstabilisator. Das hochwirksame Bremssystem mit Zweikreis-Hydraulik enthält Scheibenbremsen an den Vorderrädern und Hinterrad-Trommelbremsen mit lastabhängig gesteuerter Bremskraftdosierung. Die ECE-Regelungen für PKW werden erfüllt. Das bestätigen entsprechende Zertifikate, beispielsweise für die bei einem Frontalaufprall an einem Spezialteil axial abscherende Sicherheits-Lenksäule.

Die WARTBURG-typische Gesamtkonzeption – bestimmt durch umfassende Realisierung von ausgewogenen erstklassigen Gebrauchswerteigenschaften – ist aufbauseitig vervollständigt. Das heißt, die zeitlos und funktionell gestaltete Karosserie, die ebenfalls ECE-Sicherheitstests (zum Beispiel im Hinblick auf Stoßaufnahmefähigkeit der Bug- und Heckpartien sowie Gestaltfestigkeit der Fahrgastzelle) erfolgreich absolvierte, bietet bei kompakten Außenabmessungen sehr großen Innenraum: Die in Stufenheckform ausgeführte Limousinenkarosserie ist viertürig und ein echter Fünfsitzer mit 525-dm³-Kofferraum. Der Raumkomfort wird ergänzt durch die reichhaltige Serienausstattung. Außerdem erfolgt auf Kundensonderwunsch die Ausrüstung mit Extras. Das Angebot enthält ebenfalls Stahlschiebedach-Einbau. Bei grundsätzlich gleicher Technik steht die neue WARTBURG-Variante in der Karosserieausführung Tourist auch als moderner fünftüriger Mehrzweckwagen zur Verfügung.

IFA Wartburg 1300

	DATEN UND DETAILS
Triebwerk	4-Zylinder-Viertakt-Ottomotor Hubraum 1289 cm³ Bohrung/Hub 73/77 mm Verdichtung 9,5 Leistung 40 kW (54 PS) bei 5 250 U/min max. Drehmoment 88,2 Nm (9.1 kpm) bei 3 000 U/min. Wartungsfreies Flüssigkeitskühlsystem mit Ausgleichbehälter Drehstromlichtmaschine 14 V 36 A
Kraftübertragung	Einscheiben-Trockenkupplung mit Tellerfeder vollsynchronisiertes Vierganggetriebe mit sperrbarem Freilauf Kegelrad-Ausgleichgetriebe Antrieb der Vorderräder über Zapfenstern und Doppelgelenkwellen
Fahrwerk	verwindungssteifer Kastenprofilrahmen Einzelradaufhängung vorn an Doppelquerlenkern und hinten an Schräglenkern Schraubenfedern mit Gummizusatzfedern hydraulisch doppeltwirkende Teleskopstoßdämpfer Querstabilisator hinten Zahnstangenlenkung Zweikreis-Bremssystem vorn 4-Kolben-Festsattel-Scheibenbremsen hinten Trommelbremsen mit lastabhängig gesteuerter Bremsdruckübersetzung asymmetrische Humpfelgen Bereifung 165 SR 13 sl
Hauptabmessungen (Angaben f. Limousine)	Radstand 2450 mm Spurweite vorn/hinten 1280/1300 mm Länge/Breite/Höhe 4220/1640/1415 mm Wendekreisdurchmesser 10,2 m
Massen	Leermasse, fahrfertig 920 kg Nutzmasse 400 kg
Allgemeines	Höchstgeschwindigkeit 135 km/h Beschleunigung von 0 – 100 km/h in 22,6 s Kraftstoffnormverbrauch 8,3 l/100 km
Ausstattung Serie	● Mittelschaltung ● Bugspoiler ● Lenkrad PUR-umschäumt ● Diebstahlsicherer Außenspiegel ● mattschwarzes Ziergitter ● Schürfleiste
Sonderwunsch-Extras	● H 4-Scheinwerfer ● heizbare Heckscheibe ● Nebelscheinwerfer im Bugspoiler ● Scheinwerferreinigungsanlage ● Heckscheibenwischeranlage (nur für Tourist) ● Leichtmetallscheibenräder ● Sicherheitsgurte hinten
	– Änderungen vorbehalten –

VEB AUTOMOBILWERK EISENACH / DDR
Betrieb des VEB IFA-Kombinat Personenkraftwagen

Exporteur:

Transportmaschinen Export-Import
Volkseigener Außenhandelsbetrieb
DDR – 108 Berlin

Rc 218/78 - V 3/15 - 701

»Wartburg mit 4Takt-Motor« stand auf dem 1978er-Prospekt des 54-PS-Wagens. Auf die Herkunft des längs eingebauten Triebwerks wurde nicht hingewiesen ***Fotos: Sammlg. Leonhardt***

9 Kirchberg: Plaste

10 Vortrag M. Schinz, Förderverein A. Horch Museum (07.04.2022)

11 L. Leonhardt: Warum? Teil 10 in: 79 Oktan 3-2019

man wenigstens eine Leistungserhöhung für den Trabant-Zweitakter auf 30 PS ins Auge gefasst, nach 1990 hätte dann - woher auch immer - ein 40-PS-Viertakter kommen sollen. Die Techniker hatten zu akzeptieren, dass Trabant 601 und Wartburg 353 über das Jahr 1985 hinaus gebaut werden würden - wenn auch mit verbesserten Gebrauchswerteigenschaften.

Der Entwicklungsstopp betraf auch die seit 1979 in Sachsen laufenden Bemühungen um ein eigenes, sparsames Dieselaggregat. 1982 war das Lastenheft für einen 1.103-cm^3-Dreizylinder-Wirbelkammer-Diesel mit 34 bzw. 40 PS (25 bzw. 29 kW) fertig, der sowohl in Zwickau als auch in Eisenach hätte eingesetzt werden können. Der Zeitplan im Rahmen des Staatsplanthemas »Kraftstoffsparende Antriebe«: 1979 WTZ-Vorstellung; Pflichtenheft 1982; Ende 1983 Einbau in den Trabant.

Als Basis galt ebenfalls der Zweitakt-Grundmotor von AWE, drei Motoren »3 VD 8/7.65« wurden im WTZ-Auftrag in Karl-Marx-Stadt aufgebaut. 1983 stand ein so angetriebener, fahrbereiter Trabant-Prototyp bereit, dessen Verbrauch bei 4,6 L/100 km lag. »Die nächste Entwicklungsstufe verfügte über Direkteinspritzung und hydraulischen Ventilspielausgleich«, heißt es etwas schwammig auf der Erklärungstafel im August Horch Museum. Für diesen Selbstzündermotor wurden aus Erprobungsgründen Bauteile des VW-EA 827/086 genutzt. Prof. Joachim Böhme zeigte das verworfene Aggregat den VW-Motoren-Managern Neyer und Puppe[12]. Mit dem Hinweis, dass hier zum einen Devisen-trächtige Zulieferungen und Lizenzen erforderlich gewesen wären, zum anderen ja die DDR ohnehin bei Volkswagen einen bereits entwickelten Diesel erwerben wollte - etwas Eigenes war also sinnlos[13].

Parallel liefen damals Verhandlungen mit den Motorenspezialisten von AVL Wien, mit denen gemeinsam an weiterführenden Dieselmotor-Projekten vor allem im Nutzfahrzeug-Segment gearbeitet wurde. Zwischendurch gab es zudem immer wieder Angebote der sich ausgebootet fühlenden Tschechen, die auf Eis liegende Kooperation doch noch wiederaufleben zu lassen - ohne Erfolg[14]. Auch das intern in der DDR diskutierte und erprobte Thema »Alternativkraftstoffe« (darunter Flüssiggas) war aus Gründen der mangelnden Infrastruktur nun endgültig vom Tisch.

Erst in der ZK-Sitzung am 9. Oktober 1984, kurz vor Vertragsunterzeichnung für den VW-Motor, verkündeten die Parteibürokraten das endgültige Aus sowohl für den Dreizylinder-Viertakter-Ottomotor AWE 234 als auch für das eigenentwickelte leichte Pkw-Dieselaggregat[15].

Andererseits waren in der ersten Hälfte der 80er Einbauuntersuchungen für Viertakter von Fiat, Daihatsu und FSO für den Trabant vorgenommen worden - ohne positives Resultat[16]. Und es war eine Vereinbarung mit Citroën geschlossen worden, deren Thema aber nicht Motoren, sondern Gleichlauf-Gelenkwellen waren. 1983 wurde das neue Werk Mosel vor den Toren Zwickaus eröffnet. 800 Mio DM und 170 Mio DDR-Mark kostete das Projekt - ein Großteil der Bezahlung sollte über Kompensationslieferungen laufen. 1990 ging die Fabrik an GKN. Letztlich war aber dieses Werk der Ausgangspunkt der späteren Pkw-Fertigung in der Nachbarschaft in Mosel[17].

Dreizylinder-Diesel von 1983, ausgestellt im August Horch Museum in Zwickau ***Foto: Kittler***

12 Infos Prof. J. Böhme (07.06.2021)

13 P. Kirchberg: Plaste

14 B. Schulte: Armageddon

15 L. Leonhardt: Warum? Teil 11 in: 79 Oktan

16 P. Kirchberg: Plaste

17 Vortrag R. Schulze, Förderverein A. Horch Museum(18.06.2020)

15.

Aggregatepartner Volkswagen

Türöffner Ölverknappung

Bei Volkswagen hatte man die zaghafte Annäherung von 1977/78 nicht vergessen, auch wenn es nie zu einem Anschlussvertrag an die damalige Golf-Lieferung gekommen war. Dass der Wolfsburger Dauerbrenner wirklich die Nummer Eins war, bewies ein interner Test der Ost-Seite: In der DDR wurde Anfang der 80er-Jahre ein streng geheimer »Weltstandsvergleich« zwischen VW Golf, Opel Kadett, Mazda 323, Peugeot 309 und dem in den Startlöchern stehenden Lada Samara gefahren – der zugunsten des Volkswagens ausging[1].

Volkswagen hatte also das Zeug, als Traumpartner für die volkseigene Fahrzeugindustrie zu fungieren, nun musste man nur noch zusammenkommen. Im Kleinen gab es bereits die eine oder andere Annäherung – so wurde 1980 in den Werkstatträumen der TU Dresden im Fachbereich Kfz-Technik bei Professor Alfred Jante ein voll funktionsfähiges Vollheckfahrzeug auf VW-Basis untersucht[2]. Die Technikkomponenten waren im Zuge akademischer Austauschkontakte ins Land gekommen, Jante war ohnehin Westreise-Kader und im Ausland geschätzt.

1982 übernahm Dr. Carl Hahn den Vorstandsvorsitz bei Volkswagen von Toni Schmücker, zuvor hatte er ein Jahrzehnt als Conti-Chef fungiert. Kurz nach Amtsantritt bei VW erhielt er einen Anruf von Aufsichtsratsmitglied Walther Leisler Kiep, der gleichzeitig für die CDU-Koordinator der Ostgeschäfte war und darum gute Kontakte zu den Wirtschaftsfunktionären der DDR hatte. Es ging um die Möglichkeit eines weitreichenden Geschäfts mit der DDR. Von Kiep stammt der Satz »Reden ist besser als schießen«. Und Hahn strotzte vor Optimismus: »Niemand ist sprachlich und geografisch so nah dran wie wir«.

Der damals neue VW-Chef[3] erinnerte sich an das Telefonat: »Es gäbe eine Chance für uns in der DDR. Er möchte mich bei Gerhard Beil, dem damaligen Staatssekretär und späteren Außenhandelsminister, einführen. Ich sagte sofort zu, und wir fuhren Anfang Juni 1982 zusammen nach Ostberlin. In Gerhard Beil trafen wir auf einen kompetenten Gesprächspartner, der auf politische Diskussionen verzichtete und die Situation der ostdeutschen Wirtschaft eher nüchtern darstellte«.

Das Treffen erfolgte am 8. Juni 1982 im Rahmen eines Abendessens in der Ständigen Vertretung der Bundesrepublik, eingeladen hatte deren Leiter Dr. Hans Otto Bräutigam. Anwesend waren Hahn und Leisler-Kiep als auch G. Beil (Mitglied des ZK, erster stellvertretender Minister für Außenhandel, ab 1986 Außenhandelsminister), Prof. Herbert Häber (Abtltr. West im

1 Infos M Schinz

2 Infos H Ippen

3 C. Hahn: Meine Jahre

Gesprächspartner Hahn, Leisler-Kiep und Erich Honecker, hier auf der Leipziger Messe 1982 **Foto: Sammlg. Leisler-Kiep**

ZK der SED) und Botschafter Seidel (Abtltr. Außenministerium der DDR) [4]. Hahn präsentierte die Idee, der DDR eine Lizenz für den Polo-Motor EA 801 nebst Fertigungseinrichtung und Know-how zu verkaufen.

Den Ostpartnern war längst klar: »Der große Vorteil dieses Geschäfts bestand in einer deutlichen Reduzierung der Kraftstoffimporte aus der Sowjetunion, dank des dramatisch niedrigeren Kraftstoffverbrauchs unseres Motors gegenüber dem Zweitaktaggregat des Trabant«[5]. Zudem wäre damit eine effektivere Motorenfertigung mit entsprechend höheren Stückzahlen, eine ums Doppelte höhere Grenznutzungsdauer sowie eine Entlastung der Umwelt erreicht worden. Rein rechnerisch hätte der Einsatz der Motoren in den DDR-Fahrzeugen zu einer 40 %igen Einsparung (1,9 Millionen Tonnen Erdöl) zwischen 1988 und 1996 geführt.

4 Ebenda

5 Ebenda

Volkswagen nutzte damals zwei Vierzylindermotoren-Grundtypen – den EA 827 (88 mm Zylinderabstand) und den kleineren EA 801 (82 mm Stichmaß). Fertigungsstandorte waren Hannover und Salzgitter. Ihre weiterentwickelten Nachfolger sind noch heute als EA 211 und EA 888 im Einsatz. Die DDR-Seite kannte die ursprünglichen Triebwerke, trieben sie doch den Golf der 1978er-Lieferung an: den 1,1-Liter mit 50 PS (EA 801) und den 1,5-Liter mit 70 PS (EA 827). Hahn bot den kleineren Motor (EA 801/111) an, der sowohl in den Trabant als auch in den Wartburg passen sollte.

Nicht ganz uneigennützig, stand doch eine Transferstraße für Rumpfmotoren in Hannover »im Zuge der Fabrikbereinigung« zur Disposition – VW wollte seine Motorenfertigung in Salzgitter konzentrieren. Während der weiteren, über gut zwei Jahre laufenden Verhandlungen wurde das Angebot auf den moderneren, vom EA 801 abgeleiteten kleinen EA 111-Motor aktualisiert. Und noch etwas war von großem Interesse für die DDR-Seite: Mit den gleichen Abmessungen und Grundfeatures versehen war ein neu entwickelter, in Salzgitter gebauter 1.3-L-Dieselmotor (EA 185), der ab Juli 1986 im Polo II zum Einsatz kam. Für den entsprechenden Kraftstoff hätte keine zusätzliche Benzinspaltanlage in Betriebe genommen werden müssen. Mit dem größeren EA 086-Diesel, wie er auch im 1978 gelieferten Golf I saß, hatte dieser Selbstzünder nichts zu tun. 1990 wurde der 1.3D im VW Polo übrigens gegen einen befriedigenderen 1.4D ersetzt.

EA 111-Motor mit obenliegender Nockenwelle (Zahnriemenantrieb), Rollenschlepphebeln und Tassenstößeln für den späteren Trabant 1.1 **Zeichnung: IFA/Reiche**

Der ursprüngliche EA 801 mit Schlepphebeln und einstellbaren Ventilen (keine Hydrostößel) wurde im Polo II im August 1985 durch den weitgehend baugleichen, aber stark aktualisierten EA 111 mit 1,1 und 1,3 L (ebenfalls Grauguss-Zylinderkurbelgehäuse, Leichtmetall war noch nicht im Einsatz) abgelöst. Die obenliegende Nockenwelle wurde weiterhin via Zahnriemen betätigt. Großer Fortschritt des 111er-Motors war der modernere Kopf mit Rollenschlepphebeln und Tassenstößeln mit automatischem Ventilspielausgleich. Für das DDR-Geschäft wurden zwei Leistungsstufen gewählt, die mit Normalbenzin auskamen – versprochen war eine Senkung des Kraftstoffverbrauchs um ca. 20 %. Das leistungsfähigere 55-kW (75 PS)-Aggregat war verworfen worden, weil es höheroktanigen Sprit und damit eine neue Raffinerie benötigt hätte[6]. Dank identischer Bohrung nutzten beide Varianten das gleiche Zylinderkurbelgehäuse aus Grauguss[7].

Technische Daten der verhandelten Motoren

	EA 111 / 1.1	EA 111 / 1.3	EA 185 / 1.3D
Prinzip	Otto / Fallstromvergaser	Otto / Registervergaser	Diesel (Wirbelkammer(/Verteilereinspritzpumpe)
Material ZKG/Kopf	Grauguss / Leichtmetall	Grauguss / Leichtmetall	Grauguss / Leichtmetall
Kurbelwellenlager	fünf	fünf	fünf
Ventilsteuerung	ohc (Tassenstößel, Kipph./ Zahnriemen	ohc (Tassenstößel, Kipph./ Zahnriemen	ohc (Tassenstößel, Kipph./ Zahnriemen)
Hubraum (cm³)	1.043	1.272	1.272
Bohr. x Hub (mm)	75 x 59	75 x 72	75 x72
Verdichtung	9,5 : 1	9,5 : 1	22 : 1
Leistung (kW/PS bei U/min)	29/40 b. 5.300	44/60 b. 5.600	33/45 b. 4.900
Drehmoment (Nm bei U/min)	74 b. 2.700	96 b. 3.300	75 b. 2.500-3.500

6 Sächs. Staatsarchiv VEB Barkas Werke KMS (Unterlagen Volkswagen u. Festlegungen, Protokolle)

7 Infos D. Neyer

Ebenfalls in Verhandlung war der kleine VW-Diesel EA 185. Die Umrüstzeit der Werkzeuge für die Fertigung hätte lt. Motorenvertrag 1984 nur 15 Minuten betragen **Zeichnung: Volkswagen**

Blick in die Zukunft: Erst viel später, im Jahr 1992, verpasste Volkswagen dem EA 111 eine größere Bohrung, was Hubräume von 1,4 und 1,6 Liter mit sich brachte – für das angedachte DDR-Geschäft war dies natürlich noch kein Thema. Gleiches galt für die 1996 einsetzende Vierventiltechnik, den geregelten Katalysator sowie die später erfolgte Ablösung des Vergasers durch eine Einspritzanlage.

Vorabcheck

Grob verabredet worden war ein noch zu verhandelndes Kompensationsgeschäft, über dessen Fortgang Vorstand und Aufsichtsrat im Juni 1982 detailliert unterrichtet wurden. Dabei wurden die bisherigen und laufenden Wirtschaftsbeziehungen mit der DDR nochmals offengelegt und bestätigt, dass »aus dem 1977er Golf-Geschäft inzwischen für VW-Kompensationsguthaben in beträchtlicher Höhe entstanden sind«. Das heißt: Volkswagen war in Vorleistung gegangen – während die ostdeutsche Seite nicht bereit war, weitere Kooperationswünsche zu erörtern. Und – wie erwähnt – Anfragen zu einem GENEX/Intershop-Geschäft nicht beantwortet hatte. Andererseits wussten die VW-Unterhändler genau, welche anderen West-Fahrzeuge mittlerweile offiziell in den Osten importiert worden waren, was sie ihren DDR-Partnern gern unter die Nase rieben. Darum akzeptierten Dr. Beil und seine Verhandler – vermutlich zähneknirschend – Forderungen von VW, beispielsweise Erdölprodukte nicht mehr als Kompensierungsbeträge anzurechnen«. Die Wolfsburger erwarteten also von der Ost-Seite, höherwertiges Gut zum Verkauf anzubieten.

Die Idee der Übergabe einer kompletten Motorenstraße blieb zunächst eine höchst geheime Angelegenheit, deren Kosten noch völlig unklar waren. Selbst in den Vorstandsprotokollen hielt man sich zu dem Projekt außerordentlich bedeckt. Fabrikplaner Beck von Volkswagen wurde auf Vertraulichkeit eingeschworen und zum Zwecke eines groben Kostenüberschlags nach Hannover geschickt. Er schätzte zunächst einen Aufwand von minimal 30 Millionen DM für die Umsetzung der Anlagen. Als sich später- wahrscheinlich erst 1984 – DDR-Spezialisten wie Werner Schramm sowie die Planer und Technologen Rolf Ilgen, Karlheinz Riedel und Gotthardt Uhlig auf den Weg machten, um die Motorenstraße in Augenschein zu nehmen, sollen von VW noch schnell die ältesten Maschinen proper lackiert worden sein. Einige Werkzeuge, beispielsweise die großen Kettenräummaschinen, sollen sich aber in einem so abgenutzten Zustand präsentiert haben, dass die DDR-Seite neue Maschinen im westlichen Ausland beschaffen musste. Neu beschafft wurden auch Prüfmittel[8].

Offensichtlich überzeugten die beiderseitigen Prüfberichte. »Es dauerte nicht lange, und wir erhielten ein positives Signal für die Aufnahme von Verhandlungen« entsinnt sich Hahn. Am 15. November 1982 folgte dann ergänzend zur formellen Absichtserklärung einer langfristigen Zusammenarbeit vom 7. September.1982 eine überschlägliche Beurteilung des gesamtwirtschaftlichen Nutzens des Einsatzes von VW-Motoren durch Volkswagen, heißt es im Vorstandsordner 6101 DDR, UdSSR, China, Korea[9].

Dr. Hahn berichtete am 9. Dezember 1982 über ein weiteres Gespräch in Ostberlin mit Dr. Beil am 29. November 1982: »Wir haben uns bereiterklärt, die technische Einbauvoraussetzung unseres Motors 801 für den Trabant zu klären und erhalten dafür Einbauzeichnungen. Nach Prinzipklärung werden wir der DDR ein Angebot unterbreiten. Damit wäre die Kapazität der Motorenstraße voll ausgelastet, nämlich 100.000 Motoren für den Barkas B 1000 und Wartburg, 150.000 Motoren für den Trabant und 120.000 für VW. Sollten die gegenwärtig in der DDR laufenden Prüfstandsversuche mit unseren Motoren den Erwartungen entsprechen, rechnen wir damit, Ende Januar 1983 wieder in Kontakt zu kommen«.

Eine sehr optimistische Kostenschätzung für die Anlage lag mittlerweile bei 135 Mio DM. Und Volkswagen hoffte auf eine Verlagerungszeit von lediglich zwölf Monaten... Hahn empfahl dem Vorstand, an diesem Projekt dranzubleiben – wäre damit doch ein Absatz von jährlich 6.000 T3 (welche die angespannte Auftragslage in Hannover entschärfen würden) sowie eine engere Zusammenarbeit mit der DDR möglich, was bis hin zur Lieferung von Teilesätzen für die Montage von Pkw reichen könnte[10].

DDR-Techniker legten tatsächlich bereits Testkilometer mit den in Frage kommenden 1,1- und 1,3-L-Motoren zurück, von denen je zehn Stück wunschgemäß angeliefert worden sind. Anfang 1983 kamen dann – übrigens ohne Wissen der beiden Automobilbauer AWE und AWZ – je ein Trabant und ein Wartburg aus dem Ostberliner Bevölkerungsbedarf nach Wolfsburg. Dort wurden wie versprochen versuchsweise Viertaktmotoren eingebaut. Beide Autos gelangten in den Versuchsbau, wo für den Motor eine geänderte Aufhängung geschaffen sowie Heizung und Kühlkreislauf angepasst wurden. Die relativ schwachen Zweitakter-Getriebe musste man auf Geheiß der DDR-Auftraggeber beibehalten, sie erhielten aber einen Zwischenflansch. Bei Probefahrten auf dem kleinen Prüfgelände gab es ab 50 km/h schlimme Getriebegeräusche, berichteten Beteiligte wie Peter Rothfuchs, damals tätig in der entsprechenden Sonderabteilung[11]. Trabant und Wartburg erwiesen sich zwar als fahrbereit, aber die großen Wendekreisdurchmesser und die abenteuerliche Lenkgeometrie – insbesondere der geringe Lenkeinschlag – waren grenzwertig.

8 Zeitzeuge anonym (Aggregateentwicklung)

9 Vorstandsordner Volkswagen,6101 DDR, UdSSR, China, Korea

10 Stierand: Chemnitz

11 Infos P. Rothfuchs (VW-Sonderfahrzeugbau)

Wartburg mit weiterhin längs eingebautem VW-Viertaktaggregat, Blick in den Motorraum und von unten (Versuchsbau Volkswagen)

Fotos: Volkswagen

Quer eingebauter VW-Vierzylinder-Viertakter des modifizierten Trabant **Foto: Volkswagen**

Trabant mit weiterhin quer eingebautem VW-Viertaktaggregat, Blick in den Motorraum und von unten (Versuchsbau Volkswagen)
Fotos: Volkswagen

Bei Probefahrten fing insbesondere der Trabant wegen der ungewohnt hohen Leistung an zu »springen«. Auch der Einbau in den Wartburg 353 W gestaltete sich schwieriger als gedacht: Durch den gegenüber dem Dreizylinder-Zweitakter längeren VW-Motor musste das Getriebe weit in Richtung Fahrgastraum verlegt werden. Die dadurch schräg nach vorn stehenden Antriebswellen beeinflussten die Fahrdynamik negativ, der Einschlag der Räder musste stark begrenzt werden, um die Antriebswellen bei Kurvenfahrt nicht zu zerstören. Auch die Unterbringung des Kühlers direkt vor dem Heizungswärmetauscher war keinesfalls serientauglich. Beide Fahrzeuge gingen dann in Halle 79 auf den Rollenprüfstand.

Über Mängel und technische Probleme der umgebauten Zweitakt-Autos wurde allerdings großzügig hinweggesehen, damit das Geschäft zum Laufen kam. Als positive Überraschung für ihre Ost-Kollegen legten 16 beteiligte Techniker eine unterschriebene Volkswagen-Radkappe mit Gruß und Unterschriften in den Wartburg – ähnlich machte man dies auch bei anderen Auftraggebern, bis hin zu der 1986 von Volkswagen übernommenen Firma SEAT. Wobei aber die ausgesuchten DDR-Kollegen außerordentlich verblüfft über diese unerwartete Geste waren. Die Radkappe verschwand und tauchte erst nach der politischen Wende wieder auf[12].

Radkappe mit kollegialen Grüßen aus Wolfsburg ***Foto: Stück***

12 Infos M. Stück

Verhandlungen und Finanzierung

Dr. Beil drängte nachdrücklich auf größte Geheimhaltung bis zur Aufnahme offizieller Verhandlungen. Und akzeptierte vorab, dass dieses Projekt nur in Verbindung mit der Abnahme von Transportern aus Hannover laufen könne – denn ohne das zu erwartende Liefervolumen wären in Hannover Arbeitsplätze in Gefahr gewesen. »Als unsere Pläne (trotzdem) vorzeitig im SPIEGEL veröffentlicht wurden, gab es zunächst gewaltige Aufregungen im Zentralkomitee (...), die für unser Projekt lebensgefährlich waren«, grollte Hahn, »Münzner glättete schließlich in einigen nervenaufreibenden Gesprächen die Wogen. Ansonsten wurden die Verhandlungen Gespräche wie unter Geschäftsleuten geführt...«, schreibt Hahn[13]. Die Verhandlungen sollte im Wesentlichen der erfahrene Volkhard Köhler, Assistent von Vertriebsvorstand Münzner und ab 1987 Bereichsleiter für alle zentraleuropäischen Ost-Projekte führen. Seitdem er 1977 ins Golf-Geschäft involviert war, galt Köhler (auch »Mr. Ost« genannt) als der beste Mann für derartige Gespräche.

Künftiger Vertragsgegenstand war die zu VEB Barkas in Karl-Marx-Stadt zu verlagernde Motorenstraße für die sogenannten Alpha-Motoren auf EA 801/111-Basis. Die Motorenstraße sollte unter Einbeziehung von DDR-Spezialisten überholt und nach Ostdeutschland transferiert werden, Volkswagen wollte dann – das war die Kernidee – von dort 1,3-L-Rumpfmotoren (inklusive Kurbeltrieb, ZKG, Ventilsteuerung, Verblechung, aber ohne Schwungrad, Nockenwellen-Antrieb, Kühlkreislaufaggregate, Saugrohr, Krümmer) ordern[14]. Die düpierten Tschechen, die insgeheim auf die Fortführung ihrer Kooperation mit den Ostdeutschen gehofft hatten, bekamen davon Wind und ließen ihre ungetreuen DDR-Partner im Juni 1983 wissen, dass sie von Volkswagen über den Tisch gezogen werden würden – weil die Motorenlinie noch dem Technikstand von 1972 entspräche[15]. Tatsächlich aber war die Aufrüstung zur EA 111-Technik miteinander längst abgesprochen worden, diese Schlechtwetter-Meldung war also nicht wahr.

Regelmäßig tagten nun Gesprächsrunden, regelmäßig reisten die Vertreter beider Seiten hin und her, aber nichts mehr drang nach außen. Immerhin war 1983 das Jahr, in dem die wirtschaftlich klamme DDR dank eines von Franz-Josef Strauß vermittelten Milliardenkredits ihre Kreditwürdigkeit sichern konnte. Im Vorstandsprotokoll vom 16. Mai 1983 berichtet Dr. Hahn, dass die oberen DDR-Instanzen die Aufnahme offizieller Verhandlungen zum Thema Motoren und T3-Lieferung prinzipiell genehmigt hätten. »Die DDR wolle den Verhandlungsbeginn aber noch bis zu einem politisch etwas besser geeigneten Zeitpunkt aufschieben«. Denn längst nicht alle Entscheider in der DDR waren einverstanden mit dem angedachten Geschäft – so hatten Gerhard Schürer und Werner Krolikowski in der Politbürositzung vom 13. Mai auf einer »nationalen Motorenlösung« beharrt, um nicht in zu große Abhängigkeit vom Westen zu gelangen. Schürer nannte das VW-Aggregat übrigens »X-Motor« (wegen des Mehrgewichts von 50 kg gegenüber dem DDR-Zweitakter)[16].

Am 14. Juni 1983 verlangte das Politbüro des ZK der SED im Rahmen des Beschlusses »Aufgaben und Maßnahmen zur kurzfristigen Erhöhung der Produktion von Pkw Wartburg« die Jahresstückzahl-Erhöhung auf 75.000 Wartburg und 175.000 Trabant im Jahr 1988. Eine Woche später bestätigte dann der Ministerrat diese Entscheidung[17]. Gleichzeitig hatte das Politbüro an jenem 14. Juni Grünes Licht für die Viertaktmotor-Lizenzproduktion gemäß dem Angebot von Volkswagen gegeben – als letztlich wirtschaftlich vorteilhafteste Lösung.

Für die Produktionsaufnahme der Alpha-Motoren wurden zunächst geschätzte 1,1 Mrd. Mark einschließlich 163 Mio VM (DM-Verrechnungseinheiten) plus Werksausrüstungen veranschlagt. Parallel liefen die Bemühungen um den entsprechenden Kompensationsausgleich. Ab dem 5. Juli 1983 begannen die offiziellen Verhandlungen, die zunächst bis zum 8. November 1983 dauerten[18]. Verhandlungsführer für die DDR war der VE Außenhandelsbetrieb Industrieanlagen-Import.

Aber noch war die Gegenfinanzierung nicht wirklich sicher. In der VW-Vorstandssitzung vom 8. August 1983[19] hatte H. Münzner hinsichtlich des DDR-Geschäfts zwei Problemfelder vorgestellt: »Einerseits würde der zu fordernde Preis für die Lieferung einer 801-Motorenlinie, wenn alle Aufwendungen in Ansatz gebracht werden, über 200 Mio DM liegen. Andererseits sei das Motorenvolumen, das für die Kompensationslieferungen der DDR an die VW AG in Frage komme, aufgrund der geringeren Erwartungen des gültigen langfristigen Absatzplanes wesentlich niedriger als bisher in den Gesprächen mit der DDR angenommen wurde«. Das hätte die devisenschwache DDR-Seite in Schwierigkeiten gebracht. V. Köhler musste nun dafür sorgen, dass im Falle geringerer Rumpfmotoren-Lieferungen aus der DDR andere Kompensationsgüter aufzuspüren waren. Das war Sache der Einkäufer, ohne die dieses Geschäft niemals so stringent hätte laufen können.

Letztlich sollte die Anlage nun 243 Mio VM kosten, plus Lizenzgebühren, Steuern und Abgaben – was sich letztlich auf 345 Mio VM hochrechnete (inklusive Steuern und zusätzlichen Abgaben an involvierte DDR-Dienststellen wie den Zoll oder die Steuerbehörde). Volkswagen signalisierte, dafür einen Siebenjahres-Kredit für die DDR-Partner einzufädeln zu wollen[20].

13 C. Hahn: Meine Jahre

14 P. Kirchberg: Plaste

15 B. Schulte: Armageddon

16 Auto Medienportal, 06.08.2020

17 P. Kirchberg: Plaste

18 P. Kirchberg: Dresdner Beiträge 28 (2003)

19 Hist Kommunikation Volkswagen (Vorstandsprotokolle)

20 P. Kirchberg: Plaste

Das Einkäufer-Team von Volkswagen: Müller-Neuhof (mit Brille und Schlaghosen), Biehler (WL Kassel), Remler, Münzner, Svetlik, Thiede, Köhler, Flach, Abmeier ***Foto: Sammlg. Zimmermann***

Am 17. Januar 1984 gab das Politbüro nochmals offiziell Grünes Licht für den Einbau eines Dieselmotors und eines Viertakt-Ottomotors in den Trabant sowie den Einbau eines Viertakt-Ottomotors in den Wartburg (der den VW-Motor aber quasi unverändert in Längsposition übernehmen sollte). Der Kleinlieferwagen Barkas sollte erst im Anschluss umgerüstet werden. Mit der Zusage von Politbüro und Ministerrat für den Kauf der Motorenstraße für den Gesamtwert von mittlerweile 265 Mio DM (Preisbasis 1984) am 6. März 1984 und der Refinanzierung durch Rücklieferungen von jährlich 100.000 Rumpfmotoren im Zeitraum 1988 bis 1993 war der Weg endlich frei für die finalen Verhandlungen bis zum Vertragsabschluss.

Angedacht war als Fertigungsbeginn für den Otto-Motor der April 1987, während der Diesel im April 1988 anlaufen sollte. Von 1988 bis 1992 sollten jährlich 100.000 Rumpfmotoren im Wert von 215 Mio DM an VW geliefert werden. Weitere Kompensationskäufe sollten beispielsweise die Fahrzeugelektrik betreffen. Im Gegenzug würden die Wolfsburger »VW-Fertigprodukte« im Wert von 150 Mio DM in die DDR liefern. VW war unter Druck, sollte doch ein Jahr später – im Sommer 1985 – die Motorenproduktion in Hannover enden: Ab dem 2. Halbjahr 1984 sollten darum T3-Transporter für 45 Mio DM in den Osten gehen, so der Plan[21]. Geregelt werden sollte dies über einen Einkaufsrahmenvertrag. Die Vertragsunterzeichnung des Motoren-Vertrags erfolgte aber erst im Herbst.

Dass damit eine »eigenmächtige und nicht durch DDR-Recht gedeckte Zusage Günter Mittags während der Hannover-Messer im April 1984« einhergegangen sei (Wikipedia-Eintrag zum Wartburg 1.3[22]), lässt sich nicht belegen. Fakt ist aber, dass dieses Motorengeschäft bei Technikern und Verantwortlichen in der DDR nicht nur auf Gegenliebe traf. Aber auch ein »Weltstandsvergleich« in der Hubraumklasse bis 1,3 Liter, mit dem nochmals ermittelt werden sollte, was für oder gegen Motoren von VW, Opel, Mazda, Peugeot und Lada spräche, lief zuguns-

21 Stierand: Chemnitz

22 Wikipedia: Beitrag

Unproblematische Visa-Vergabe und immer wieder verlängerter Aufenthaltsberechtigungen erleichterten die persönlichen Verhandlungen. Hier ein Blick in den Reisepass von Aggregatechef Dr. Dieter Neyer, der ab 1985 immer wieder in der DDR war

Fotos: Kittler

ten des VW-Aggregats. Roland Schulze, damals Investitionsdirektor beim IFA Kombinat, befand: »Die Kooperation mit VW war eine Verzweiflungstat, aber mit positiven Folgen für die Nachwende-Zeit«[23].

Bis dahin war es zu keinen weiteren Kommunikationspannen mehr gekommen und das Geschäft auch Volkswagen-intern Geheimsache geblieben. Im Mai 1984 hatte Volkhard Köhler erstmals im Kollegenkreis verlauten lassen: »Die Sache mit der DDR geht jetzt los«. Zuständige Verhandler wie Dirk Bothe, Leiter der Rechtsabteilung Ausland – was fast einer diplomatischen Anerkennung der DDR nahekam, – erhielten mit Wirkung vom 12. Juni 1984 Mehrfachvisa, um unproblematisch in die DDR einreisen zu können. Auch der Zwangsumtausch wurde ihnen erlassen[24].

23 Vortrag R. Schulze, Förderverein A. Horch Museum (18.06.2020)

24 Infos D. Bothe

Offiziell verhandelt wurde ab 1984 im Internationalen Handelszentrum auf der Ostberliner Friedrichstraße. Getagt wurde meist in Dreitagesabschnitten in Ostberlin (Übernachtung im Palast Hotel), aber auch in Wolfsburg im Haus Rohde - wobei im zweiten Falle und nicht zuletzt wegen der absoluten Vertraulichkeit nur ausgesuchte DDR-Reisekader dabei sein durften.

War Staatssekretär Beil bei den Verhandlungen dabei, repräsentierte auf Westseite Volkhard Köhler den Volkswagen Konzern. Sein Vertreter war Volker Steinwascher, der 20 Jahre lang bei Volkswagen tätig war. Einer der Verhandler erinnert sich: An einem langen Tisch in einem fensterlosen Büro saßen auf der einen Seite die Volkswagen Vertreter Bruno Adelt, Volkhard Köhler, Herr Kordt und Dirk Bothe. Von Volkswagen-Seite aus arbeiteten Rüdiger Szengel (Motorkonstruktion), Heinz Busch und Rudolf Bein (Qualitätssicherung), Hans Kahmann und Klaus Löschmann (beide Werk Salzgitter) zu.

Ihnen gegenüber saßen zwölf bis 15 DDR-Spezialisten. Sie kamen von den jeweiligen Betrieben und IFA-Kombinaten, die aber nicht selbst verhandeln durften, sondern nur als Berater des zuständigen AHB Industrieanlagen Export fungierten.

Für das IFA Kombinat sprachen Bernd Beltrame und H. Holzer, wobei Beltrame als neuer IFA-Fachdirektor Motorenbau eine wichtige Rolle spielen sollte. Die zuständige DDR-Juristin war Frau Ungemach, und die Verhandlungsatmosphäre wurde als »nüchtern und sachlich« eingeschätzt.

Harte Verhandler: Hahn, Voigt, Beltrame, Münzner
Fotos: Sammlg. Beltrame

Beltrame und ZK-Mitglied Gerhard Tautenhahn (ab 1986 Minister Fahrzeugbau) ***Fotos: Sammlg. Beltrame***

In der Anfangsphase waren die bilateralen Gesprächsrunden meist hochrangig besetzt. Ganz links V. Köhler, daneben Voigt und H. Münzner, hinten Dr. Neyer, davor Dr. Hahn und B. Beltrame ***Foto: Sammlg. Beltrame***

Immer wieder schaltete sich VW-Chef Dr. Hahn in die Verhandlungen ein. Rechts ein DGB-Vertreter, ganz links K. Löschmann (Werk Salzgitter) ***Foto: Sammlg. Beltrame***

16.

Vom Vertrag bis zu Übergabe und Inbetriebnahme

Vertragsabschluss und Kostenexplosion

Wie in Kapitel 19 noch zu lesen sein wird, gab es auch andere westliche Firmen, die gern mit der DDR-Fahrzeugindustrie ins Geschäft gekommen wären. Aber inzwischen hatten sich auch aus der Intensivierung der Beziehungen zur Bundesrepublik wirtschaftspolitische Zwänge ergeben. Zumal im Sommer 1983 ein westdeutscher Milliardenkredit vereinbart worden war, und 1984 ein weiterer folgen sollte. Die DDR-Partner taten also gut daran, hier freundliche Miene zu wahren.

Die Sowjetunion sparte nicht mit unverhohlenen Drohungen angesichts der Entwicklungen und setzte ihre Preis- und Lieferpolitik beim Erdöl fort: Sie beharrte auf die hohen Preise, obwohl sich die Rohölpreise auf dem Weltmarkt inzwischen halbiert hatten. Mehr noch: 1987 kündigten die Sowjets eine weitere Kürzung um 2 Mio Tonnen ab 1990 an, reduzierte Lieferungen sollten auch für Nickel, Mangan und Chrom gelten. Für die DDR hatte die drastische Senkung der Ölpreise auf dem Weltmarkt den unangenehmen Nebeneffekt, dass sich die Deviseneinnahmen durch in den Westen weitergeleitetes Öl spürbar verringerten.

Der im Frühjahr 1984 geschätzte Gesamtaufwand von nunmehr 3,7 Mrd Mark inklusive 600 Mio VM für die Herstellung der Motoren und den Einbau in Trabant, Wartburg und Barkas lag bereits deutlich über den 1,1 Mrd. Mark einschließlich 163 Mio VM aus der erwähnten ersten Schätzung vom Juni 1983. Doch es sollte noch schlimmer kommen, stiegen doch die notwendigen Investitionskosten immer weiter: In der ZK-Sitzung am 9. Oktober 1984 – als erstmals eine »Erfassung aller Investitionen auf Grundlage einer volkswirtschaftlichen Gesamtkostenrechnung erfolgt war« – kam man in Vorbereitung des Vertragsabschlusses im Rahmen einer ersten Preiskorrektur bereits auf 4,84 Mrd. Mark inkl. 835 Mio VM. Das war mehr als das 20fache des Anlagen-Kaufpreises und das Fünffache des geschätzten Valutabedarfs[1].

Aber das Projekt war wohl nicht mehr aufzuhalten, jedenfalls begannen die ostdeutschen Automobilbauer ab dem 1. Juli 1984 umzustrukturieren: So bestimmte die Kombinatsleitung nun über den Barkas-Stammbetrieb in Karl-Marx-Stadt, und um dort für Baufreiheit zu sorgen, musste die Karosseriefertigung des Barkas B 1000 nach Frankenberg umziehen[2].

Die Unterzeichnung des Vertrags für das Motorengeschäft erfolgte schließlich am 12. November 1984 im Internationalen Handelszentrum in Ostberlin. Für Volkswagen (»Auftragnehmer«) unterschrieben die Vorstände Horst Münzner und Rolf

1 P. Kirchberg: Plaste

2 Stierand: Chemnitz

Selowsky, die Unterschrift der Ost-Seite kam von Herbert Roloff, Generaldirektor VEB Außenhandel Industrieanlagen-Import (»Auftraggeber«). Roloff resümierte später, dass diese Zusammenarbeit der DDR zwar einen Technologieschub bescherte, dafür aber nicht genügend Investitionen bereitgestellt worden waren. Aber die »gesamte Dokumentation, die für die Fertigung gebraucht wurde, ist gemeinsam erarbeitet worden«[3].

Der vormalige VVB- und WTZ-Chef Dr. Winfried Sonntag, anschließend stv. Generaldirektor des IFA Kombinats Pkw, beklagte später, dass zunächst nur unzureichende technische Unterlagen vorlagen, woraus viel zu optimistische Annahmen für die Einbindung der Zulieferer abgeleitet worden seien. Erst im 2. Quartal 1985 hätte die vollständige Dokumentation für den EA 111 vorgelegen, für den Diesel sogar erst im dritten Quartal (Verbindlichkeitserklärung im Rahmen des »Erstmusterprüfberichts« hier erst im Juli 1986).

Mit Vertragsunterzeichnung waren als Kosten für die Anlage und die entsprechende Lizenzerteilung 329,8 Mio DM festgelegt worden. Insgesamt 430.000 Rumpfmotoren sollten von der DDR an Volkswagen geliefert werden, dazu kam ein Einkaufsrahmen von 250 Mio DM. Zudem wurde der Sofortverkauf von 2.500 VW T3 (vgl. Kapitel 17) vereinbart und ein Rahmenvertrag für weitere Fahrzeugverkäufe bis 1993 verabredet[4].

Die unzureichende Planung und die nachfolgend dargelegten Probleme bei den Zulieferern zogen Folgeinvestionen nach sich, was wesentlich zu exorbitanten Kostensteigerungen beitrug. Nicht zuletzt der ungeplante Zukauf von Teilen aus Westeuropa zeigte die Ineffizienz der Fahrzeugindustrie. Eingebunden in das Gesamtgeschäft waren sage und schreibe zehn Industrieministerien, 44 Kombinate und 180 Betriebe. Allein auf die »Kette der Zulieferer« entfielen dabei 32 Kombinate in acht Ministeriumsbereichen[5].

Die aktuelle Gesamtkostenschätzung lag schließlich im Februar 1986 bei unfassbaren 9,686 Mrd. Mark incl. 2,132 Mrd VM – was seitens des Politbüros zu drastischen Planungseinschnitten führte. Dazu gehörte der Wegfall des Diesel-Projekts, auf den noch näher eingegangen wird. Zudem musste im nunmehrigen Rahmen des »Pkw-Programms in verkleinerter Form« die Pkw-Stückzahlerhöhung verschoben werden: Statt 175.000 Trabant und 100.000 Wartburg im Jahr 1988 gäbe es erst 1991 die Zahl von 175.000 Trabant und nur 75.000 Wartburg. Nur so konnte man bis Juni 1986 die veranschlagten Kosten auf 7,258 Mrd Mark incl. 1,338 Mrd VM senken. Für den Bauaufwand schlugen aber weitere 1,4 Mrd M zu Buche, so dass das komplette Motorenprojekt einschließlich Einbau am Ende schon wieder teurer wurde[6]. Der Gesamtaufwand an Investitionen von 8,750 Mrd fand sich schließlich im Beschluss des Politbüros vom 1. Dezember 1987 wieder[7].

Die DDR-Seite war tatsächlich immer weiter in die Kostenfalle geraten – hatte sich doch die Wirtschafts- und Währungsstabilität drastisch verschlechtert. Die inoffiziellen Zahlen der Wirtschaftsfachleute gingen von einem mindestens ums Doppelte gewachsenen Währungsgefälle gegenüber dem Westen aus (»Richtkoeffizient«) – das heißt, die Preisgrundlagen stimmten nicht mehr[8].

Vertragsdetails

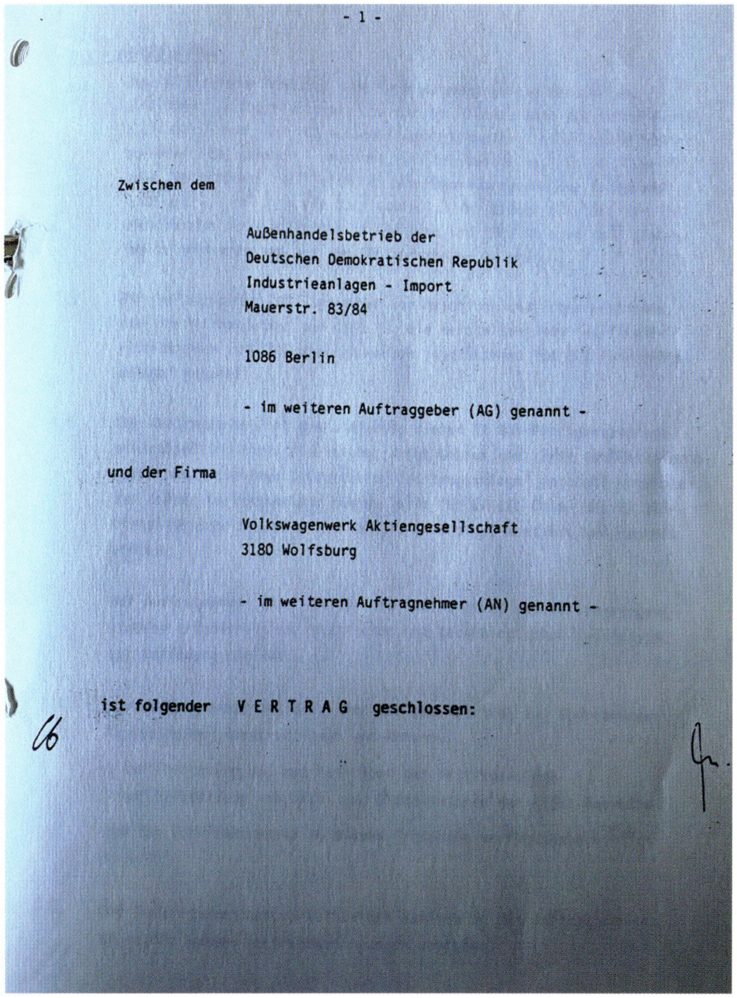

- 1 -

Zwischen dem

Außenhandelsbetrieb der
Deutschen Demokratischen Republik
Industrieanlagen - Import
Mauerstr. 83/84

1086 Berlin

- im weiteren Auftraggeber (AG) genannt -

und der Firma

Volkswagenwerk Aktiengesellschaft
3180 Wolfsburg

- im weiteren Auftragnehmer (AN) genannt -

ist folgender V E R T R A G geschlossen:

800-seitiger Hauptvertrag »Motorenprojekt-Alpha Nr. 14-132116781610/32« von 1984 mit 13 Beilagen und sieben Nachträgen bis zum Anlauf der Anlage *Quelle: IFA*

3 Infos H. Roloff

4 Stierand: Chemnitz

5 Infos R. Albrecht

6 Vortrag W. Sonntag im Aug. Horch Museum (2004)

7 Sammlg. Schinz/Bundesarchiv/ Schreiben Pasold-Ehrensperger: Übersicht Beschlüsse, 1989.

8 L. Leonhardt: Warum? Teil 11 in: 79 Oktan

Motorenprojekt-Alpha
Nr. 14-132/28108/11678/4/1610/32

- 2 -

§ 1 - Vertragszweck

1.1. Der Auftraggeber benötigt eine Fertigungsanlage zur Herstellung von Otto- und Dieselmotoren, die für den Einsatz beim VEB Barkas-Werke, Karl-Marx-Stadt, und VEB Automobilwerke Eisenach - im weiteren Endabnehmer (EA) genannt - bestimmt ist. Die Anlage soll in der Lage sein, ab Dezember 1987 Teile für ein Motorenprogramm der Varianten 1,05 und 1,3 dm^3 Otto (EA 111) sowie 1,3 dm^3 Diesel (EA 185) für 1500 Motoren in 2 Schichten zu fertigen und 1500 Motoren in 2 Schichten zu montieren und auf den Einlaufständen zu prüfen.

1.2. Der Auftragnehmer ist Eigentümer von Maschinen und Transferstraßen, die vom Auftragnehmer zur Zeit für die Hers Otto-Motoren (EA 801) benutzt werden (nachs anlage" genannt).

1.3. Der Auftragnehmer hat die Lieferung dieser einschließlich ihrer Oberholung, ihres Umbau durch neue Maschinen (nachstehend "Vertrags Auf dieser Vertragsanlage können Teile für Diesel-Motoren neuester Technologie geferti werden.

Der Auftragnehmer wird die für die Realisie standes erforderlichen technischen und tech zur Verfügung stellen.

1.4. Der Auftragnehmer erklärt, über die gem. Ve Technologien, Konstruktionen und Knowhow

- zur Errichtung und zum Betreiben der Vert
- zur Herstellung von Otto- und Dieselmotor

und die Vertriebsrechte an diesen Produkten zu sein.

1.5. Der Auftraggeber hat daraufhin den Auftrag zu nachfolgenden Vertragsbedingungen vergeb

- 3 -

§ 2 - Vertragsgegenstand

2.1. Der Auftragnehmer liefert eine betriebssichere und funktionstüchtige Vertragsanlage und übernimmt die Koordinierung, Leitung und Durchführung der Montage. Die Vertragsanlage besteht sowohl aus fabrikneuen als auch aus bereits genutzten, teilweise überholten und umgebauten Maschinen und Transferstraßen. Sie muß den Festlegungen dieses Vertrages einschließlich seiner Beilagen entsprechen. Der AN wird genehmigte Änderungen, die sich bis zu 6 Monaten vor dem Abnahmetermin der jeweiligen Abnahmeeinheit gem. Beilage 1 ergeben und die aus der technischen Weiterentwicklung der Motoren resultieren, in die Vertragsanlage einarbeiten.
Änderungen, die innerhalb des 6-Monatszeitraums auftreten und die bis zur Abnahme der jeweiligen Abnahmeeinheit noch eingerüstet werden können, werden ebenfalls vom AN ausgeführt.
Die Lieferungen und Leistungen des AN umfassen:

2.1.0. Gewährung einer nichtausschließlichen, unwiderruflichen Lizenz zur Herstellung und zum Vertrieb von Otto- und Dieselmotoren der Alpha-Baureihe gem. § 16.
Ausgenommen hiervon sind die Rechte und das Knowhow von Zulieferern des AN. Der AN wird den AG jedoch gem. Beilage 9 unterstützen, damit dieser in die Lage versetzt wird, auch diese Rechte und das Knowhow zu benutzen.
Vollständige Vermittlung der Technologien, Konstruktionen und des Knowhow des AN wie in Beilagen 4 und 6 näher beschrieben.

2.1.1. Lieferung der bautechnischen Angaben sowie der kompletten technischen und technologischen Dokumentationen für die Errichtung, das Betreiben und die Instandhaltung der Vertragsanlage gem. Beilage 4.

2.1.2. Lieferung von Maschinen und Transferstraßen sowie Meß- und Prüfmittel gem. Beilage 2.
Dazu gehören:

2.1.2.1 EA 801-Fertigungsanlage

2.1.2.2 Fabrikneue Maschinen für die EA 111-Fertigungsanlage zur Herstellung von Teilen und zur Montage von Otto-Motoren.

2.1.2.3 Fabrikneue Maschinen für die EA 185-Fertigungsanlage zur Herstellung von Teilen und zur Montage von Diesel-Motoren.

Details des Motorenvertrags, der zunächst ausdrücklich Otto- und Dieselaggregate betraf. Zudem sind hier bereits die farbrikneuen 111er-Maschinen genannt

Quelle: IFA

- 4 -

2.1.3. Lieferung von Ersatz- und Verschleißteilen sowie Verschleißwerkzeugen gem. Beilage 2.
Eine genaue Spezifikation erfolgt grundsätzlich bis zum Beginn des Probebetriebs im Rahmen des Preises gem. § 4 zu den Bedingungen gem. Beilage 2.

2.1.4. Durchführung der Demontage der EA 801-Fertigungsanlage

2.1.5. Durchführung der Oberholung von Maschinen und Transferstraßen der EA-801-Fertigungsanlage

2.1.6. Durchführung des Umbaus von Maschinen und Transferstraßen der EA 801-Fertigungsanlage.

2.1.7. Durchführung der Montage und des Probebetriebes der Vertragsanlage wie nachfolgend und in den Beilagen 3, 5, und 8 vereinbart.

2.1.8. Leitung der Demontage, der Montage, des Umbaus, der Oberholung, des Probebetriebs (einschl. Leistungsnachweis) bis zur Abnahme sowie Einweisung des Personals der Endabnehmer in die Bedienung, Wartung und Reparatur der Vertragsanlage und mündliche Obertragung des Knowhow wie nachfolgend und in der Beilage 6 vereinbart, so daß das Betriebspersonal in der Lage ist, selbständig die Anlage zu betreiben.

Einweisung in die Erzeugnisunterlagen gem. Beilage 4 und in den Technischen Änderungsdienst gemäß Beilage 11 und mündliche Obertragung von Knowhow in Konsultationen.

2.1.9. Koordinierung aller Aufgaben, die in den Leistungsumfang des Auftragnehmers fallen einschl. aller Arbeiten, die von Subunternehmen durchgeführt werden bzw. unter Einbeziehung der Mitwirkungshandlungen des Auftraggebers erfolgen.

2.2.1. Der Auftragnehmer ist verpflichtet, bei allen fabrikneuen Maschinen und Transferstraßen die in der Beilage 4 aufgeführten Normen, Standards, Vorschriften und Bedingungen einzuhalten und das metrische System sowie die SI-Einheiten zugrundezulegen. Abweichungen davon sind nur zulässig, wenn das die Beilagen ausdrücklich gestatten oder wenn ihnen vom Auftraggeber - und soweit erforderlich vom zuständigen staatlichen Kontrollorgan der DDR -

- 5 -

ausdrücklich und schriftlich vorher zugestimmt wurde.

2.2.2. Die bereits genutzten, teilweise überholten bzw. umgebauten Maschinen und Transferstraßen entsprechen grundsätzlich den in der Bundesrepublik Deutschland geltenden Normen und Vorschriften. Diese Normen und Vorschriften sowie eine Aufstellung der in der EA 801 Fertigungsanlage vorhandenen Erschwernisse und Gefährdungen einschl. eingesetzter Arbeitsschutzmittel übergibt der Auftragnehmer dem Auftraggeber gem. Beilage 4. Der Auftragnehmer weist die Funktionstüchtigkeit der vorhandenen Sicherheitseinrichtungen nach und unterstützt den Auftraggeber bei der Festlegung und Realisierung evtl. erforderlicher Maßnahmen bis zum Beginn des Probebetriebes zur Einhaltung der in Beilage 4 aufgeführten Normen, Standards, Vorschriften und Bedingungen.

2.3. Soweit sich der Auftragnehmer bei der Realisierung des Vertrages der Hilfe Dritter bedient, erklärt er sich grundsätzlich bereit, im möglichen Umfang DDR-Betriebe zu berücksichtigen.

2.4. Eigenverantwortliche Mitwirkungshandlungen des Auftraggebers

2.4.1. Obergabe der Dokumentationen gem. Beilage 4

2.4.2. Beistellungen und Mitwirkungshandlungen bei der Montage und dem Probebetrieb einschl. Leistungsnachweis sowie weitere Beistellungen gem. den Beilagen 3 und 5.

§ 3 - Termine

3.1. Die Lieferungen / Leistungen des Auftragnehmers sind zu den in diesem Vertrag und seinen Beilagen festgelegten Terminen zu erbringen.

3.2. Für die folgenden Lieferungen / Leistungen des AN gelten die nachstehenden Termine:

3.2.1. Dokumentationslieferungen zu den in der Beilage 4 genannten Terminen

3.2.2. Warenlieferungen

Maschinen und Transferstraßen	01.12.86 bis 30.08.1987
Ersatz- und Verschleißteile, Verschleißwerkzeuge	01.12.86 bis 10.12.1987

Eine weitere Spezifizierung erfolgt in der Liefergrafik, die bis 6 Monate vor erster Lieferung zwischen den Vertragspartnern vereinbart und Bestandteil des Vertrages wird.

3.2.3. Montage 02.01.87 bis 30.10.1987
gem. Beilage 5, Anlage 3 und 4

Eine weitere Spezifizierung erfolgt im Montageablaufplan, der bis 2 Monate vor Beginn der Montage zwischen den Vertragspartnern vereinbart und Bestandteil des Vertrages wird.

3.2.4. Probebetrieb 01.03.87 bis 30.11.1987
gem. Beilage 5, Anlage 3 und 4

Eine weitere Spezifizierung erfolgt in den Ablaufplänen gem. Beilage 8, spätestens 2 Monate vor Beginn der Montage.

3.2.5. Abnahme der Vertragsanlage gem. § 14.3.

Position gem. Beilage 1, Pkt. 1.1		Termin
1	Zsb. Zylinderkopfmontage	10.12.1987
2	Zsb. Zylinderkopf/Zylinderkopf und Nockenwellenlagerdeckel	10.12.1987
3	Nockenwelle	30.11.1987
4	Ventilsitzring	15.11.1987
5	Ventilführung	15.11.1987
51	Zsb. Motor	10.12.1987
52 } 67	Vormontagen	10.12.1987
68	Zyl. Kurbelgehäuse u. Lagerdeckel	30.11.1987
69	Kurbelwelle, Zsb. Kurbelwelle	30.11.1987
70/71	Pleuelstange / Deckel u. Zsb. Pleuelstange	30.11.1987
72	Zsb. Schwungrad und Schwungrad (max. Ø 180)	15.11.1987
73	Auspuffkrümmer	15.11.1987
74	Dichtflansch hinten	15.11.1987
75	Lagergehäuse	15.11.1987
76	Lagerdeckel	30.11.1987
77	Dichtflansch vorn	15.11.1987
78	Ölpumpengehäuse-Deckel	15.11.1987
79	Ölpumpengehäuse	15.11.1987

3.3. Die Mitwirkungshandlungen des Auftraggebers sind zu den in den Beilagen 3 und 5 sowie im Montage- und Probebetriebsablaufplan bestimmten Terminen zu erbringen.
Die Flächenbereitstellung erfolgt in der Zeit vom 1.11.1986 bis 28.2.1987.

3.4. Die vom AN zu erarbeitenden Ablaufpläne haben unter Einhaltung der vereinbarten Termine gem.§§ 3.2 und 3.3 die zur Erbringung seiner Leistungen erforderlichen Aktivitäten sowie auch die Aktivitäten, die der AG in Erfüllung seiner Mitwirkungshandlungen gem. § 2.4. zu erbringen hat, auszuweisen.

Sofern ein Ablaufplan aktualisiert werden muß, hat dies in Übereinstimmung mit dem AG zu erfolgen, wobei die Zustimmung des AG den AN nicht von der Verantwortlichkeit für die Einhaltung der vereinbarten Termine entbindet.

3.5. Der AG ist berechtigt, den Montagebeginn auf einen späteren Termin festzusetzen. In diesem Fall hat der AG dem AN mindestens 4 Wochen vor dem Termin für den Montagebeginn gem. § 3.2.3. die Zeitdauer der Verschiebung mitzuteilen. Wird der Montagebeginn um mehr als 4 Wochen verschoben, sind die Vertragspartner verpflichtet, dem Vertragszweck entsprechende Folgetermine für den Realisierungsablauf und die vom AG zu tragenden, dem AN nachweisbar entstandenen Mehrkosten zu vereinbaren.

3.6. Die vorfristige Lieferung von Dokumentationen und der Position 80 Saugrohr gem. Beilage 2 ist zulässig; die von anderen Anlagenteilen nur dann, wenn ihr der AG vorher schriftlich zustimmt. Die Termine für die Zahlungen und für sonstige Verpflichtungen des AG - ausgenommen davon die zur Annahme und Lagerung der vorfristigen Lieferung gehörigen - werden dadurch nicht berührt.

3.7. Der AN wird bis 2 Monate nach Vertragsabschluß den Wert der im Dezember 1986 vorgesehenen Lieferungen, zumindest getrennt für die Positionen 1 - 5 und 51 - 80, ermitteln und dem AG mitteilen. Die Lieferungen für das Jahr 1987 wird der AN wertmäßig nach Positionen gem. Beilage 1 aufgeteilt nach Quartalen bis zum 30.6.1985 und nach Monaten bis zum 31.12.1985 ermitteln und dem AG mitteilen.
Die Vertragspartner werden, falls erforderlich, eine Aktualisierung der Aufschlüsselung vornehmen.

§ 4 Preise

4.1. Der Vertragspreis für die in den §§ 2.1.0 bis 2.1.9 bezeichneten Lieferungen/Leistungen des Auftragnehmers beträgt insgesamt mit Steuern

329.800.000,- DM/VE

(in Worten: dreihundertneunundzwanzigmillionenachthunderttausend)

4.2. Der Vertragspreis für die in den §§ 2.1.0 bis 2.1.9 bezeichneten Lieferungen/Leistungen des Auftragnehmers beträgt insgesamt ohne Steuern

321.700.000,- DM/VE

(in Worten: dreihunderteinundzwanzigmillionensiebenhunderttausend)

Der Vertragspreis gemäß § 4.2. setzt sich aus folgenden Preisen zusammen:

4.2.1. Für Leistungen gemäß § 2.1.0. (Lizenz)

35.000.000,- DM/VE

(in Worten: fünfunddreißigmillionen)

4.2.2. Für Leistungen gemäß §§ 2.1.2., 2.1.4., 2.1.6. bis 2.1.9. (Ausrüstungen etc.)

236.700.000,- DM/VE

(in Worten: zweihundertsechsunddreißigmillionensiebenhunderttausend)

darunter für Lieferungen/Leistungen

gem. § 2.1.2.1.	50.000.000,- DM/VE
gem. § 2.1.2.2.	47.400.000,- DM/VE
gem. § 2.1.2.3.	4.150.000,- DM/VE
gem. §§ 2.1.4. u. 2.1.7.	27.100.000,- DM/VE
gem. § 2.1.6.	79.650.000,- DM/VE
gem. §§ 2.1.8. u. 2.1.9.	28.400.000,- DM/VE

4.2.3. Für Lieferungen gemäß § 2.1.3. (Ersatz-, Verschleißteile und Verschleißwerkzeuge)

26.000.000,- DM/VE

(in Worten: sechsundzwanzigmillionen)

4.2.4. Für Leistungen gemäß § 2.1.5. (Oberholung)

24.000.000,- DM/VE

(in Worten: vierundzwanzigmillionen)

Die Preise gemäß §§ 4.2.1. und 4.2.2. sind Festpreise.
Die Preise gemäß §§ 4.2.3. und 4.2.4. sind Höchstpreise.

Mit dem Preis gemäß § 4.2. sind auch die Leistungen gemäß § 2.1.1. abgegolten.

Die Verkaufspreise des AN gemäß §§ 4.2.3. und 4.2.4. ergeben sich wie folgt:

- für Ersatz- und Verschleißteile sowie Verschleißwerkzeuge aus dem Lagerbestand des AN aus der positionsweisen Bewertung in den gemäß Beilage 2 zu übergebenden Listen

- für die übrigen Ersatz- und Verschleißteile sowie Verschleißwerkzeuge aus dem Vertragspreis der jeweiligen Unterlieferanten mit dem AN zuzüglich eines Kalkulationszuschlages für den AN in Höhe von 20 %

- für die Durchführung der Oberholungen unter Beachtung der Festlegungen gemäß § 11.2 aus dem Vertragspreis des jeweiligen Unterlieferanten zuzüglich eines Kalkulationszuschlages für den AN in Höhe von 20 %.

Der AN übergibt dem AG die Angebote seiner Unterlieferanten und erklärt sich bereit, mit dem AG die Angebote zu erörtern und dessen Argumente in die Preisverhandlungen mit den Unterlieferanten einzubringen. Darüber hinaus steht dem AG das Recht zu, in die entsprechenden Bestellungen des AN stichprobenweise Einblick zu nehmen.

4.3. Der Auftraggeber zahlt an den Auftragnehmer eine Stücklizenz in Höhe von 22,65 DM/VE für jeden vom Endabnehmer VEB Barkas-Werke, Karl-Marx-Stadt, gemäß diesem Vertrag ab letzter Abnahme gemäß § 14.3. produzierten EA 111 Otto- und EA 185 Dieselmotor bis zu einer Stückzahl gemäß § 16.4.1.; ausgenommen sind Lieferungen von Rumpfmotoren an den Auftragnehmer.

4.4. Die vorgenannten Preise sind endgültig. Mit ihnen sind sämtliche dem Auftragnehmer nach diesem Vertrag obliegenden Lieferungen/Leistungen und Pflichten sowie dem Auftraggeber übertragenen Rechte abgegolten.

Gemeinsames Abendessen in Ostberlin mit Köhler, Voigt, Beltrame, Köhlers Assistentin Frau Albrecht und VW-Manager Steinwascher ***Foto: Sammlg. Beltrame***

Für die DDR-Seite hatte der bereits erwähnte Werner Schramm den wesentlichen Inhalt des Vertragswerkes zusammengestellt. Im Hauptvertrag[9] wurde die Verlagerung und Inbetriebnahme von Maschinen, Transferlinien sowie Mess- und Prüftechnik für die mechanische Bearbeitung geregelt, einschließlich der Qualitätskontrolle. Für Kontrollen und Funktionsproben der neuen Anlagen sorgte das DDR-Prüfunternehmen intercontrol. Die Demontagearbeiten der Anlagen mussten VW-Spezialisten im Beisein der Endabnehmer vornehmen, die Entscheidung welche Maschinen und Transferstraßen in welchem Umfang zu überholen sind, entschieden VW und IFA gemeinsam.

Die künftige Fertigungskapazität wurde mit 1.500 Einheiten/Tag angesetzt (Zweischichtbetrieb, pro Jahr etwa 290.000 Ex.) – davon sollten 190.000 den DDR-Fahrzeugen zugutekommen und die genannten 100.000 jährlich an VW gehen. Im Dreischichtbetrieb hätten 430.000 Motoren jährlich entstehen können.

Als Finalhersteller wurden die VEB Barkas-Werke benannt. Dieses Unternehmen war viel mehr als nur eine Motorenfabrik – es handelte sich vielmehr um einen der wichtigsten Stammbetriebe des aus 36 Einzelbetrieben gebildeten IFA Kombinats Pkw mit 8.000 Mitarbeitern. Er stellte Trabant-Motoren, Dieseleinspritzpumpen für ganz Osteuropa, Zweitakt-Stationärmotoren und den Kleinlastwagen Barkas B 1000 her. Die Zylinderkopffertigung erfolgte in Eisenach bei AWE, während die Blöcke beim VEB GISAG in Leipzig-Kleinzschocher gegossen wurden.

Das Projekt bedingte umfangreiche Baumaßnahmen. Sie begannen im Oktober 1984 zunächst an den Standorten Karl-Marx-Stadt, Frankenberg und Hainichen – unter Mitwirkung von Firmen »aus der Bundesrepublik, Österreich und Belgien«[10]. Mit der neuen Aufgabe wuchs die Bedeutung von Barkas und die Bereitschaft, Neues auszuprobieren. So wurde erstmals in der DDR ein neues, leistungsgerechteres Entgelt-Gruppensystem ähnlich der heutigen Verfahrensweise bei VW

9 Hauptvertrag VW-IFA 14-132-28108-11678-4-1610-32

10 Pressemitteilung IFA 31.08.1988

eingeführt. Dessen »Erfinder« Harry Mehnert (»An der Spitze zu stehen, ist immer noch zu weit hinten«) avancierte später zum Personalleiter bei VW[11].

Bisherige Strukturen der DDR-Fahrzeugindustrie waren angesichts der aktuellen Entwicklungen an ihre Grenzen gekommen. Es zeigte sich, dass die Kernaufgaben des WTZ (Entwicklungszentrum DDR-Autoindustrie) in Karl-Marx-Stadt - nämlich Forschungs- und Entwicklungstätigkeiten - im Falle des VW-Motors bereits größtenteils gelöst waren und ansonsten von den Herstellerbetrieben realisiert werden konnten. Die Koordination der beteiligten Kombinate und Betriebe zählte nicht zur Aufgabe des WTZ, das daraufhin bereits am 30. Juni 1984 - also schon vor Vertragsunterzeichnung - aufgelöst wurde. Dessen bisheriger Direktor Dr. Winfried Sonntag musste nun als DDR-Auftragsleiter des »Vorhabens Antriebsaggregat VW, Motor EA 111« eine wahre Sisyphus-Aufgabe meistern, wie sich zeigen sollte.

Jenseits der vereinbarten 430.000 Rumpfmotoren an Volkswagen war es der DDR-Seite übrigens erlaubt, aus ihrem eigenen Motorenkontingent auch in den Ostblock zu exportieren. Für etwaige Exporte in den Westen hätte es indes einer schriftlichen Zusatzgenehmigung bedurft[12]. Vertraglich festgelegt wurde auch die Lieferung der erwähnten T3 Transporter im Gesamtwert von 45 Millionen DM in die DDR (Kapitel 17) - ein Punkt, auf dem die VW-Seite unbedingt beharrte. Weitere Vertragszusätze bis 1987 regelten Konstruktionsdetails, Termine und Terminverschiebungen, Verfahrensweisen, Preise und vieles anderes, was sich im Zuge der weiteren Verhandlungen ergab[13].

FER-Verhandler in Wolfsburg **Foto: Sammlg. Lantzsch**

11 Infos H. Mehnert (2015)

12 P. Kirchberg: Die Implantation des VW-Motors

13 Hauptvertrag VW-IFA

Heinz Krüger (Heim-Electric), Dr. Schieck, Exportchef NSW K. Lantzsch, Regina Dorl (alle FER), dahinter V. Köhler (VW), 3, /4. Dezember 1986 **Fotos: Sammlg. Lantzsch**

Krüger (Heim-Electric), unbek., Schieck, Köhler und Lantzsch bei Volkswagen in Halle 54

Heinz Krüger (Heim-Electric), Horst Münzner und Hans Schieck bei Volkswagen vor einem Golf II mit dem viermillionsten von FER gelieferten Lampensatz

Allein der Freigabezyklus für die Motoren betrug zweieinhalb Jahre[14]. Die Rumpfmotoren sollten, mit der entsprechenden VW-Peripherie komplettiert, durch Mitarbeiter der Technischen Entwicklung von Volkswagen »freigefahren« werden. Später würden stichprobenartige Qualitätskontrollen laufen, deren Verlauf und Dauer vertraglich fixiert waren[15]. Denn auch die für den Verbleib in der DDR bestimmten Motoren mussten – so verlangte es der Lizenzgeber – »tupfengleich« dem Original entsprechen, also ohne die DDR-typischen Ausweichlösungen, um Devisen einzusparen[16].

Kompensationen

Im Gegenzug sollten Waren und Zulieferartikel aus der Maschinen- und Elektroindustrie der DDR in einem Umfang von 115 Millionen Mark nach Westdeutschland gehen. Als Beispiel für die gute Zusammenarbeit bei den Kompensationsgeschäften sollen hier nochmals die DDR-Unternehmen VEB Fahrzeugelectronic Ruhla (FER) und VEB Heim-Electric genannt sein.

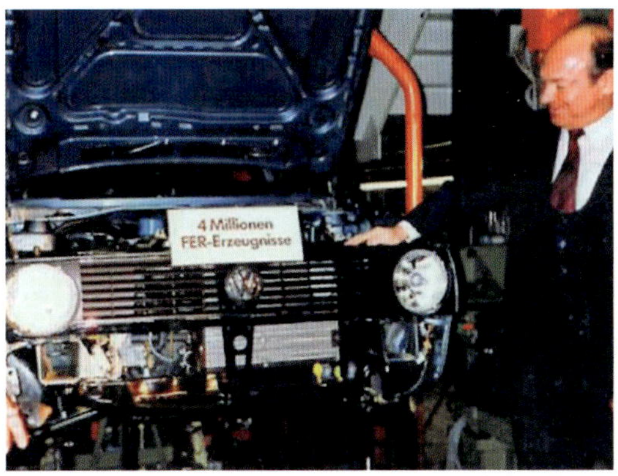

Golf II mit dem viermillionsten FER-Erzeugnis, daneben H. Schieck (Dezember 1986) ***Fotos: Sammlg. Lantzsch***

14 P. Kirchbergt: Plaste

15 Infos D. Lagies

16 W. Sonntag: Der lange Weg vom Zweitakt- zum Viertakt-Motor in: aufgeHorcht 1/2006

Zeitzeugen-Gespräch in Eisenach 2016: M. Doht (AWE), E. Kittler, Klaus Lantzsch **Foto: AWE**

Abschluss der Verhandlungen mit FER. Links Svetlik, daneben die Herren Milztrey, Nolde, Köhler, Münzner, Frau Regina Dorl (SG-Direktorin für Absatz), Dr. Hans Schieck (Kombinatsdirektor) und Hans Holland-Moritz (Entwicklungsleiter FER) **Foto: Lantzsch**

Die VW-Einkäufer trafen auf zuverlässige Partner, was aber nicht durchgehend der Fall war (vgl. Kapitel 11).

Als der viermillionste Lampensatz aus Thüringen in Wolfsburg montiert wurde, ließ Münzner im Dezember 1986 das Band in Wolfsburg für eine kleine Feierstunde anhalten und hielt eine Rede[17]. Exportdirektor Klaus Lantzsch, der parteilose (!) Exportchef des Unternehmens, erzählte von einem geradezu freundschaftlichen Kontakt zu den VW-Verhandlern, die gemeinsam mit den DDR-Partnern dem Jäger-Hobby gefrönt hätten. Hahn, Münzner und Köhler besuchten privat die Museen und die Wartburg in Eisenach und unterstützten den Aufbau einer Behinderten-Arbeitsstätte[18].

Schulungen und Dienstreisen

Im Rahmen der Kompensationsgeschäfte gab es erhebliche Investitionen für FER, beispielsweise für eine neue Schweinwerfer-Bedampfungsanlage und eine Spulen-Wickelmaschine für Wischermotoren[19]. Auch andere Goodies kamen dem Betrieb zugute – quasi am offiziellen Einfuhrweg vorbei erhielt FER vor 1987 einen roten, viertürigen 90-PS-Golf II als Dienstwagen, anschließend kam ein zweiter in syncro-Ausführung. Über ein Zusatzgeschäft gelangte dann sogar ein T3 Caravelle in edler Business-Ausführung in die Firma. Klaus Lantzsch übernahm übrigens nach der politischen Wende das Ruhlaer Unternehmen und führte es erfolgreich in die Marktwirtschaft.

Harry Mehnert, damals Leiter Arbeitsökonomie bei VEB Barkas, 2015 bei einem Vortrag in Wolfsburg **Foto: Kittler**

17 Infos Heiko Lantzsch (Feb. 2023)

18 Interview Klaus Lantzsch (2015)

19 Aufsatz W. Sonntag

Zunehmend kamen sich die Gesprächspartner näher, es wurde durchaus auch gefeiert. In Rot in der Mitte Karlheinz Riedel, einer der ersten DDR-Techniker in Hannover, neben ihm Dr. Frank Löwe (Haupttechnologe Barkas) und H. Kahmann (VW Salzgitter), links D. Bothe **Foto: Sammlg. Bothe**

Eines der vielen gemeinsamen Arbeitsessen (links vorn B. Beltrame, V. Köhler und W. Kühn) **Foto: Sammlg. Bothe**

Auch das Management von Volkswagen und der DDR-Seite hatte immer wieder Grund zum Feiern. Hier Jurist D. Bothe (links) mit H. Kahmann, dahinter links K. Löschmann (beide Werk Salzgitter) und ein Vertreter des DDR-Außenhandels während einer Bus-Ausfahrt mit Ost-Kollegen **Foto: Sammlg. Bothe**

Immer wieder traten verzwickte Detailprobleme auf, die in gemeinsamen Beratungen geklärt wurden. Hier B. Beltrame bei einer Präsentation in Wolfsburg ***Fotos: Sammlg. Beltrame***

Die Zusammenarbeit bei den technischen Vorbereitungen des Motorenprojekts war generalstabsmäßig geplant worden. Nach dem Abschluss eines Einweisungsprogramms am 7. Februar 1986 zwischen VW und dem IFA Kombinat Pkw wurden über 150 politisch zuverlässige DDR-Fachleute in einer dreitägigen Reisekader-Schulung auf Linie gebracht: 104 kamen von Barkas, 57 von AWE. Die Fachschulungen im Westen dauerten dann im Normalfall zweimal zwei Wochen. Das erlernte Wissen sollte anschließend in der DDR an Meister, Facharbeiter und Angestellte weitergegeben werden. Die erste Gruppe von 30 Mitarbeitern kam im März 1986 nach Wolfsburg resp. Salzgitter. Das über 33 Wochen verteilte Schulungsprogramm im Westen endete am 5. März 1987. Bis zum Serienanlauf der Motoren wurden insgesamt 5.025 Personen in 234 Lehrgängen qualifiziert[20].

Oft wurden Schulungsprotokolle im weiteren Fortgang so abgefasst, dass weitere Dienstreisen nach dem Westen »dringend notwendig« wurden – Ost- und West-Techniker kamen sich so menschlich näher[21]. Das galt insbesondere für die Fachebene, also für Absprachen im Werk Salzgitter. Bei Barkas nannte man das Ganze scherzhaft »Aktion Schwarzer Koffer«, weil einige Dienstreisekader schwarze Pilotenkoffer für Ihre Unterlagen überreicht bekamen. Diese boten »viel Platz auch für andere Mitbringsel«. Als Transportmittel wurden in der Regel Barkas-Busse genutzt. Untergebracht waren die ostdeutschen Spezialisten im Fössehotel in Hannover oder im sogenannten »Bullenkloster« in der Wolfsburger Innenstadt.

Die Dienstreiseberechtigten waren »zuverlässig, aber nicht immer die Befähigtsten«, entsinnt sich der bereits erwähnte Harry Mehnert, damals Leiter Arbeitsökonomie auf DDR-Seite[22]. Ihnen war entsprechendes Benehmen eingebläut worden, beispielsweise sollten sie kein »ordinäres« Sächsisch sprechen. Zeitzeugen wissen von einem heißen Sommertag 1986 in Salz-

20 L. Leonhardt: Warum? Teil 12 in: 79 Oktan

21 Infos H.Beck

22 Infos H. Mehnert

gitter, als ein DDR-Techniker geziert bemerkte: »Eine Hitze ist das, ich transpiriere!« Darauf der Westkollege: »Da haste aber Glück, ich schwitze wie ein Schwein«. »Aufgrund eines konsequenten Auftretens und fachlichen Wissens wurden die MA des IFA Kombinats Pkw von den MA der VW AG geachtet und akzeptiert. Vereinzelt ließen Kollegen aber ihren Unmut gegenüber den Teilnehmern am Einweisungsprogramm erkennen«, vermerkte W. Sonntag[23].

Auf der anderen Seite kamen rund 200 Volkswagen-Spezialisten nach Karl-Marx-Stadt und Eisenach, die teilweise über Monate vor Ort waren[24]. Obwohl nicht gern gesehen, gab es durchaus freundschaftliche Verbindungen mit ihnen[25]. Das gute Miteinander reichte soweit, dass selbst hochrangige DDR-Partner die Ostgeld-Restbestände von ebenfalls hochrangigen Dienstreisenden aus dem Westen aufbewahrten. Privilegien wie »Schnellfahrgenehmigungen« erhielten die West-Spezialisten zwar (offiziell) nicht, wurden aber an der Grenze »freundlich behandelt und kaum gecheckt«. Motorenchef Dr. Neyer entsinnt sich der Diplomatenspur, über die quasi ohne Wartezeit ein- und ausgereist werden konnte. Sie fuhren meist in VW Bussen nach Berlin oder Karl-Marx-Stadt, stets bemüht, sich an die geltenden 100 km/h zu halten. Dirk Bothe berichtete von einem Stopp durch die Volkspolizei, bei dem sie aber lediglich gefragt wurde, ob sie einen 100-DM-Schein wechseln könnten...

Ostdeutsche Spezialisten und Führungskräfte, die häufiger in die Bundesrepublik reisten, nutzten dafür übrigens Pkw aus einem Pool der volkseigenen Fahrzeugindustrie – beispielsweise VW Golf und Santana, auch Peugeot und Citroën.

Überforderte DDR-Zulieferindustrie

VW wollte seine verhandelten Rücklieferungen durch Kaufteile von verlässlichen eigenen Zulieferern komplettieren, während die Motoren für die Verwendung in der DDR vor Ort mit 650 Teilen/Baugruppen (beispielsweise Ventile, Ventilfedern, Gleitlager, Rollenketten, Dichtungen, Zahnriemen) selbst vervollständigt werden mussten. Dies allerdings bei gleichem Standard (Baumustergenehmigung durch VW anhand von je 25 Rumpfmotoren).

Organisiert von V. Köhler besuchten DDR-Spezialisten daraufhin westliche Zulieferfirmen zum Erfahrungsaustausch, während VW-Fachleute – begleitet von Inspektoren des IFA Kombinats – wegen noch offener Qualitätsfragen Zulieferer in der DDR aufsuchten (»Lieferantenbewertung«). Dass sich die Ingenieure aus dem Westen Deutschlands im Osten so frei bewegen durften, erregte durchaus das Misstrauen des MfS, wie Dr. Sonntag berichtete[26].

23 Infos W. Sonntag

24 HC. Hermann: Beiträge

25 Infos D. Neyer

26 Vortrag W. Sonntag, Förderverein A. Horch Museum (2005)

Die Zulieferindustrie der DDR war letztlich überfordert, manchmal auch unwillig – es kam zu »Blockaden«, sodass sogar Vertragsgerichte eingeschaltet werden mussten. Die »in der Regel im Sinne der Zielstellung für das Kombinat Pkw entschieden, ohne dass sich in der Sache etwas nach vorn bewegte«. Die Forderung nach zusätzlichen Investvorhaben, Lizenzen und nach Arbeitskräften – stets begründet mit der geforderten Qualität – strandeten im IFA Kombinat Pkw und mussten entschieden werden. Potente Zulieferer wie FER (vgl. Unterkapitel Kompensationen) wurden in der Regel wunschgemäß bedient. Im günstigsten Falle wurde »unerwünschten Importanträgen« durch die Zulieferer in Form von Sondergenehmigungen für ungeplante NSW-Importe stattgegeben[27].

Es zeigte sich schnell, dass die nach Beratungen mit DDR-Zulieferbetrieben und ausgewählten VW-Zulieferbetrieben Ende 1983 zunächst geschätzten Investitionskosten von 1,1 Milliarden DDR-Mark incl. 163 Millionen DM viel zu optimistisch waren[28]. »Das war ein Desaster, war doch fast kein Zulieferteil lieferbar« resümierte W. Sonntag, und nannte Beispiele: Stilit und das dafür benötigte Schweißverfahren für die gepanzerten Ventile gab es nicht in der DDR, was die Kosten hochtrieb[29].

Das alles brachte nicht geplante Ergänzungsinvestitionen und weitere Lizenznahmen mit sich. Dafür wurde bereits 1983 ein Zusatzaufwand von über 160 Mio Valuta Mark geschätzt, der von fünf Führungsstäben verteilt werden sollte[30]. Darunter waren allein 389 Baugruppen/Zulieferteile, die zusätzliche Entwicklungsleistungen erforderten – was wiederum 130 Großinvestitionen nach sich zog[31]. Und es ging eben längst nicht mehr »nur« um die neuen Motoren, sondern letztlich um die Generalsanierung eines ganzen Industriezweigs.

Und längst nicht alle Zulieferer in Westdeutschland kamen den Ostdeutschen entgegen. So berichtet Dr. Sonntag von den Bemühungen, Tassenstößel bei der Firma INA zu beziehen bzw. die Lizenzen zu erhalten. Erst Münzner/Köhler ebneten hier den Weg. Auch politische Randbedingungen angesichts westlicher Lieferboykotte griffen. So war das Motorenwerk Nordhausen, eigentlich Zentrum des Lkw-Dieselmotorenbaus in der DDR, verpflichtet worden, Ein- und Auslassventile zu fertigen. Die durch VW vermittelte Lizenznahme bei TRW war aber wegen der Boykottvorgaben für das US-Unternehmens nicht machbar. Als neuer Zulieferer sprang die Johann Modeler GmbH Aschaffenburg ein[32]. Ein anderes Beispiel für »Problemteile« waren Schalldämmmatten, Antidröhnbeläge, Reibbeläge, Kabelsätze, Zeigerinstrumente, Kunststoffteile und Radialreifen[33].

27 Vortrag R. Albrecht, Förderverein A. Horch Museum (04.11.2022)

28 L. Leonhardt: Warum? Teil 10 in: 79 Oktan

29 Vortrag W. Sonntag, Förderverein A. Horch Museum (2005)

30 HC. Hermann: Beiträge

31 L. Leonhardt: Warum? Teil 11 in: 79 Oktan

32 P. Kirchberg: Plaste

33 R. Albrecht: Zur Strategie

Aus all dem resultierende geänderte Terminabläufe wurden als Vertragsnachsätze festgehalten und damit von beiden Seiten akzeptiert. Ursprünglich sollte im Januar 1986 die Anlage nach Sachsen verlagert worden sein, die Anlieferung und Montage der ersten Transferlinien verschob sich aber um ein Jahr. Gleiches galt für den ursprünglich im Dezember 1986 vorgesehenen Probelauf. Ab April 1987 war eigentlich der Start der Ottomotoren-Fertigung (EA 111) geplant – er verschob sich ins Jahr 1988[34].

Winfried Sonntag später in einem Vortrag[35]: »Wir waren einer enormen Fehleinschätzung infolge mangelnden Erkenntnisstands und fehlendem Verhandlungsvorlaufs aufgesessen. Aber dieses Geschäft war der erste Schritt zur Erreichung des internationalen Entwicklungsstands im Pkw-Bau, wobei gleichzeitig die Zulieferindustrie das angestrebte hohe Niveau erreicht«.

Stopp für den Diesel

Die Notwendigkeit eines noch sparsameren Dieselmotors (der ursprünglich im Mittelpunkt aller Überlegungen gestanden hatte) – übrigens immer nur für den Trabant – war dem Politbüro völlig klar. Am 17. Januar 1984 war verkündet worden: »Zusammengefasst muss eingeschätzt werden, dass die Inlandsversorgung mit Vergaserkraftstoff langfristig nicht allein mit Maßnahmen zur Aufkommenserhöhung gesichert werden kann. Neben den Anstrengungen zur weiteren Erhöhung des Aufkommens an Vergaserkraftstoff ist es erforderlich, gleichzeitig Maßnahmen mit entscheidender Wirkung auf die Verbrauchssenkung an Vergaserkraftstoff durchzusetzen, um langfristig eine stabile Versorgung zu gewährleisten. Dazu wird die Einführung einer Pkw-Dieselmotorenbaureihe vorgeschlagen ... Mittel- und langfristig würde mit der Realisierung dieser Variante eine generelle Entschärfung des Kraftstoffproblems erreicht, auch unter dem Aspekt der zur Verfügung stehenden Erdölmenge ...«[36].

Der Dieselmotor sollte eigentlich im April 1988 anlaufen. Im Vertrag genau geregelt waren die Umbauzeiten der überholten Motorenstraße für den Selbstzünder (von dem zunächst sogar eine 75-PS/55-kW-Powervariante angedacht war) – das vielschichtige Programm umfasste mehrere Druckseiten. Bei Bosch wurde eine Lizenz für die Verteiler-Einspritzpumpe erworben. Tatsächlich wurden drei Funktionsmuster des Diesel-Trabant aufgebaut, aber letztlich nicht der vorhergesehenen Dauererprobung unterzogen. Denn mittlerweile gab es Probleme mit den von Bosch geforderten Stückzahl-Lizenzen und mit drohenden weiteren Investitionen.

Übergabe der Motorenanlage am 31. August 1988, Bildmitte Dr. Hahn, links D. Voigt ***Foto: Bothe***

1986 drohte Wirtschaftslenker G. Mittag jedoch damit, angesichts der explodierenden Kosten und der Lizenzprobleme das gesamte Motoren-Geschäft zu stoppen. Daraufhin wurde – nach der Kostenschätzung von 9,686 Mrd. Mark im Februar 1986 – Diesel-Thema gestoppt und auf »nach 1990« verschoben[37]. Das sparte 2,436 Mrd M (incl. 732 Mio VM) an Investitionskosten[38].

34 Peter Kirchberg: Die Implantation des VW-Motors

35 Aufsatz W. Sonntag

36 L. Leonhardt: Warum? Teil 10 in: 79 Oktan

37 Vortrag W. Sonntag, Förderverein A. Horch Museum (2005)

38 Sammlg. Schinz/Bundesarchiv/DY30 (SED/ZK-Abtl.) 6930-6936/ Schreiben Pasold-Ehrensperger: Übersicht Beschlüsse, 1989

Übergabe der Alphamotoren-Fertigungsanlage am 31. 8. 1988 in Karl-Marx-Stadt

Teilnehmerliste

Name	Funktion
Beckert	Hauptabteilungsleiter, VEB Barkas-Werke, Karl-Marx-Stadt
Bein	Leiter Inspektion Motorenbau, Volkswagen AG, Salzgitter
Beltrame	Direktor für Grundfondswirtschaft, VEB Barkas-Werke, Karl-Marx-Stadt
Bothe	Leiter Rechtswesen Ausland, Industriekooperationen, Volkswagen AG, Wolfsburg
Braun	Abteilungsleiter, VEB Rapro Weimar, Weimar
Brenner	BGL-Vorsitzender, VEB Barkas-Werke, Karl-Marx-Stadt
Briam	Mitglied des Vorstandes der Volkswagen AG, Wolfsburg
Buhmann	Vorsitzender des Betriebsrats, Volkswagen AG, Salzgitter
Bülow	Stellv. des Generaldirektors für komplexe Plandurchführung, VEB Barkas-Werke, Karl-Marx-Stadt
Burghardt	Betriebsdirektor, VEB Rapro Weimar, Weimar
Dziggel	Leiter Motor-Konstruktion, Volkswagen AG, Wolfsburg
Eichhofer	Direktor für Export, AHB Transportmaschinen, Berlin
Fleck	Geschäftsführer, Gebr. Honsberg GmbH, Remscheid-Hasten
Fühl	Geschäftsführer, KK-Automation, Klaus-Th. Krämer GmbH & Co. KG, Neckarsulm
Gohl	Baustellenleiter Eisenach, Volkswagen AG, Salzgitter
Gollin	Vizepräsident der Interessen- gemeinschaft d. Handelsvertreter u. Handelsmakler der DDR, Berlin
Gottschling	Abteilungsleiter, VEB Rapro Gotha, Gotha
Dr. Hahn	Vorsitzender des Vorstandes der Volkswagen AG, Wolfsburg
Hans	Sonderbeauftragter, AHB Industrieanlagen-Import, Berlin
Hartung	BGL-Vorsitzender, VEB Automobilwerk Eisenach, Eisenach
Hesse	Stellv. Baustellenleiter Karl-Marx-Stadt, Volkswagen AG, Hannover
Hiller	Vorsitzender des Konzern- betriebsrats, Volkswagen AG, Wolfsburg
Prof. Hofmann	Direktor für Wissenschaft und Technik, VEB Barkas-Werke, Karl-Marx-Stadt
Hofmann	Abteilungsleiter, VEB Barkas-Werke, Karl-Marx-Stadt
Hörmann	Geschäftsführer und Inhaber, Hörmann GmbH, Kirchseeon-Egelharting
Kahmann	Leiter Fertigungsplanung, Volkswagen AG, Salzgitter
Kasten	Leiter Qualitätssicherung Motorenprojekt Alpha, Volkswagen AG, Salzgitter
Kehler	Baustellenleiter Karl-Marx-Stadt, Volkswagen AG, Hannover
Köhler	Bereichsleiter Planung und Systemanalyse E & L, Volkswagen AG, Wolfsburg
Korff	Werksleiter, Volkswagen AG, Salzgitter
Krause	Hauptabteilungsleiter VEB Automobilwerk Eisenach, Eisenach
Krause	Inhaber, Johann A. Krause Maschinenfabrik GmbH, Bremen-Farge
Kretschmer	Geschäftsführer, Velte Electric GmbH, Wolfsburg
Krempler	Aufbauleiter Eisenach, VEB Automobilwerk Eisenach, Eisenach
Kruppa	Stellv. Direktor für Import, AHB Industrieanlagen-Import, Berlin
Kühn	Stellv. des Auftragsleiters, VEB Barkas-Werke, Karl-Marx-Stadt
Lampe	Hauptabteilungsleiter, VEB Barkas-Werke, Karl-Marx-Stadt
Liedtke	Betriebsdirektor, VEB Automobilwerk Eisenach, Eisenach
Dr. Loewe	Hauptabteilungsleiter, VEB Barkas-Werke, Karl-Marx-Stadt
Löschmann	Leiter Allgemeine Planung, Volkswagen AG, Salzgitter
Mogwitz	Vorsitzender des Betriebsrats, Volkswagen AG, Hannover
Münzner	Stellv. Vorstandsvorsitzender der Volkswagen AG, Wolfsburg
Neyer	Leiter Konstruktion PKW-Triebwerk, Volkswagen AG, Wolfsburg
Nitsche	Inhaber, Josef Nitsche Maschinenservice, Freiberg/Neckar
Nobis	Aufbauleiter Karl-Marx-Stadt, VEB Barkas-Werke, Karl-Marx-Stadt
Otto	Hauptabteilungsleiter, VEB Barkas-Werke, Karl-Marx-Stadt
Papp	Stellv. Baustellenleiter Eisenach, Volkswagen AG, Salzgitter
Reif	Bereichsleiter Motoren- produktion, VEB Barkas-Werke, Karl-Marx-Stadt
Reinhold	Hauptabteilungsleiter, VEB Barkas-Werke, Karl-Marx-Stadt
Riedel	Hauptabteilungsleiter, VEB Barkas-Werke, Karl-Marx-Stadt
Roloff	Generaldirektor, AHB Industrieanlagen-Import, Berlin
Sauter	Inhaber, Sauter GmbH, Bremen
Schindler	Präsident der Interessen- gemeinschaft d. Handelsvertreter u. Handelsmakler der DDR, Berlin
Schlesinger	Verkaufsdirektor, Ernst Grob GmbH & Co. KG, Mindelheim
Schmidt	Abteilungsleiter, VEB Automobilwerk Eisenach, Eisenach
Dr. Schmieder	Direktor der TKO, VEB Barkas-Werke, Karl-Marx-Stadt
Schmiedel	Direktor für Binnenhandel und Außenwirtschaft, VEB Barkas-Werke, Karl-Marx-Stadt
Schneider	Stellv. Generaldirektor, AHB Transportmaschinen, Berlin
Schramm	Hauptabteilungsleiter, VEB Barkas-Werke, Karl-Marx-Stadt
Prof. Seiffert	Bereichsleiter Aggregate-Entwicklung, Volkswagen AG, Wolfsburg
Dr. Sonntag	Auftragsleiter, VEB Barkas-Werke, Karl-Marx-Stadt
Dr. von Starck	Geschäftsführer, AEG Elotherm GmbH, Remscheid-Hasten
Steinwascher	Leiter RGW-Projekte, Volkswagen AG, Wolfsburg
Svetlik	Bereichsleiter Einkauf Allgemein, Volkswagen AG, Wolfsburg
Topf	Betriebsdirektor, VEB Rapro Gotha, Gotha
Fr. Ulbricht	Mitarbeiterin Aufbauleitung, VEB IFA-Kombinat Personen- kraftwagen, Karl-Marx-Stadt
Voigt	Generaldirektor, VEB IFA-Kombinat Personen- kraftwagen, Karl-Marx-Stadt
Walter	Geschäftsführer, Witzig & Frank – Martin KG, Offenburg
Weigel	Geschäftsführer, Hüller Hille GmbH, Ludwigsburg
Zeitsch	Stellv. Generaldirektor, AHB Industrieanlagen-Import, Berlin

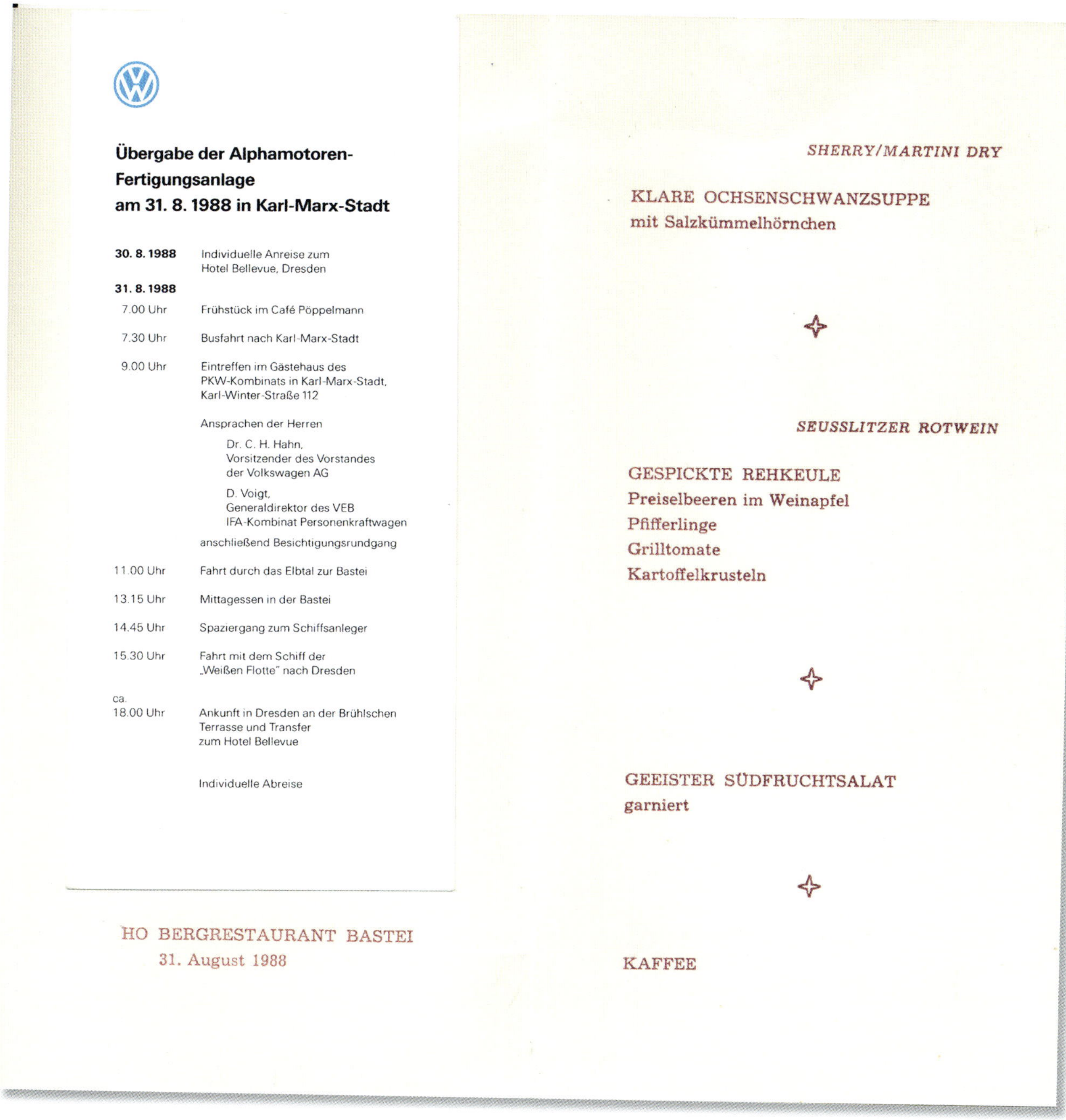

Übergabe der Alphamotoren-Fertigungsanlage am 31. 8. 1988 in Karl-Marx-Stadt

30. 8. 1988	Individuelle Anreise zum Hotel Bellevue, Dresden
31. 8. 1988	
7.00 Uhr	Frühstück im Café Pöppelmann
7.30 Uhr	Busfahrt nach Karl-Marx-Stadt
9.00 Uhr	Eintreffen im Gästehaus des PKW-Kombinats in Karl-Marx-Stadt, Karl-Winter-Straße 112
	Ansprachen der Herren Dr. C. H. Hahn, Vorsitzender des Vorstandes der Volkswagen AG D. Voigt, Generaldirektor des VEB IFA-Kombinat Personenkraftwagen anschließend Besichtigungsrundgang
11.00 Uhr	Fahrt durch das Elbtal zur Bastei
13.15 Uhr	Mittagessen in der Bastei
14.45 Uhr	Spaziergang zum Schiffsanleger
15.30 Uhr	Fahrt mit dem Schiff der „Weißen Flotte" nach Dresden
ca. 18.00 Uhr	Ankunft in Dresden an der Brühlschen Terrasse und Transfer zum Hotel Bellevue
	Individuelle Abreise

HO BERGRESTAURANT BASTEI
31. August 1988

SHERRY/MARTINI DRY

KLARE OCHSENSCHWANZSUPPE
mit Salzkümmelhörnchen

SEUSSLITZER ROTWEIN

GESPICKTE REHKEULE
Preiselbeeren im Weinapfel
Pfifferlinge
Grilltomate
Kartoffelkrusteln

GEEISTER SÜDFRUCHTSALAT
garniert

KAFFEE

Die Anlagen-Übergabe am 31.08.1988 geriet zu einem großen Event *Quellen: Dr. Neyer*

Zum Zeitpunkt des Kostenschnitts gab es in Zwickau bereits fahrbereite Unikate mit Dieselmotor. Im Vertragsnachtrag vom 2. April 1987 hieß es nur lapidar: »Ziffer 1.3. »und EA 185 Diesel-Motoren ...« entfällt. Eine vage Hoffnung keimte, frühestens 1994 auf das Thema zurück zu kommen.

Allerdings ergab sich nun ein nicht geplanter Mehrbedarf an Vergasern für den Trabant, was den Erwerb von Fertigungslizenzen und letztlich einer kompletten Fertigungsstraße von der italienischen Firma Weber nach sich zog – Zusatzaufwand 36 Mio DM[39]. Das Politbüro hatte dazu am 27. Januar 1987 Nachverhandlungen mit Volkswagen mit dem Ziel neuer

39 L. Leonhardt: Warum? Teil 11 in: 79 Oktan

VEB IFA-KOMBINAT
Personenkraftwagen
Karl-Marx-Stadt · DDR

Juli 1988

Neues Antriebsaggregat Personenkraftwagen – Viertakt-Ottomotor

Im Jahr 1984 wurde der Vertrag zur Lieferung und Einrichtung von Maschinen und Anlagen für die Produktion von Viertakt-Ottomotoren als Baureihe 1,05 sowie 1,3 Liter zwischen dem Außenhandelsbetrieb Industrieanlagen-Import, dem Kombinat PKW und der Volkswagen-AG abgeschlossen. Es wurde vereinbart, Maschinen, Transferlinien sowie Meß- und Prüftechnik für die Komplexe

- Mechanische Bearbeitung
- Montage
- Qualitätskontrolle

zu errichten und ab 1. 7. 88 produktionswirksam zu gestalten.
Die Kapazität ist mit 1500 Motoren in zwei Schichten ausgelegt.
Die ab Juli 1988 produzierten Motoren werden in die PKW Wartburg und Trabant sowie ab 1990 in den Kleintransporter B 1000 eingesetzt und stellen damit eine entscheidende Etappe bei der Entwicklung des PKW-Baues in der DDR dar.

Dazu wurden im VEB Barkas-Werke an den Standorten Karl-Marx-Stadt, Frankenberg und Hainichen unfangreiche Bauinvestitionen realisiert und Rekonstruktionsobjekte organisiert.
Mit den Bauarbeiten wurde im Oktober 1984 begonnen.
Im Jahr 1987 erfolgte die Lieferung und Montage der ersten Transferlinien.
Bis zu 1200 Bau- und Montagekräfte waren zeitweilig auf den Baustellen eingesetzt.
Mit der planmäßigen Inbetriebnahme wurden alle Hauptobjekte mit bestätigten Leistungsnachweisen durch die zukünftigen Nutzerkollektive übernommen.

Neben teilautomatisierten Produktionskomplexen werden moderne Technologien eingesetzt, so z. B.

- 2,5 km Leitbahn- und Hängeförderer
- ein Hochregallagersysstem für Wareneingang und Zwischenlagerung mit 11500 Lagerplätzen mit rechnergesteuerter variabler Lagerplatzwahl
- bis 1990 17 rechnergesteuerte Motorenprüfstände zur Kurz-, Mittel- und Langzeitprüfung von Motoren
- effektive Lösungen für Kühlmittel- und Spänetransport und deren Wiederaufbereitung

Damit wurden optimale Bedingungen für den Fertigungsprozeß geschaffen.
Neue Garderoben, Waschräume und Sozialeinrichtungen, eine Betriebspoliklinik, eine Kegelbahn und weitere Verbesserungen der Arbeits- und Lebensbedingungen stellen darüber hinaus wichtige Maßnahmen zur komplexen Umgestaltung des Betriebes dar.
Die Verflechtung von Leistungen der inländischen Vertragspartner, der Bau- und Ausrüstungskombinate und -betriebe mit Firmen aus der Bundesrepublik, Oesterreich und Belgien machte eine tägliche Koordinierung notwendig und forderte von allen Mitarbeitern hohe Leistungsbereitschaft und exakte Termin- und Qualitätseinhaltung.
So konnte das gemeinsam gestellte Ziel zum 1. 7. 1988 erreicht werden.

IFA-Pressemitteilung, allerdings ohne Verweis auf die Herkunft des Motors *Quelle: Dr. Neyer*

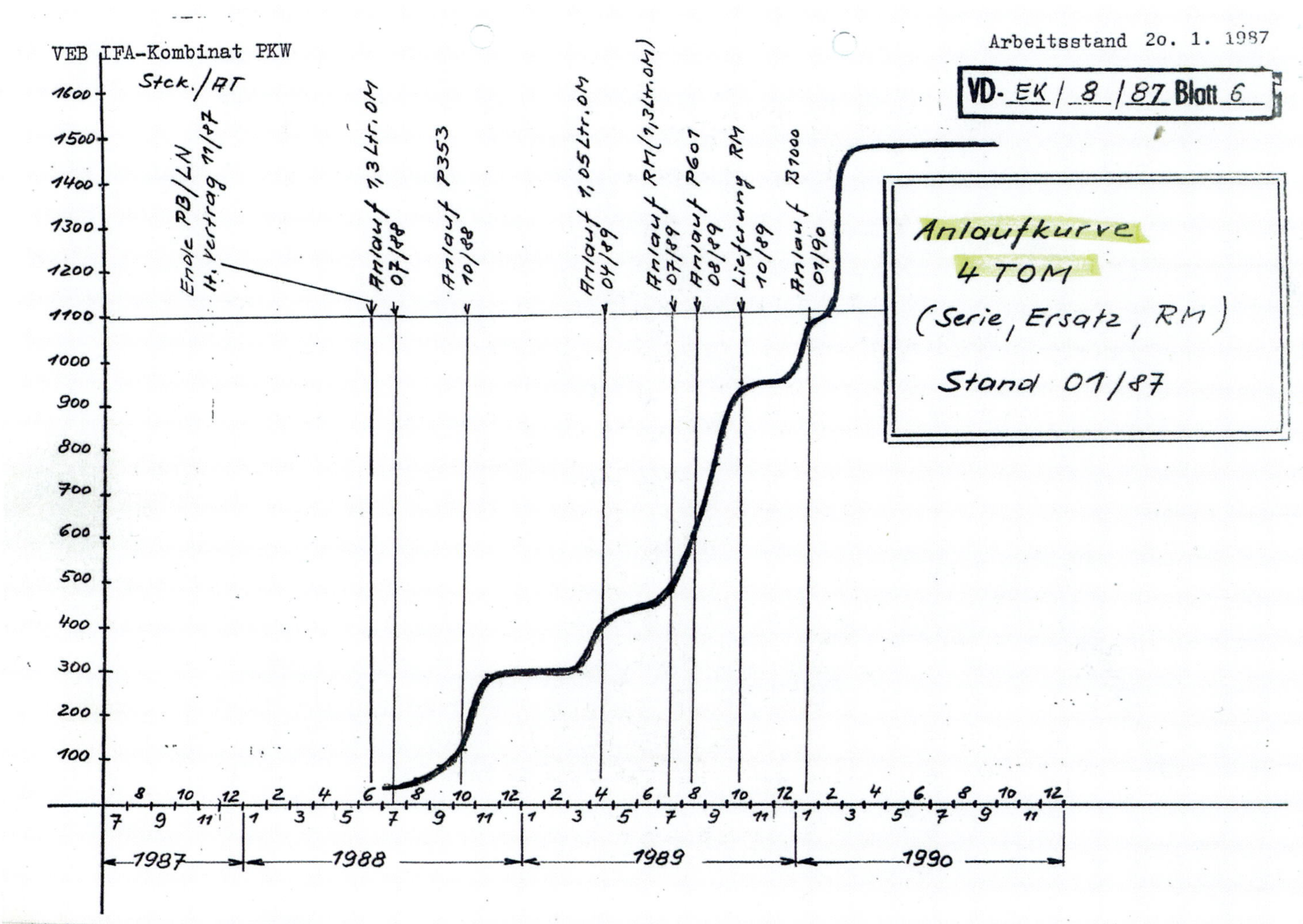

Geplante Anlaufkurve des IFA Kombinats Pkw vom 20.01.1987 *Quelle: IFA*

Terminstellungen sowie Überbrückungskrediten wegen des Mehraufwands bei den Vergasern zugestimmt[40].

Anlagenübergabe und Produktionsanlauf

Die ursprünglichen Termine einschließlich der Übergabe der Anlagen im Dezember 1986 waren nicht zu halten, so dass erst am 31. August. 1988 die tatsächliche Übergabe der Anlagen in Karl-Marx-Stadt erfolgte, Wobei die interne »Schlüsselübergabe« von IFA-Generaldirektor Voigt an Direktor Siegfried Bülow – später Werkleiter bei Porsche Leipzig – schon am 7. Juli 1988 erfolgt war. Wiederholte Terminverschiebungen waren zuvor aber vertraglich mit Volkswagen vereinbart worden. Nachdem sich im weiteren Verlauf der Verhandlungen gezeigt hatte, dass die Zulieferumfänge für die DDR nun qualitativ denen in Westdeutschland ebenbürtig waren, wurde der Lieferumfang erweitert: Die DDR-Seite beschickte Volkswagen künftig mit Rumpfmotoren einschließlich kompletter Zylinderköpfe aus Eisenach[41].

Die Eröffnung der Produktionsanlage geriet zum großen Event – mit Anreise ins Dresdner Hotel Bellevue am 30. August. und einem vollen Programm am Folgetag. Die offizielle Gästeliste umfasste 66 Personen, darunter viele Vertreter von Zulieferbetrieben in Westdeutschland. Mit Reisebussen fuhren sie ins Gästehaus des Pkw-Kombinats in Karl-Marx-Stadt, Karl-Winter-Str. 11. Dr. Hahn und Dieter Voigt hielten Ansprachen, anschließend erfolgte ein Besichtigungsrundgang, bevor im Bergrestaurant Bastei im Elbsandsteingebirge ein dreigängiges Festessen (mit Ochsenschwanzsuppe, gespickter Rehkeule und geeistem Südfruchtsalat) verabreicht wurde. Mit einem Schaufelraddampfer der Weißen Flotte ging es zurück nach Dresden.

Hahn hatte zwar gesagt: »Das ist kein Feuerwerk wie beim Golf-Abschluss, sondern ein Dauerbrenner«, gab aber später zu: »Auch wir gingen davon aus, dass die Umrüstzeit der Anlagen und deren Wiederanlauf nicht länger als ein bis zwei Jahre dauern würden. Aber immer neue Verzögerungen ließen Schlimmes hinsichtlich des Zustands der DDR-Industrie ah-

40 P. Kirchberg: Plaste

41 Vortrag R. Albrecht, Förderverein A. Horch (04.11.2022)

Gebäudekomplex Viertaktfertigung und Wareneingangsprüfung in Karl-Marx-Stadt Fotos: IFA

Motorenprüfstand/Qualitätsüberwachung *Foto: IFA*

nen«[42]. Dr. Hahn, den bereits die heruntergekommenen, alten Produktionsanlagen in Zwickau hatten skeptisch werden lassen (»Die Verhältnisse in jener Halle symbolisierten für mich das Versagen eines ganzen Systems«), empfand allerdings seine Kontakte mit hohen Parteikadern als »durchweg angenehme Veranstaltungen – wir wurden nicht wie der Klassenfeind, sondern wie Fürsten behandelt«[43].

Die ersten Probe-Motoren waren im Juli 1988 produziert worden[44]. Und mit rund eineinhalb Jahren Verspätung startete am 8. November 1989 die Auslieferung der ersten Rumpfmotoren für VW nach Salzgitter. Ursprünglich war dies ebenfalls zum Juli 1988 geplant gewesen. Im September 1989 hatte man schließlich nach immer neuen Planverzögerungen die Lieferung der ersten 10.000 Motoren für VW bis zum Jahresende vereinbart. Am 4. Dezember gab es dann in Sachsen eine kleine Feierstunde zur Abnahme der ersten 256 Rumpfmotoren (vgl. Kapitel 21).

Insgesamt entstanden 1989 exakt 10.055 Einheiten für Volkswagen[45]. 1990 folgten dann weitere 130.740 Rumpfmotoren für Volkswagen aus Sachsen, 1991 waren es noch 67.914. Damit waren bis 1991 insgesamt ca. 200.000 Rumpfmotoren ausgeliefert worden. Dafür hatte der VEB Kraftverkehr Karl-Marx-Stadt drei Volvo-Lkw mit Rollbodenausbau angeschafft[46]. Für die neuen Viertakt-Pkw in der DDR wurden 1988/1989 insgesamt 86.711 Motoren bereitgestellt. Insgesamt entstanden zwischen 1988 und 1991 genau 39.575 BM 820 für den Trabant, 154.380 BMW 860 für den Wartburg und 1.922 BM 880 für den B 1000-1. In Summe ergab dies 195.877 Einheiten für den Binnenmarkt[47], also etwa genauso viel, wie an VW geliefert worden sind.

42 C. Hahn: Meine Jahre
43 Katja Iken in SPIEGEL online, 20.04.2011
44 Pressemitteilung IFA 31.08.1988
45 R. Albrecht: Zur Strategie
46 Infos J. Kaiser (16.09.2023)
47 R. Albrecht: Zur Strategie

17. T3-Busse und Transporter für die DDR

Im Rahmen des Motorenprojekts war auch die »Lieferung von Transportern T3 und größer bis 5 Tonnen Traglast« vorgesehen – insgesamt 15.000 Exemplare sollten bis 1993 in die DDR gehen[1]. Wie in Kapitel 16 erwähnt, sollte dies auch als Kompensation dafür dienen, dass Arbeitsplätze in Hannover zur Disposition standen. Jeder zusätzliche Lieferauftrag war also willkommen.

Von Dezember 1984 bis Juni 1985 gelangten 2.400 Einheiten des T3-Busses in den deutschen Osten:
- 1.200 Transporter T3 »253« Achtsitzer mit 1.9L 60 PS
- 600 Doppelkabinen mit 1.9L 60 PS (und mitgeliefertem »80«-Tempo-Aufkleber)
- sowie 600 Pritschen mit 1.6L Diesel, 50 PS (ebenfalls mit »80«-Aufkleber)

Andere Versionen, beispielsweise Camping-Ausführungen, wurden zwar auf der Leipziger Messe gezeigt, kamen aber nicht ins Lieferprogramm.

T3 California mit Aufstelldach auf der Leipziger Messe 1985
Foto: Elsing

Geliefert wurden ausschließlich Viergang-Handschaltgetriebe. Lackiert waren die Fahrzeuge in Lichtgrau, Mediumblau und Timorbeige (Pritschen meist in Blau). Da bei den Transportern T2 und T3 ab Werk hintere Schmutzfänger angebaut wurden, gehörten diese auch bei den DDR-T3 zur Serienausstattung. Und es gab ab Werk einen Unterbodenschutz wie sonst nur bei der Syncro-Version. Anderes wurde weggelassen – beispielsweise Kopfstützen und Gurte hinten.

1 SPIEGEL 7/84 (13.02.1984)

Zunächst wurden diese »LLKW« (Leichtlastkraftwagen) für Ost-Markt angeboten. Bei Vorliegen eines Berechtigungsscheins des jeweiligen Rates des Kreises wurden sie in der ganzen DDR veräußert. Im Freigabeschreiben hieß es: »Im Kfz-Brief Ihres zu erwartenden Kfz wird ein Vermerk enthalten sein, wonach bei Weiterveräußerung der VEB Maschinenbauhandel das Vorkaufsrecht besitzt«.

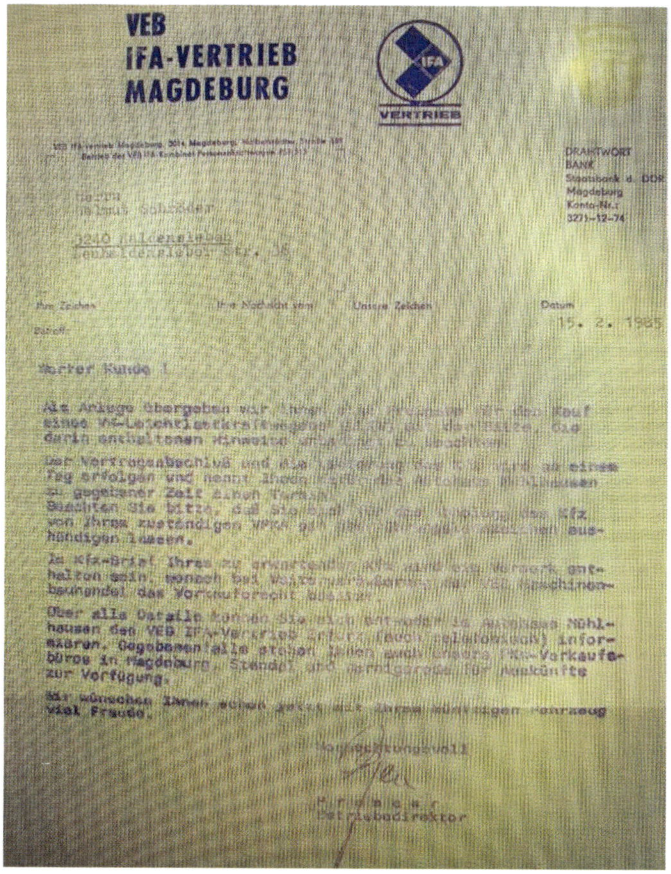

VEB
IFA-VERTRIEB
MAGDEBURG

VERTRIEB

DRAHTWORT
BANK
Staatsbank d. DDR
Magdeburg
Konto-Nr.:
3271-12-74

Ihr Zeichen | Ihre Nachricht vom | Unsere Zeichen | Datum
15. 2. 1985

Betreff

Werter Kunde !

[illegible]

Hochachtungsvoll

Betriebsdirektor

Freigabeschreiben für einen Kunden in Haldensleben bei Magdeburg. Darin heißt es in sehr höflicher Form: »Als Anlage übergeben wir Ihnen eine Freigabe für den Kauf eines VW-Leichtlastwagens (Pkw) mit der Bitte, die darin enthaltenen Hinweise unbedingt zu beachten... Beachten Sie bitte, dass Sie sich für die Abholung des Kfz von Ihrem zuständigen VPKA ein Überführungskennzeichen aushändigen lassen...
Im Kfz-Brief Ihres zu erwartenden Kfz wird ein Vermerk enthalten sein, wonach bei Weiterveräußerung der VEB Maschinenbauhandel das Vorkaufsrecht besitzt«[2]

Etwa 90 % der T3 gingen an Gewerbetreibende, Handwerker und Landwirtschaftliche Produktionsgemeinschaften (LPG), aber auch Kinderreiche konnten so ein Fahrzeug für DDR-Mark erwerben.

1985 im Bezirk Rostock ausgelieferter, mediumblauer T3 Bus 2014 im AutoMuseum Volkswagen. Die Schmutzfänger gehörten zum Lieferumfang **Fotos: Kittler**

2 Quelle: Elsing

Allerdings setzte man nun konsequenter auf das Thema Kaufkraftabschöpfung[3]:

- Pritsche für 54.000 Mark
- Doka für 56.000 Mark
- Bus für 59.100 Mark.

Zwar gab es die Fahrzeuge für DDR-Mark, aber für viele war dies zu teuer - zumal die Ersatzteile das Fünffache des jeweiligen DM-Preises kosteten. Kein Wunder, dass sich die Erstzulassungen der letzten T3 der 1985er Marge bis 1990 hinzogen.

T3-Pritsche in Mediumblau und T3 Transporter in Timorbeige, wie sie ab 1985 in der DDR abgesetzt wurden

Fotos: Crummenerl/GENEX

3 Infos H. Ippen

In Ostberlin zugelassener T3 Achtsitzer
Foto: Steffens

Den Service erledigten die 16 Bezirks-KIB, die sich auch um den Golf kümmerten. Dort gab es Ersatzteile bis hin zur beheizten Heckscheibe. Die Schulungen für den T3 wurden ausschließlich in Berlin durchgeführt. Ein Sonderfall war beispielsweise die Fluggesellschaft Interflug, die für ihre drei neuen Airbus je einen pastellweißen T3 Kombi mit Werkstattausrüstung zugekauft hatte.

Weitere Lieferungen des Transporters in die DDR, die für Ost-Mark angeboten wurden, kamen nicht mehr zustande. Im GENEX-Katalog waren sie aber weiterhin enthalten.

18. Die neuen Viertakt-Autos in der DDR

Mit geringstem Aufwand

Selbstverständlich sollten die neuen Viertaktmotoren alle in der DDR hergestellten Pkw antreiben - wobei aber das Budget schlicht und einfach nicht für komplett neue Nachfolgetypen reichte. So wurde entschieden, Trabant und Wartburg – mit geringstmöglichem Aufwand an die neue Antriebstechnik angepasst – quasi in alter Form weiterzubauen.

Aber entgegen aller optimistischen Annahmen passte der VW-Motor eben nicht ohne größere Anpassungen in den Trabant und vor allem in den Wartburg (Kapitel 18). Allein für die Entscheidung, den 1,3-Liter im Wartburg quer zu installieren, bedurfte es einer Entscheidung von ganz oben, gleiches galt für das neu zu entwickelnde Zweiwellen-Einheitsgetriebe WAF 7.4 S4 M von AWZ – weil die bisherigen Schaltboxen mit dem höheren Drehmoment der Westmotoren überfordert waren. Das Getriebe war übrigens bereits im Rahmen der Entwicklung zum Trabant 610 konzipiert worden[1]. Und der angekündigte 1.3 Diesel (EA 185) auf Basis des EA 111 – der ab 1989 im Trabant sitzen sollte – verschwand von der Agenda (Kapitel 16).

Ebenfalls 1986 auf die Zeit nach 1990 verschoben werden sollte die Fortführung von Studien zur Weiterentwicklung moderner Pkw-Karosserien (vgl. Kapitel 19). Tatsächlich dürfte die weitere Kooperation mit Volkswagen auch beim Thema Design längst beschlossene Sache gewesen sein – man hatte »fair und auf Augenhöhe« miteinander verhandelt, wie DDR-Unterhändler Bernd Beltrame ein bisschen resignierend angesichts der eingeschränkten Möglichkeiten des Ostens feststellte[2].

Trabant 601 und 1.1 vor der Verladung, 1990 ***Foto: IFA***

1 L. Leonhardt: Warum? Teil 11 in: 79 Oktan

2 Interview B. Beltrame (2015)

Wartburg 353 und 1.3 (hier Produktionsanlauf 1988) *Foto: AWE*

Tatsächlich aber wurde auch in der zweiten Hälfte der 80er an weiteren Wartburg-/Trabant-Nachfolgestudien gearbeitet, wenn auch nicht mit Prio 1.

Wartburg 1.3 Limousine im Windkanal (cW-Wert 0,42) *Foto: AWE*

Äußerlich blieben die beiden Autos nahezu unverändert, was der Volksmund mit »Mumien mit Herzschrittmacher« schmähte. Tatsächlich aber war ein Großteil der Bauteile verändert worden. Sogar die vorher katastrophal schlechten Luftwiderstandswerte wurden minimal verbessert (Trabant Limousine von 0,51 auf 0,48, Wartburg Tourist von 0,43 auf 0,41). In der planwirtschaftlichen Ära hätte die Kundschaft diesen bescheidenen Fortschritt hinnehmen müssen, aber In der freien Marktwirtschaft nach der Wende ließ sich dieser Kompromiss allerdings kaum noch absetzen. Der Kleinlieferwagen Barkas war zunächst gar nicht für den neuen Motor vorgesehen, aber dessen Anpassung gestaltete sich problemloser – schon deshalb, weil er weiterhin längs installiert werden konnte.

Obwohl in den ersten Zeitungsmeldungen ausdrücklich auf die VW-Lizenz hingewiesen wurde, war in den Serienausführungen von Trabant, Wartburg und Barkas kein Hinweis auf die Herkunft des Motors zu finden. Auch in den Werbebroschüren, dies es übrigens auch in englischer Sprache gab, wurde Volkswagen nicht erwähnt. Vermutlich war dies keineswegs ein Rückfall in ideologische Hardcore-Zeiten, sondern war von den Wolfsburger Geschäftspartnern nicht erlaubt worden.

Im Automobilwerk Eisenach wollte man weiterhin, auch aus den geforderten Kostengründen, beim Längseinbau mit seiner unschönen Optik bleiben. Allerdings hatte ein Team des WTZ ab März 1986 in Eigenregie sowohl einen EA 185-Diesel als auch einen EA 111-Ottomotor quer installiert – wobei aber ähnliche Kompromisse wie bei der provisorischen Anpassung 1983 bei VW (damals allerdings Beibehaltung des Längseinbaus – vgl. Kapitel 15) eingegangen worden sind. Diese Arbeiten sprachen sich bis zur Kombinatsleitung herum, die Mitte 1986 den Versuchsträger zur Überprüfung und Realisierung an AWE weiterreichte. Nachdem Direktor Dieter Voigt damit in Eisenach erneut abblitzte, machte er von seinem Weisungsrecht Gebrauch und ordnete per Ende November 1986 den Quereinbau des Motors an. Weil der Widerstand offensichtlich weiterhin köchelte, legte am 21. Januar 1987 niemand Geringeres als das SED-Politbüro besagten Quereinbau fest[7].

Jahresproduktion Wartburg 1.3, Trabant 1.1 und Barkas B 1000-1[3]

	Wartburg 1.3	Trabant 1.1	Barkas B 1000-1
1988	12.303	150	——
1989	70.204	722	——
1990	63.068	28.668	zusammen
1991	7.200	9.934	max. 1.922
Summe	152.775	39.474	1.922 = zusammen 194.171

/ungeklärte Differenz von 1.076 Motoren zwischen den insgesamt hergestellten 195.877 Alpha-Motoren für Wartburg, Trabant u. Barkas (Kapitel 16) gegenüber den hier genannten 194.171/

Wartburg 1.3

Technik

Erstes Modell mit dem neuen Viertakter war der Wartburg, der stets in erheblich kleinerer Stückzahl als der Trabant entstand. Das Basismodell 353 mit längs eingebautem Dreizylinder-Zweitakter wurde von 1967 bis 1989 nahezu unverändert in Eisenach gebaut – in insgesamt 1.225.429 Exemplaren. Ursprünglich sollte der EA 111 ebenfalls längs eingebaut werden, was sich aus verschiedenen Gründen als ungünstig herausstellte (»Riesenschnauzer«). Rainer Albrecht wertete dies als »bewusste Provokation«, um zusätzliche Investmittel zugesprochen zu bekommen[4]. Und W. Sonntag behauptete sogar, dass die Eisenacher in ihrem Bemühen um Selbstständigkeit traditionell so wenig wie möglich Vereinheitlichungen mit den Zwickauer Konstruktionen anstrebten[5].

Das Dilemma der Eisenacher: Kühler und der gegenüber dem bisherigen Dreizylinder längere Vierzylinder hatten den Vorbau des Wartburg um 100 mm anwachsen lassen. Und der Fahrgestellrahmen mit quer durch den Motorraum laufendem Federträger engte den Bauraum für den Motor zusätzlich ein. Dies war in den vergangenen Jahren der Grund, warum eigentlich nur kurzbauende Motoren (z. B. Ford V4, Morris Marina, Alfa-Romeo oder Renault) für eine Einbauerprobung im Wartburg 353 in Betracht kamen[6].

Der Motorquereinbau in einem Rahmenfahrzeug stellte tatsächlich ein konstruktives Alleinstellungsmerkmal dar. In einer gewaltigen Hauruck-Aktion angesichts der verbliebenen Zeit bis zum geplanten Serienanlauf im Oktober 1988 erfolgten umfangreiche Überarbeitungen vor allem beim Fahrwerk (Rahmen, Bodenanlage, Querlenker), zudem kamen nun geänderte Gelenkwellen und das erwähnte, neuentwickelte Getriebe WAF 7.4 S4M für den Trabant gelangte nun als WAF 9.6 S4M im Wartburg 1.3 zum Einsatz. Die für den Einbau im Trabant optimierten Aufhängungspunkte waren aber nicht mehr modifizierbar. Zudem war eine optimale Einbaulage des Motors durch den Fahrgestellrahmen nicht möglich. Die vordere Spur wuchs um 102 mm, hinten waren es 60 mm – was zu mehr Fahrkomfort führte, aber die durchaus wahrnehmbaren Querschwingungen beim starken Beschleunigen nicht eliminieren konnte[8].

3 P. Kirchberg: Plaste

4 Vortrag Albrecht, Förderverein A. Horch (04.11.2021)

5 Vortrag W. Sonntag, Förderverein A. Horch Museum (2005)

6 L. Leonhardt: Warum? Teil 11 in: 79 Oktan

7 Ebenda

8 Ebenda

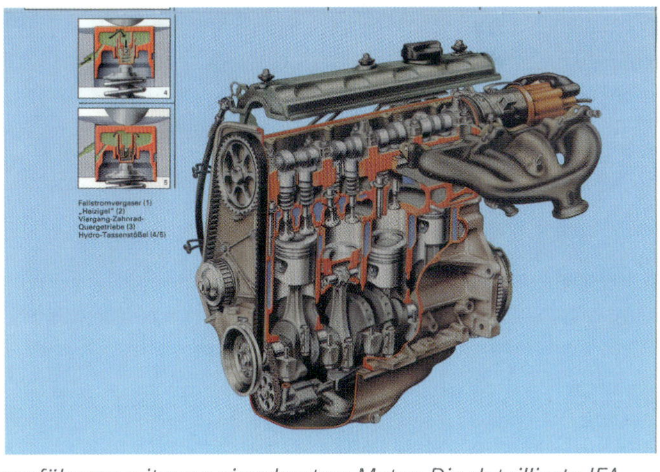

»Riesenschnauzer« mit längs installiertem EA 111, darunter Serienausführung mit quer eingebautem Motor. Die detaillierte IFA-Grafik offenbart ebenfalls nicht die Herkunft des Aggregats ***Fotos: Kittler (2), Grafik: AWE***

Es blieb bei der alten Konzeption aus den frühen 60ern mit Rahmenfahrgestell und aufgeschraubter Karosserie. »Da die Karosserie-Grundzelle mit Stirnwand, Boden, Dach, Heck und Türen ohne Änderungen übernommen werden musste, waren die Möglichkeiten einer modernisierten Gestaltung von vornherein stark eingeschränkt« schreibt Wartburg-Spezialist Lars Leonhardt[9].

Immerhin war die Karosserie etwas gefälliger geraten: Alle vier Kotflügel, Front- und Heckklappe, Front- und Heckmittelteil, Stoßfänger und die komplette Heckpartie des Wartburg 1.3 Tourist waren modifiziert worden. Nur der Kabinenbereich zwischen A- und B-Säule einschließlich der Türen blieb unverändert. Wobei es im Innenraum durchaus Änderungen gab, beispielsweise den neuen, mehrteiligen Instrumententräger und den kürzeren Mittelschalthebel, der besser zur Sache ging als derjenige aus Zweitaktzeiten.

Exponat Wartburg 1.3-Motor im AWE-Museum Eisenach
Foto: Kittler

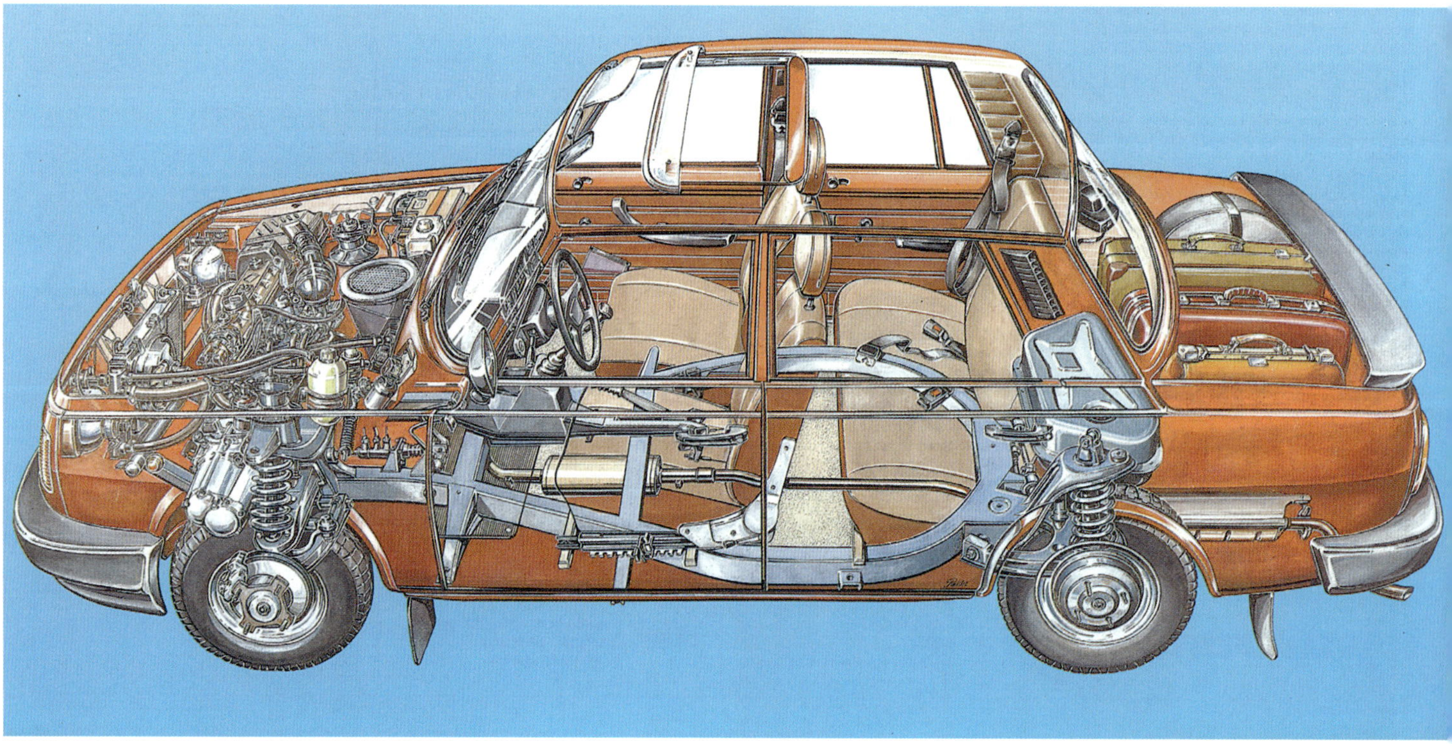

Wartburg 1.3 mit EA 111 in Rahmenbauweise ***Grafik: AWE***

9 Leonhardt: Warum? Teil 11 in: 79 Oktan

Erst im Frühjahr 1987 erhielt der Wartburg 1.3 sein endgültiges Aussehen. Die Limousine wurde erstmals auf der Leipziger Herbstmesse ab dem 4. September 1988 vorgestellt, wobei der zu erwartende hohe Preis schockierte. Schabowski begründete in Tageszeitungen[10] die Preissteigerung so: »Es handelt sich um ein neues Automobil! Es war notwendig, in 187 Betrieben teilweise erhebliche Investitionsvorhaben zu realisieren. Insgesamt beläuft sich der Investitionsaufwand auf 9 Mrd Mark« – wobei er verschwieg, dass dies die Gesamtsumme für das gesamte Motoren- und Implementierungsprojekt war. Gern hingewiesen wurde zudem auf die Erhöhung der Grenznutzungsdauer auf 150.000 km. Zuvor hatte diese bei Motor, Achsen und Karosserie bei 100.000 und beim Getriebe bei 120.000 km gelegen[11].

Wartburg 1.3 Limousine und Tourist auf der Leipziger Herbstmesse 1988, mit Verweis auf die künftige Grenznutzungsdauer von 150.000 km ***Fotos: Doht/AWE***

10 Tribüne, 20.09.1988

11 Infos R. Albrecht

Der Wartburg 1,3 sollte künftig weiterhin als Limousine, Tourist (Kombi, Nullserie ab Januar 1989, Erstvorstellung ebenfalls LHM, mit Heckklappe und hinteren Kotflügeln aus Kunststoff) und Trans (Pick-up, erster Vorserienwagen 1988) offeriert werden – parallel neben dem bisherigen Zweitakter, dessen Produktion allmählich auslaufen sollte. Bei der Erstvorstellung verfügte die 1.3 Limousine noch über eine etwas andere Instrumententafel. Bereits auf der Leipziger Herbstmesse 1989 wurde ein Versuchsträger mit Fünfganggetriebe gezeigt (zu dem es nicht mehr kommen sollte), selbst eine Getriebeautomatik war ein Thema.

Wartburg 1.3 Limousine und Tourist auf der Techn. Messe Brünn 1989 *Fotos: Dünnebier*

Wartburg 1.3 Trans *Foto: AWE*

Den 1.3-Liter-Motor bot VW weltweit in verschiedenen Leistungsstufen an. Die 55 kW/75 PS-Version hätte Superkraftstoff (98 Oktan) benötigt, das in der DDR nur an ausgewählten Stationen angeboten wurde. Darum entschied man sich für den Wartburg für die 60 PS-Version, die auch mit 88 Oktan Kopffestigkeit leben konnte. Tatsächlich wurden dem Auto dann in der Serienversion 58 PS bescheinigt.

Die Serienfertigung der Wartburg 1.3 Limousine begann am 12. Oktober 1988, der Tourist im März 1989. Die Produktion endete am 10. April 1991, obwohl die Treuhand ursprünglich eine längere Laufzeit in Aussicht gestellt hatte. Aber wegen der inflationär steigenden Subventionen zog man schließlich die Notbremse[12]. Zum gleichen Zeitpunkt lief auch das im Karosseriewerk Dresden gefertigte Kombimodell Tourist aus.

Basispreise Wartburg 1.3
30.200 M für 1.3 Standard Limousine (bisher 353 W für 20.920 M):
31.580 M für 1.3 Limousine S-Ausführung mit Schiebedach
33.775 M für 1.3 Standard Tourist (bisher 353 W Tourist für rund 21.650 M):
35.190 M für 1.3 Tourist in S-Ausführung
/kein Ostmark-Preis für 1.3 Trans, weil ursprünglich nur für den Export vorgesehen/

Neue Preise Wartburg 1.3 nach der Währungsreform
13.540 DM für 1.3 Standard Limousine
14.450 DM für 1.3 Limousine S-Ausführung
15.590 DM für 1.3 Standard Tourist
16.490 DM für 1.3 Tourist in S-Ausführung
16.160 DM für 1.3 Trans

Der Wartburg wurde auch in einige Ostblockstaaten exportiert (Polen, Ungarn), zu Westexporten kam es nicht mehr. Insgesamt entstanden binnen zweieinhalb Jahren exakt 152.775 Viertakt-Wartburg – gegenüber 1.225.429 Einheiten des zweitaktenden 353/353 W (1966-1989). Eigentlich war vorgesehen gewesen, die Jahresproduktion auf 100.000 zu steigern – die Produktion des Wartburg 1.3 hätte allerdings in nahezu unveränderter Form bis 1995 weiterlaufen sollen. Schlimmer noch: Aus Refinanzierungsgründen wurde darüber nachgedacht, die Laufzeit bis auf 1998 zu strecken. »Etwa 1998 sollte damit begonnen werden, die Produktion des Nachfolgetyps des Wartburg 1.3 auf der Basis der neuen VW-Modellvariante vorzubereiten. In diesem Zusammenhang ist dann eine Erweiterung der Produktion von ca. 75.000 bis 80.000 Stück auf 100.000 Pkw am Standort Eisenach, Dresden (?) und Halle (?) zu prüfen«[13].

Dabei waren noch insgesamt 15 Änderungspakete vorgesehen:

- 1990 Fünfganggetriebe als Extra, Radvollverkleidung
- 1991 neue Innenausstattung mit Vierspeichenlenkrad, Automatikgurte hinten
- 1992 leistungsgesteigerter Motor, optimierte Ansauganlage, Kompaktscheinwerfer mit Reflektorverstellung, neuer Drehstromgenerator
- 1993 überarbeitete Innenausstattung mit neuer Instrumententafel und neuen Sitzen

Die Binnenmarkt-Nachfrage lief zunächst hervorragend, erst mit zunehmender Öffnung des DDR-Markts ließ sie nach. Im allerletzten Moment war im Zuge von Kostensparmaßnahmen noch versucht worden, alternativ im Herbst 1990 einen vermeintlich preisgünstigeren 1,4-Liter von Renault ins Gespräch zu bringen. Das Ganze blieb ohne Erfolg.

1990 gab es zudem Versuche den Wartburg aufzuwerten, teilweise wurde dies von der Treuhand unterstützt. So wurde Mitte des Jahres die Wartburg 1.3 Limousine als »New Line 1« durch die Firma Irmscher veredelt, fünf Stück sollen entstanden sein – und es wurde sogar ein Prospekt gedruckt. Karmann baute einen Tourist mit Dachreling und Glas-Schiebedach auf, auch hier erschien ein Verkaufsprospekt. Serienrelevant war keine dieser Bemühungen.

Wartburg 1.3 Limousine Irmscher New Line **Foto: Augustin**

12 P. Kirchberg: Plaste

13 Sammlg. Schinz/ZK Abt. Maschinenbau u. Metallurgie, 26.09.1989

Konzeptstudie

DER WARTBURG TOURIST L

Der Wartburg-Tourist in neuer Gestalt - mehr Komfort und Benutzerfreundlichkeit.

Die Karosseriewerke Dresden stellen einen neuen Tourist vor, der in Zusammenarbeit mit der Wilhelm Karmann GmbH in Osnabrück entstanden ist. Die markanten Neuerungen, wie **Glashubdach, Dachreling, Nummernschildheckblende, Teppichboden, Kofferraumabdeckung und die Gestaltung der Designsitze** verschaffen dem Fahrzeug eine völlig neue Nutzungsqualität.

Der Wartburg-Tourist ist das passende Fahrzeug für Mittelstand und Gewerbe. Auch im Freizeitbereich erfüllt er alle Wünsche nach Platz, Komfort und Vielseitigkeit.

Konzeptstudie

MOTOR/ELEKTRIK

Vorn angeordneter, quer eingebauter und um 15 Grad nach vorn geneigter, wassergekühlter Vierzylinder-Viertakt-Reihenmotor.

• Hubraum	1272 cm^3
• Leistung	43 kW / 58 PS bei 5400 U / min.
• max. Drehmoment	96 Nm / 9,6 kpm bei 3300 U / min.

BETRIEBSEIGENSCHAFTEN

• Höchstgeschwindigkeit	140 km/h
• Nutzmasse	450 kg
• Anhängermasse gebremst	650 kg
ungebremst	500 kg
• Max. Dachlast	60 kg

KAROSSERIE

Stahlblechkarosserie mit formstabilem Sicherheits-Fahrgastraum, mit verwindungssteifem Kastenprofilrahmen verschraubt.

Neuerungen:

- Glashubdach
- Dachreling
- schwarz abgesetzter Fensterbereich
- Lüftungsblende
- Schweller
- Nummernschildheckblende
- Türstreifen
- Kühlergrill
- Teppichboden
- Neue Stoffe, aufgepolsterte Sitze
- Türverkleidung
- Ablage in der Fahrertür
- Verkleidung Schalttafel
- Kofferraumabdeckung
- Radkappen-Blenden

Styling in Zusammenarbeit mit der Wilhelm Karmann GmbH, Osnabrück

KAROSSERIEWERKE DRESDEN
Sitz Radeberg
DDR- 8142 Radeberg
Telefon 5191 - 520
Telex 02147 - 026257

Wartburg 1.3 Tourist L im aufgewerteten Karmann-Look

Quelle: Karmann

März 1991
Nummer 6

Haben Sie das gewußt?
Unseren „Wartburg" gibt es doch noch!

Wir bieten Ihnen Mobilität zu starken Bedingungen

- Limousine ab 10.300 DM
- 5 Jahre Garantie gegen Durchrosten
- 1 Jahr Garantieleistung
- perfekten Service in 586 Vertragswerkstätten
- stabile und langfristige Ersatzteilversorgung
- moderner schadstoffarmer Viertakt-Motor (wahlweise mit Kat)
- verbesserte Innenausstattung

Diese Tatsachen sind unser Angebot für harte Zeiten und wir wissen, wovon wir reden!

Besuchen Sie uns!

AWE GmbH Telefon 59924-59925
Autohaus Voigt GmbH Eisenach 76012

Wartburg

Mit solch verzweifelt anmutenden Inseraten wurden die Viertakt-Wartburg später zu Kampfpreisen angeboten - Abholung ab Werk bzw. im Autohaus Voigt in Eisenach. Die Annonce stammt aus der AWE-Betriebszeitung »Der neue Motor« Nr. 3/1991

Quelle: AWE

Ende 1990 wurde der Wartburg 1.3 (Herstellpreis 14.400 DM) mit 3.000 Mark pro Stück subventioniert – für die Limousine zahlte man nur noch 10.300 DM. Eine Weiterführung der Produktion bis Ende 1991 hätte weitere 200 Mio DM gekostet. Wegen der ausufernden Kosten legte die Treuhand darum im Dezember 1990 fest, bis zum 30. Juni 1991 nur noch 14.400 Autos zu produzieren, bezuschusst mit jeweils 5.000 DM. Eigentlich sollte die Fertigung schon am 31. Januar 1991 vorfristig beendet werden, aber es gelang, den Auslauf bis auf den genannten 10. April zu schieben, begleitet von verzweifelten Protesten der Belegschaft. Die Subventionszuschüsse pro Auto lagen nun bereits bei 7.000 DM.

Die Eisenacher Betriebsleitung hatte vergeblich versucht, mit in Aussicht stehenden Lieferverträgen mit russischen Partnern (3.000 Einheiten) und dem polnischen Importeur (700 Stck.) Zuversicht zu verbreiten und auf noch ausstehende Aufträge aus Ungarn und Jugoslawien verwiesen. Immerhin 68.1418 Wartburg 1.3 sind schließlich exportiert worden – über 40 % der Gesamtproduktion.

Eine rote 1.3 S-Limousine – heute im AWE-Werksmuseum – war schließlich das letztgebaute Exemplar. Die Eisenacher versuchten noch 1991, die alten Fertigungsanlagen preisgünstig den Litauern anzubieten[14], aber auch dies zerschlug sich.

Produktion Wartburg 1.3, wobei die gähnende Leere Schlimmes vermuten lässt ***Fotos: Opel***

14 Der neue Motor (Betriebszeitung AWE), 28.03.1991

Trabant 1.1

Technik und Produktion

Das eigentliche Volksauto der DDR, der Trabant 601 mit quer eingebautem Zweizylinder-Zweitakter lief im Automobilwerk Zwickau seit 1964 ebenfalls fast unverändert vom Band und wurde bis 1990 weitergebaut – ursprünglich war noch eine längere Laufzeit geplant. Natürlich wurden stetig Verbesserungen eingebracht, die an die evolutionäre Endlos-Weiterentwicklung des VW Käfers erinnern. So wurde der Wechsel von Blatt- auf Schraubenfedern in der DDR (Ankündigung 1986, Umsetzung ab 1988) seitenfüllend vermarktet. Der Verschleißgrad der Anlagen für die Trabant-Fertigung war allerdings verheerend hoch: Von 40 % im Jahr 1970 stieg er bis 1989 auf fast 50 %.

Neuer TRABANT mit 4-Takt-Ottomotor

Mitteilung des IFA-Kombinates Personenkraftwagen

Karl-Marx-Stadt (ADN)

Wie der Generaldirektor des IFA-Kombinates Personenkraftwagen, Dieter Voigt, mitteilte, wird die Aufnahme der Serienproduktion des neuen TRABANT 1.1 mit 4-Takt-Ottomotor im Mai nächsten Jahres gegenwärtig von den Werktätigen des VEB Sachsenring Automobilwerke Zwickau gemeinsam mit ihren Zulieferern vorbereitet. Bereits in diesem Jahr werden 1000 Fahrzeuge einer Vorserie hergestellt, um sowohl Fahrzeug als auch Technologie weiter zu vervollkommnen. Diese Pkw werden an Automobilbauer des Bezirkes Karl-Marx-Stadt verkauft, damit die aus der Fahrpraxis gewonnenen Erkenntnisse unmittelbar genutzt werden können. Der bekannte TRABANT P 601 wird weiter produziert und zum bisherigen Preis an die Bevölkerung verkauft. Schrittweise erhöht sich dann in den nächsten Jahren die Produktion des Viertakters.

Ziel der Neu- und Weiterentwicklungen beim TRABANT 1.1 waren in erster Linie höherer Gebrauchswert, Senkung des Kraftstoffverbrauches, Umweltfreundlichkeit, geringerer Instandhaltungsaufwand und hohe Funktionssicherheit. Im Vergleich zum Trabant mit 2-Takt-Motor wurden mehr als 720 Baugruppen und Einzelteile neu- und weiterentwikkelt. Neu sind vor allem der 1,05-Liter-Motor aus Eigenproduktion auf Basis einer VW-Lizenz einschließlich Kraftstoff-, Ansaug- und Abgasanlage sowie ein automatisch arbeitender Startvergaser mit elektronisch gesteuerter Schubabschaltung. Die Fahrzeuge verfügen über ein vollsynchronisiertes 4-Gang-Getriebe mit handlicher Knüppelschaltung. Neu entwickelt wurden auch Vorder- und Hinterachse mit Schraubenfedern, die 2-Kreisbremsanlage mit Scheibenbremse vorn und Trommelbremse hinten sowie die Flüssigkeitskühlung mit Frontkühler und Elektrolüfter.

Die Leistung des Motors steigt im Vergleich zum 2-Takter von 19,1 auf 30 kW bzw. von 26 auf 40 PS. Er ermöglicht dem Fahrzeug eine bessere Beschleunigung bei hoher Laufkultur. Die Höchstgeschwindigkeit liegt bei 125 km/h. Mit Testfahrzeugen wurden bisher rund 2,8 Millionen Kilometer zurückgelegt. Der dabei gemessene Streckenkraftstoffverbrauch beträgt 6,0 l/100 km. Eine Gebrauchswertsteigerung ergibt sich neben verbessertem Komfort auch aus der höheren Grenznutzungsdauer der neuen Hauptbaugruppen von 150 000 km. Mit der Produktion des TRABANT 1.1 sind erhebliche volkswirtschaftliche Aufwendungen verbunden. Allein aus der Zulieferindustrie kommen 340 neue Teile, von denen die meisten auf neu errichteten und z. T. importierten Anlagen produziert werden.

Im VEB Sachsenring Automobilwerke Zwickau wurden das Blechpreßwerk und die Getriebeproduktion erweitert. Im Betriebsteil Mosel werden schrittweise neue Kapazitäten für die Montage und die Lackierei in Betrieb genommen.

Der Preis für den TRABANT 1.1 Limousine in Grundausführung beträgt einschließlich solcher Ausstattungselemente wie Radialreifen, heizbare Heckscheibe und Kopfstützen 19 865,— Mark. Im Angebot werden außerdem zwei weitere Ausstattungsvarianten sein. Für einen Aufpreis werden diese Fahrzeuge u. a. mit Automatiksicherheitsgurten vorn, ausstellbaren Fondsfenstern, Kofferraumauskleidung, veränderter Innenausstattung und Nebelscheinwerfern geliefert.

Zur Leipziger Herbstmesse 1989 wird der neue TRABANT 1.1 noch nicht ausgestellt. Seine Präsentation erfolgt erst nach Überführung in die Serienproduktion.

Nr. 204 / Mittwoch, 30. August 1989

2

Zeitungsmeldung zum Trabant 1.1, 30.08.1989

Im neuen Trabant 1.1 mussten letztlich 65 % aller Teile ersetzt werden – insgesamt 342 neue Kaufteile aus der Zulieferindustrie wurden verbaut[15]. Es blieb aber beim tragenden Stahlrohrrahmen mit Kunststoffbeplankung. Auffällig waren die größeren Kunststoff-Stoßfänger, die geänderte Frontmaske und die höhere Stahlblech-Fronthaube sowie der nunmehr hinten statt bisher vorn angeordnete, neugeformte Tank mit Einfüllstutzen rechts in der Karosserie.

Der neue 1,1-Liter-Motor leistete wie im Polo 29 kW/40 PS, wog aber nunmehr rund 80 kg mehr und war 65 mm länger. Der Vorderbau erfuhr 60 große Änderungen (beispielsweise Hilfsrahmen, Vorderachse erstmals mit McPherson-Federbeinen, dazu neues Lenkgetriebe; hinten die erwähnten Schraubenfedern und Drehstab-Stabilisator), die vordere Spurweite wuchs um 78 mm. Neu war das diagonal geschaltetem Zweikreisbremssystem mit Einkolben-Schwimmsattel-Scheibenbremsen an der Vorderachse und Simplex-Trommelbremsen mit Duo-Druckübersetzer an der Hinterachse[16].

Der neue Wasserkühler aus Tschechien kam baugleich in den Wartburg. 22 Bauteile im Motorraum mussten geändert werden. Teilweise erneuert werden musste auch der Innenraum – auffällig der erstmals eingesetzte Mittelschalthebel. Auch eine Fünfgangversion für den Trabant wurde vorgesehen. Die Entwicklung des erwähnten Einheitsgetriebes WAF 7.4 S4M – baugleich für Wartburg und Trabant – hatte übrigens 4,7 Mio Mark verschlungen. Zum Einsatz des 1,3-L-Dieselmotors (Kapitel 16) kam es wegen der erwähnten Investitionskostensenkung nicht mehr.

Trabant-Fahrschemel mit Quermotor (August Horch Museum)
Foto: Kittler

15 Infos R. Albrecht

16 L. Leonhardt: Warum? Teil 11 in: 79 Oktan

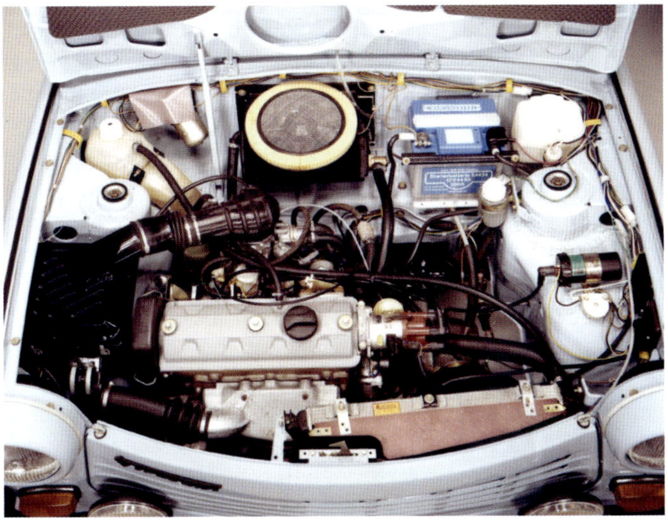

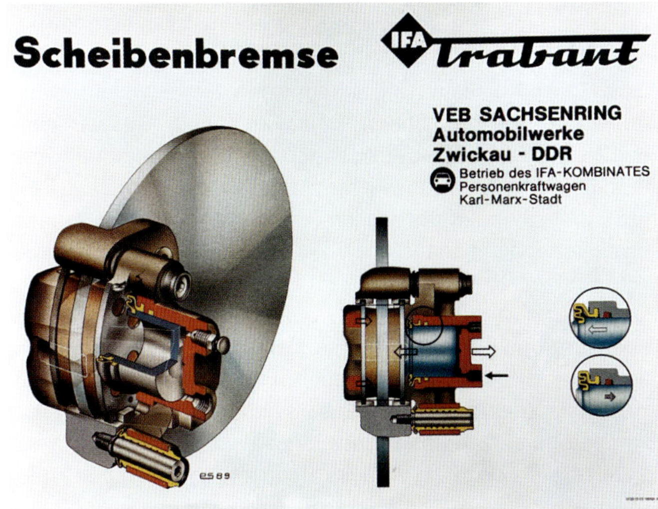

Trabant 1.1 Motorraum und vordere Scheibenbremse

Foto/Zeichnung: August Horch Museum

Datenvergleich Trabant 601/1.1		
	Trabant 601	**Trabant 1.1**
Leermasse (kg)	615	705
Vmax (km/h)	100	125
Verbrauch (L/100 km)	6,7	6,12
Reifen	5.20-13 Diagonal	145 R 13
Kraftstoffbehälter (L)	26, Fallförderung	28, Pumpenförderung
Hilfsrahmen	3Punktlagerung	4Punktlagerung

Politbüro-Beschluss über Stückzahlentwicklung Trabant (30.01.1989)			
	Trabant 1.1	**Trabant 601**	**Summe**
1990	30.000	115.000	145.000
1991	60.000	95.000	145.000
1992	85.000	80.000	165.000
1993	175.000	—	175.000
1995	175.000 + 112.000 Pkw mit neuer Ganzstahlkarosserie		

Nachdem die Technik geklärt war, begannen die Produktionsvorbereitungen für den sogenannten »Falschtakter«, so der Spottname von Fans des unverwüstlichen Trabant 601.
Im Politbürobeschluss v. 01.07.1986 waren für den Anlauf des Trabant 1.1 noch festgelegt gewesen: 150 Stck (1988); 18.300 Stck (1989) u. 150.000 Stck (1990). Der tatsächliche Zeitablauf wies aber Verzögerungen auf, nicht zuletzt wegen der nicht termingerechten Fertigstellung von Produktionsanlagen in Mosel:

- Jan. 1985 Fertigstellung des ersten Funktionsmusters
- bis Ende 1987 insgesamt 20 Funktionsmuster (11 Lim., 6 Universal, 3 Kübel A/F), bis Sept. 1988 fünf Fertigungsmuster (3 Lim, 2 Universal)
- November 1988 Vorserie/Vor-Nullserie 150 Ex.
- Nullserie 1.000 Ex.: 150 im Altwerk bis Sept. 1989; 572 von Sept. bis Dez. in Mosel; 278 im Jan. 1990 in Mosel (Verzögerung) [17]

17 Sammlg. Schinz/Aug.-Horch-Museum, AZ-Geschäftsbericht 1990

Erstmals der Öffentlichkeit gezeigt wurde der Trabant 1.1 nicht wie erwartet zur LHM 1989, sondern in den Medien der DDR. Bis dahin waren allenfalls Erprobungsfahrzeuge gesichtet worden: So erlebte Dirk Schmerschneider (heute Museumschef des Chemnitzer Fahrzeugmuseums), der damals beim Berliner Vergaserwerk arbeitete, wie ein Vorserien-1.1er Anfang 1988 aufs Fabrikgelände fuhr, dessen verunsicherter Fahrer von den herumstehenden Facharbeitern genötigt wurde, die Motorhaube zu öffnen... [18].

Limousine und Universal sollten das Programm dominieren, dazu kam der Tramp (anfangs noch »P601 AA« genannt, AA für Antriebsaggregat). Vom Tramp sollte es 1986/87 eine in drei Exemplaren aufgebaute Armeeversion geben. Sie basierten zunächst auf einem P601 A, der dann auf den 1,1-Liter-Motor umgerüstet wurde [19]. Ebenfalls nur zwei Prototypen entstanden zudem als Pick-up-Ausführung (»Quick-Trans«).

Entstanden sind insgesamt 39.474 Trabant 1.1, dabei entfielen über die Hälfte auf den stets stärker gefragten Kombi Universal (21.677 Ex.). Nur 496 Exemplare waren Tramp-Ausführungen. Zum Vergleich: Vom zweitaktenden 601 wurden zwischen 1964 und 1990 alles in allem 2.818.547 Einheiten ausgeliefert, davon rund 57.000 in 1989 [20].

1989 war noch vorgesehen gewesen, ab 1991 auf eine Stückzahl von 175.000 zu kommen, der parallel angebotene 601 hätte 1992 auslaufen sollen. 1996 bis 2000 sollten es jährlich 220.000 Trabant 1.1 sein, neben dem ab 1995 ein »neuer Pkw-Typ mit neuem Namen« (so hieß es im Politbürobeschluss vom 31. Januar 1989) laufen sollte. Damit hätte man »der Bevölkerung wiederum zwei Fahrzeuge in der Leistungsklasse mit 1,1 Liter Hubraum mit zwei unterschiedlichen Preisen anbieten können« [21]. Und nach dem Jahr 2000 hätte der jährliche Ausstoß sogar 300.000 Autos betragen sollen [22].

Trabant 1.1 Edition 444

18 Info D. Schmerschneider (07.09.2023)

19 S. Mai in: 79 Oktan 1/2023

20 P. Kirchberg: Plaste

21 Sammlg. Schinz/Staatsarchiv/Sitzung Politbüro der SED vom 31.01.1989

22 Sammlg. Schinz/Bundesarchiv/ Schreiben Pasold-Ehrensperger: Übersicht Beschlüsse, 1989

Der Anlauf der Serienproduktion war dann mit weitem Abstand nach dem Wartburg 1.3 erst am 21. Mai 1990 gestartet, ursprünglich war dafür der August 1989 geplant gewesen. Zunächst lief er im neuen Werk Mosel an, dann wanderte die Fertigung – wegen der am 31. Mai 1991 begonnenen Polo-CKD-Montage – im September 1990 wieder ins Stammwerk 2 (Fertigungsbereich 9) in Zwickau. Um es gleich vorwegzunehmen: Die Produktion lief nur ein gutes Jahr bis zum 30. April 1991 gegen 14:00 Uhr. Der Trabant hatte den Wartburg damit um genau 20 Tage überlebt.

Dr. Hahn in seinem 1.1 Tramp, unten Erprobungsmuster 1.1 Pick-up (»Quick-Trans«) für 1991 ***Fotos: Sammlg. Hahn***

Prototyp Trabant 1.1 Armeeausführung (August Horch Museum) und Prospekt des neuen Trabant 1.1

Fotos: Kittler, Kittler IFA Kombinat

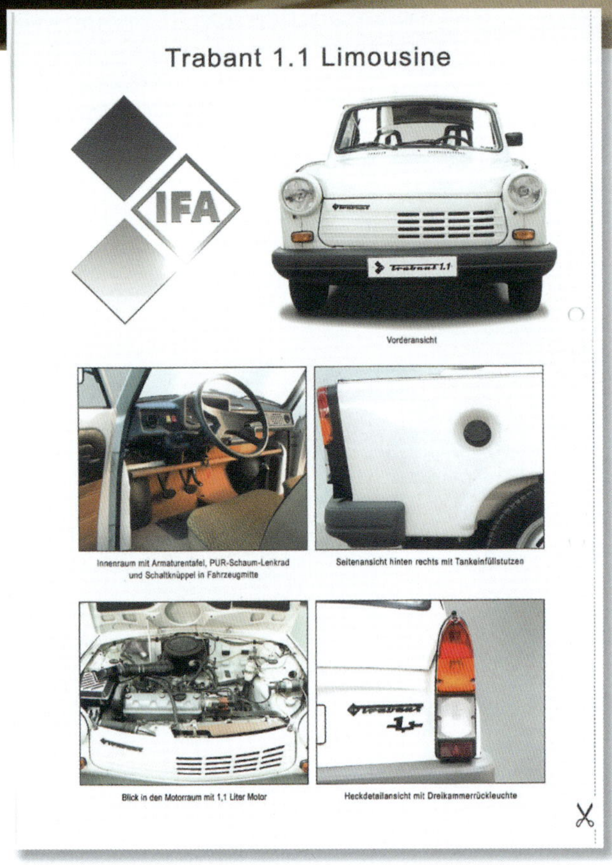

Trabant 1.1 Limousine

IFA

Vorderansicht

Innenraum mit Armaturentafel, PUR-Schaum-Lenkrad und Schaltknüppel in Fahrzeugmitte

Seitenansicht hinten rechts mit Tankeinfüllstutzen

Blick in den Motorraum mit 1,1 Liter Motor

Heckdetailansicht mit Dreikammerrückleuchte

Für eine realistische Einpreisung des Trabant 1.1 hätte man die 21.155 DDR-Mark Selbstkosten zugrunde legen müssen und wäre in den Preisregionen des begehrten Lada-Importwagens gelandet (während der Zweitakter für 10.000 bis 12.000 M abgegeben wurde, seine Selbstkosten lagen übrigens bei 10.592 Mark). Aber so eine Preissteigerung hätte wohl den Volkszorn weiter befördert – und so »musste« der Preis letztlich subventioniert werden (19.665 M). Tatsächlich war auch beim Trabant die Grenznutzungsdauer auf 150.000 km (nur Karosserie begrenzt auf 100.000 km) hochgesetzt worden – vorher beim 601 lagen Motor und Karosserie bei nur 80.000 km, die Achsen kamen auf 100.000 km, und lediglich das Getriebe sollte 120.000 km halten.

Teuer waren indes die Optionen – die besser ausgestattete sog. Variante I kostete 1.045 und Variante II mit besserem Finish 810 DDR-Mark Aufpreis, Automatikgurte vorn schlugen mit 386 M zu Buche, Breitreifen standen mit 385 M (145 R13) bzw. 470 M (155/70 R13) in der Liste. Geplant war für später, die S-Ausführungen mit Instrumententrägern des VW Polo auszustatten.

Konkret waren für den Trabant 1.1 für 1991 bis 1993 insgesamt 25 weitere Ausstattungsvarianten geplant. Das Modellpaket 1991 sollte u.a. eine neue graue Innenausstattung erhalten, gegen Aufpreis sollte es ein Fünfganggetriebe geben. 1992 sollte ein Zweispeichen-Lenkrad kommen und ab 1993 wäre der ungeregelte Katalysator eingeführt worden.-

Neue Preise Trabant 1.1 nach der Währungsreform
9.110 DM für 1.1 Limousine (Juli 1990), Preiserhöhung Sept. 1990 auf 10.997 DM
10.450 DM für 1.1 Universal (Juli 1990), Preiserhöhung Sept. 1990 auf 11.957 DM
13.144 DM für 1.1 Tramp (Sept. 1990)
12.000 DM für 1.1 Pick-up (Planung für 1991)

Halten ließen sich bereits diese Preise nicht mehr. Für die Viertakt-Limousine mit U-Kat (Serie ab Dezember 1990) wurden nur noch 9.165 DM aufgerufen. Das allerletzte 1.1-Exemplar ist nach offizieller Darstellung ein pinkfarbener Kombi (heute im August Horch Museum Zwickau). Tatsächlich wurde insgesamt eine Handvoll »letztgebauter« Trabant produziert.

Trabant 1.1-Fertigung im Juni 1991 **Foto: J. Haacke**

Auslauf in Zwickau

Ernstgenommen wurde der Trabant 1.1 nach dem Mauerfall auf dem Binnenmarkt kaum noch. So urteilte die ostdeutsche Fachzeitschrift KFT[23] sehr hart: »»Der Trabant 1.1 ist nichts weniger als das kraftfahrzeugtechnische Erbe einer verfehlten Wirtschaftspolitik. An ihm werden die Deformationen deutlich, die eine ignorante politische Führung dem Automobilbau in diesem Lande beigebracht hat [...] Ausgangspunkt ist die Tatsache, dass mehr als drei Jahrzehnte lang alle Gewinne und Handelsspannen aus diesem Industriezeig im Staatshaushalt umverteilt und weder zum Ausbau noch zur Innovation des Automobilbaus verwendet werden – sehr zum Schaden der gesamten Volkswirtschaft«.

Im August 1991 verramschte man die Restexemplare – ein 1.1 Universal mit Kat war nun für 7.990 DM zu bekommen. Rund 500 Universal wurden übrigens in die Türkei verschifft, dort aber nicht mehr abgenommen. Erst im Juli 1995 kehrten sie zurück, viele davon mit irreparablen Standschäden. 444 davon wurden ab Oktober 1995 als aufgewertete, reinweiß lackierte Last Edition für stolze 19.444 DM offeriert, es fanden sich aber nur 94 Käufer. Daraufhin wurde der Preis auf 14.950 DM gesenkt, bevor schließlich die restlichen 350 Exemplare über die Supermarktkette »allkauf« für 9.999 DM verschleudert wurden.

Letztmalig 1988/89 hatte es Versuche gegeben, den Trabant aufzuwerten – einige dieser Fahrzeuge sind erhalten geblieben. So lief Ende 1988 kurzfristig der hausinterne Versuch, den Trabant als Modell 1.1 E im Front- und Heckbereich mit minimalem Aufwand »aufzuhübschen«, auch gab es hier erstmals Kunststoff-Stoßfänger. Aber das Facelift misslang. Basis dieses im Musterbau vorgenommenen Umbaus war das dritte Fertigungsmuster des Trabant 1.1 von Anfang 1988. Kombinats-Chefgestalter Matthias Kaluza bezeichnete den Entwurf als »ungeliebtes Kind«, den er binnen eines Wochenendes realisieren musste – und der von AWZ-Chef Günter Hipp sofort abgelehnt wurde.[24].

Trabant 1.1 E, Designoptimierung durch M. Kaluza Ende 1988 ... *Foto: IFA*

23 KFT 2/1990

24 Retrokanal, Interview mit M. Kaluza

... und ein früher 1.1, der von Volkswagen in Wolfsburg mittels zweier Gestaltungsvarianten überarbeitet wurde. Beide Fahrzeuge gehören zum Fundus des August Horch Museums in Zwickau ***Foto: Sammlg. August Horch Museum***

Der untaugliche Vorschlag, eine solche »notwendige Erneuerung der Karosserie für den Trabant 1.1 zu erreichen« stammte von den Genossen Tautenhahn, Schürer und Beil. Dass Mitte 1989 das Vorhaben beerdigt wurde, lag auch an den viel zu hohen Kosten: Der »Trabant mit verändertem Erscheinungsbild«, der dem Politbüro des ZK der SED vorgestellt worden ist, hätte eine halbe Milliarde an Investitionen gekostet, davon 80 Millionen VM für NSW-Importe. Und die Fertigungszeit pro Fahrzeug wäre von 30 auf 33,7 Stunden angestiegen, »ohne dass Gebrauchswertsteigerungen entstehen«[25].

Übrigens gab es, trotz offiziellem Projektstopp, auch fahrbereite Trabant-Erprobungsmuster mit dem 1,3-Liter-EA 111 (BM 860), die eine Spitze von 140 statt 125 km/h erlaubt hätten. Äußerlich erkennbar waren sie am Doppelrohr-Auspuff und den 155/70 R13-Reifen, gegenüber dem 1.1 blieben sie bei 735 kg Leermasse. Die sicher reizvolle Idee mit dem stärkeren Motor wurde aber auf Eis gelegt. Für eine Weiterführung der Versuchswagen mit Saugrohr-Einspritzung gilt das gleiche.

Auch Volkswagen machte schon im Wendejahr 1989 verschiedene Verbesserungsvorschläge. Bekannt geworden ist ein rotlackiertes Exemplar aus der frühen 1.1-Serie, das im VW-Stammwerk Wolfsburg mit neuen Design-Elementen versehen wurde. »Sichtbare Änderungen sind die wahrscheinlich aus Kunststoff angefertigten Beplankung an den Seiten der Karosserie, der geteilte Grill (zwei Formen), die in neuer Form angedeuteten Rückleuchten und die veränderte Farbe der Innenausstattung. Armaturenbrett, Kopfstützen, Teppiche sowie Sitze sind in grau gehalten. Die Form der Innenausstattung blieb jedoch beim Alten«, erklärte André Meyer vom August Horch Museum[26], zu dessen Sammlung das Exponat gehört. Volkswagen-Ingenieure unternahmen damit noch vor dem Mauerfall Probefahrten in und um Wolfsburg. Einer der verantwortlichen Techniker fuhr zufällig am 11. November 1989 nach Braunschweig, als dort Zehntausende DDR-Bürger einreisten – und wurde unversehens begeistert empfangen und bewirtet[27].

Der damalige Audi-Chefdesigner Hartmut Warkuss, der 1990 nach einem Besuch im Automobilwerk Zwickau ein spontanes Hilfsangebot machte, bekam binnen kurzem einen Trabant

25 Sammlg. Schinz/Bundesarchiv/ZK Abt. Maschinenbau u. Metallurgie: Fakten, Argumente, 29.09.1989.

26 Infos D. Bothe /Infos H. Warkuss

27 Infos A. Meyer (22.08.2023)

Tramp nach Ingolstadt geschickt, den er zum trendigen Cross- und Strand-Fahrzeug aufpeppen ließ[28]. Ebenfalls dem Tramp widmete sich Zulieferer IVM und baute 1990/91 in Bad Friedrichshall eine Kleinserie von 60 Caro-Exemplaren. Ein solches Auto durfte beim Kanzlerfest auftreten. IVM versuchte sich auch an einem Pick-up. Jahre später bot Designer Luigi Colani strömungsgünstige, aber sehr gewöhnungsbedürftige Anbauteile an.

Zu den prominenten Trabant-Besitzern gehörte der damalige VW-Chef Dr. Hahn. Sein 1.1 Tramp, übrigens sein einziges Privatauto, war als Strandwagen auf Sardinien stationiert. 50.000 km wurden damit abgespult, »er läuft wie ein Uhrwerk«. Hahn hatte es 1990 bei der Auslaufbesprechung in Zwickau für fast 15.000 DM übernommen. Er befand sehr fair: »Der Trabant war unter den gegebenen Umständen eine der genialsten Konstruktionen«[29]. Auch Volkswagen-Vorstand Prof. Seiffert besaß über lange Jahre eine 1.1 Limousine, und Aggregatechef Dr. Neyer fuhr 1990 – als wohl einzige Führungskraft bei Volkswagen – einen 1.1 Universal mit Wolfsburger Nummer als Dienstwagen. Etwa weitere, zehn weißlackierte Trabant 1.1 Universal mit dem amtlichen Kennzeichen »WOB-V ...« waren noch eine Zeitlang als Dienstwagen im Werk Zwickau präsent[30].

Auch die Zwickauer hofften – vergeblich – auf weitere Aufträge aus Osteuropa, immerhin ein Drittel der Trabant-1.1-Lieferungen sollen nach Ungarn gegangen sein. Und Prospekte wurden selbstverständlich auch in Englisch gedruckt. Bis zuletzt wurde weiter entwickelt und erprobt – so sind mindestens zwei Trabant 1.1 mit Saugrohr-Einspritzung versehen worden[31]. Auch die Themen G-Kat und Fünfganggetriebe wurden noch angegangen.

Genau wie die Hersteller von Wartburg und Barkas ließ man sich allerdings von windigen Investoren umgarnen. So soll es Interessenten für die Fertigungsanlagen im Usbekistan (dem Land, wo die Baumwolle für die Herstellung der Trabant-Karosse herstammte) und schon in 1991 in Ägypten gegeben haben. Natürlich wurde daraus nichts.

Trabant 1.1 Caro Tramp **Foto: Starck**

28 Infos H. Warkuss

29 Interview Dr. Hahn

30 Infos H. Mehnert

31 Infos G. Klaus

Trabant 1.1 Caro Limousine ...

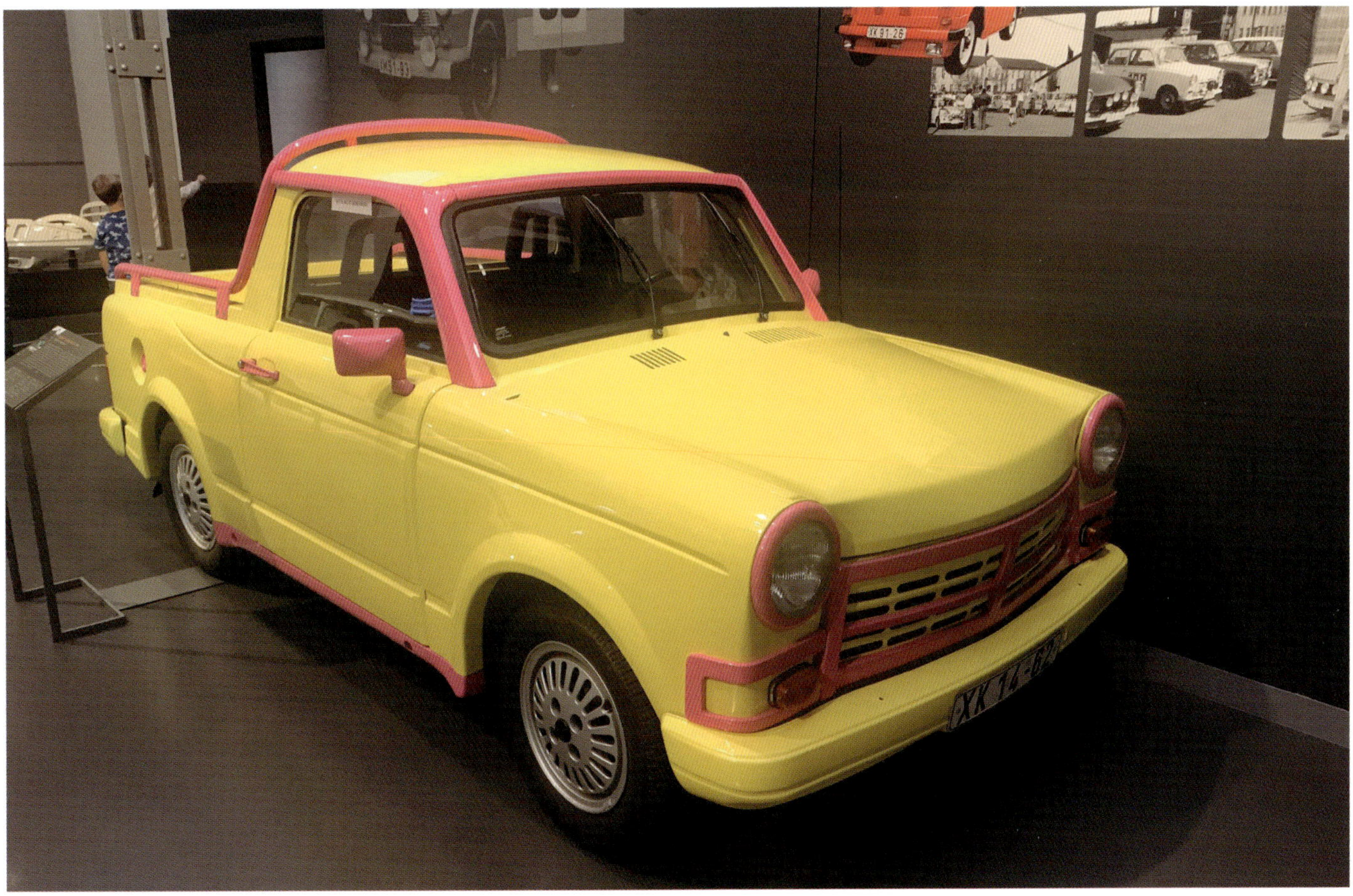

... und Trabant 1.1 Caro Pick-up, beide im August Horch Museum **Fotos: Kittler**

Gleich mehrere – dem Hörensagen nach fünf – Universal 1.1 (Karosseriebau für die Kombis übrigens immer in Meerane, dann Montage in Zwickau) gelten seitdem als Bandabläufer. Im August Horch Museum zu sehen ist ein so apostrophierter Wagen in Pink-Lila.

Barkas B 1000-1

Motor weiter im Längseinbau

Der in Frankenberg produzierte Barkas B 1000 mit Dreizylinder-Zweitaktmotor löste 1961 den Framo V901/2 ab und blieb bis 1991 im Programm. Anfang der 70er war versucht worden, Viertaktmotoren von Dacia und Moskwitsch zu implantieren, drei Versuchsträger entstanden. Probeweise gab es auch Elektrofahrzeuge. Nicht von Anfang an, sondern erst leicht zeitversetzt im Zuge des Motorengeschäfts mit VW wurde entschieden, den EA 111 in den Barkas einzubauen. Zur Herbstmesse 1989 wurde er in Leipzig vorgestellt – damals noch mit optischen Veränderungen (Scheinwerfer und Grill in gemeinsamem Kunststoff-Formteil).

Durch den Längseinbau des EA 111 (den es längsinstalliert in Volkswagen-Pkw niemals gab) wurde das Fahrwerk lediglich angepasst, die Spurweiten bleiben unverändert. In der Serienversion entfiel dieses Facelift. Beim Motor handelte es sich um den 58 PS starken 1,3-Liter, der sich auch in puncto Drehmoment nicht vom Wartburg-Aggregat unterschied. Die Triebwerkslagerung musste aber neu entwickelt werden. Ursprünglich war sehr forciert an ein neues Fünfganggetriebe gedacht worden, es blieb letztlich bei der bekannten, etwas überarbeiteten Viergangbox. Zahlreiche andere Bauteile waren neu oder angepasst: Ansauganlage, Kühlsystem, Abgasanlage, Kupplung, Pedalwerk, vordere Scheibenbremsen. Der Rahmen wurde ebenfalls adaptiert, nur wenige Fahrzeuge erhielten noch die eigentlich geplanten Scheibenbremsen.

Barkas B 1000-1 mit Viertakt-Technik, Vorserien-Facelift und seitlicher Schiebetür *Foto: Barkas*

Bodenanlage Barkas B1000 und Pritschen-Ausführung, ebenfalls mit dem Facelift für Messepräsentationen, das aber nie in Serie realisiert wurde **Fotos: Barkas**

Chassis des Barkas B 1000-1 mit weiterhin längsinstalliertem Viertakter im Barkas-Museum ***Foto: Kittler***

Die Entwicklungsarbeiten erfolgte im Betriebsteil Frankenberg, wohin 1986 die Karosseriefertigung und Lackierung umgezogen waren (vgl. Kapitel 16). Vorgestellt wurde der B 1000-1 auf der Leipziger Herbstmesse 1989. Die Produktion lief indes nur vom 1. September 1990 bis 10. April 1991 in Hainichen – am gleichen Tag hatte auch die Wartburg-Herstellung geendet. Insgesamt wurden nur 1.922 BM 880-Motoren gebaut, maximal entstand also diese Anzahl an damit ausgerüsteten Fahrzeugen (neben ca. 5.300 B 1000 in den Jahren 1990/91). Insgesamt waren über die Jahre 175.740 B 1000-Zweitakter gebaut worden.

Preise Barkas B 1000-1 nach der Währungsreform
11.452,43 DM für B 1000-1 Bus, ursprünglich angesetzt 19.649,12 DM
10.873,14 DM für B 1000-1 Kastenwagen
9.788,68 DM für B 1000-1 Pritsche

Das im Dezember 1990 gezeigte Karmann-Reisemobil aus Rheine/NRW blieb unverkäuflich, nur zwei derartiger Prototypen waren entstanden. Auch Westfalia stellte mindestens ein Showcar her. Der »Family« genannte Hochdach-Bus wurde noch im Frühjahr 1991 auf der AAA in Berlin gezeigt - als Serienexemplar hätte er 35.000 DM kosten sollen. Auch diese Initiativen liefen ergebnislos aus.

Werbebroschüren Barkas B 1000-1, unten Fahrzeug im Serien-Trimm *Fotos: Barkas (3), Kittler (unten)*

1992/1993 liefen von der Treuhand geförderte Verhandlungen mit einem russischen Investor, Anlagen und Konstruktionszeichnungen nach Kasan zu verlagern. Die Russen hätten nur den Transport organisieren und zahlen müssen. Das zerschlug sich, und am 10. Januar 1984 wurde das Projekt beendet. 40 Großcontainer mussten verschrottet werden, 4 Mio DM waren aber ergebnislos ausgegeben worden.

Barkas B 1000-1 Westfalia Camper

Foto: Sammlg. Dünnebier

Ausblick

Hätten Trabant, Wartburg und Barkas in der Nachwendezeit noch eine Chance gehabt? Vielleicht der Barkas als Billigtransporter, vergleichbar dem GAZiL aus Russland, der Anfang der 2020er auch – letztlich erfolglos – in Westeuropa vermarktet wurde. Vielleicht wäre auch der Trabant 1.1 Tramp als Spaß- und Strand-Mobil gegangen – aber, so Dr. Hahn[32]: »Die Technik ist zuverlässig, aber eine Fertigung wäre für Volkswagen zu teuer geworden. Auch anderswo wäre eine Fertigung ohne lokale Zulieferindustrie nicht möglich gewesen«.

Dennoch waren Anfang 1990 Homologationsgespräche mit dem TÜV Köln gelaufen, beispielsweise zum Abgleich DIN (Dt. Industrienorm) und TGL (Techn Güter- und Lieferbedingungen). Ein erster Kundendienstvertrag mit »Trabant Schmidt« in St. Augustin (Trabant, Wartburg, Skoda) wurde vereinbart. Gleichzeitig bemühte sich Volkswagen um Händlerverträge mit 400 Servicepartnern in der DDR[33]. Mit der Wiedervereinigung wurden die Karten indes neu gemischt: Kaum noch jemand wollte Ostautos fahren, und Neuzulassungen waren Einzelfälle.

32 C. Hahn in: Trabi Love

33 KFT 40 (1990) 2

Technische Daten der neuen Viertakt-Modelle			
Typ	**Trabant 1.1**	**Wartburg 1.3**	**Barkas B 1000-1**
	Limousine	Limousine	Bus
	Universal	Tourist	Kasten
	Tramp	Trans	Pritsche
Motor	Vierzylinder-Viertakt, ohc,	1 Fallstrom-Vergaser 32 bzw. 34	TLA, Verd. 9,5 : 1
	BM 820, quer	BM 860, quer	BM 880, längs
Hubraum (cm³)	1.043	1.272	1.272
Bohrung x Hub (mm)	75 x 59	75 x 72	75 x 72
Leistung (kW/PS)	29 / 40 b. 5.500	43 / 58 b. 5.400	43 / /58 b. 5.400
Drehmoment (Nm)	74 b. 3.000	96 b. 3.500	96 b. 3.500
Getriebe/Antrieb	4Gang / Front	4Gang / Front	4Gang / Front
Abmessungen (mm)	3.510 x 1.515 x 1.440	4.216 x 1.642 x 1.495	4.595 x1 .860 x 1.910
Radstand (mm)	2.020	2.450	2.400
Fahrwerk	selbsttrag m. Plattf.-Rahmen.,	Kastenrahmen,	Kastenrahmen,
	v/h Einzelradaufh	v/h Einzelradaufh.	v/h Einzelradaufh
Bremsen	v Scheiben/h Trommeln	v Scheiben/h Trommeln	v Trommeln/h Trommeln
Lenkung	Zahnstange	Zahnstange	Zahnstange
Gewicht (kg)	ab 700	ab 900	ab 1.200
Fahrleistungen (km/h)	125	140	115
Bauzeit	1989-1991	1988-1991	1990-1991
Stückzahl	39.474	152.775	1.922

Barkas B 1000-1 Wohnmobil von Karmann aus Rheine
Foto: Sammlg. Dünnebier

Verantwortliche Fahrzeugbauer der DDR waren realistisch genug, Wartburg und Trabant nicht hinterher zu trauern. Siegfried Sprenger, ehemaliger Direktor der VVB Automobilbau, schrieb sich 1990 in der Fachzeitschrift KFT seinen Frust von der Seele: »ein außergewöhnlich hoher Aufwand und ein ungewöhnlich unbefriedigendes Ergebnis, weil 60 % der Pkw-Bauteile verändert wurden, dies jedoch bei unveränderter Außenhülle...«[34].

34 S. Sprenger in: KFT 40 (1990) 2

19.

Projekt Ganzstahlkarosserie

Eigene Versuche und Kooperationsideen

Bereits in der ersten Hälfte der 80er, als hinter verschlossenen Türen in Ostberlin über eine längerfristige Kooperation mit Volkswagen diskutiert wurde, sollen die Genossen die Lizenzübernahme eines Showcars erwogen haben – des VW Student (1982). In den Akten findet sich dazu nichts. Ob Volkswagen den Kleinstwagen ins Spiel gebracht hatte oder ob die DDR-Vertreter auf anderem Wege davon erfuhren, bleibt unklar. Andererseits befürchteten sie aber Probleme mit den sowjetischen und tschechischen Bündnispartnern[1]. Das Projekt Student erledigte sich schneller als gedacht, zumal Motor und Getriebe hätten neuentwickelt werden müssen[2]. Genau dieses Unikat soll VW-Chef Hahn übrigens auch den chinesischen Partnern schmackhaft zu machen versucht haben – erfolglos, unter anderem deshalb, weil sich in dem extrem kleinen Auto keine Klimaanlage einbauen ließ[3].

VW-Kompaktwagenstudie Student von 1982, die sowohl der DDR als auch den Chinesen vorgestellt wurde. Das Auto ist jedoch nur 3.130 mm kurz und daher nicht familientauglich. Es steht heute im AutoMuseum Volkswagen. ***Foto: AutoMuseum***

Natürlich waren auch in der DDR selbst immer wieder Vorarbeiten für einen neuen Stahlblechaufbau für Trabant und Wartburg vorgenommen worden, zuletzt ab 1984. Diese Grundsatzarbeiten mündeten in die Studie »Strömungsoptimierte Karosserie« unter der Verantwortung des IFA Kombinates Pkw (Projektleitung Gerhard Roth, Techn. Entwicklung). Vorgegeben waren bestimmte Grundmaße, ein cW-Wert von unter 0,30 und die Verwendung des EA 111-Motors. Richtungsweisend war die 1985er Diplomarbeit des jungen Designers Matthias Kaluza von der Hochschule für Industrielle Formgestaltung

1 B. Schulte: Armageddon

2 Infos A. Bauer

3 Hahn: Meine Jahre

Halle, Burg Giebichenstein. 1987 wurde er Chefgestalter des IFA Kombinats Karl-Marx-Stadt. Seine Vorarbeiten zur modernen Ganzstahlkarosse liefen weiter und sollten die Basis für eine neue Pkw-Generation für Trabant und Wartburg bilden[4].

Zunächst wollten die Ostdeutschen also einen neuen Kompaktwagen mit eigener Kraft stemmen (IFA-Kombinat-Karosserieabteilung, TU Dresden und Hochschule Burg Giebichenstein), Bis September 1989 sollten entsprechende 1:1-Modelle aufgebaut sein. Gleichzeitig - und ohne dass die Designerteams um G. Roth davon wussten - begann man sich aber bei westlichen Firmen umzusehen. »Nur mit einer neuen Karosserie und dem gleichzeitigen Einsatz moderner Technologien kann erreicht werden, dass Fertigungszeitsenkungen bis zu 25 % durchgesetzt werden können, Stückzahlsteigerungen mit den vorhandenen Arbeitskräften realisiert werden und der hohen Erwartungshaltung der Bevölkerung nach einem modernen äußeren Erscheinungsbild entsprochen und das internationale Ansehen der DDR positiv beeinflusst wird«, konstatierte das ZK der SED, wenn auch sehr spät.

Und der Einfachlösung, den Trabant 1.1 lediglich mit einigen Retuschen aufzuwerten, wurde eine Abfuhr erteilt: »Die DDR wird mit einem solchen Weg sowohl durch die Bevölkerung als auch international scharfer Kritik ausgesetzt, zumal alle sozialistischen Pkw-Produzenten (UdSSR, ČSSR, SRR, VRP, SFRJ) eine neue Karosserie für ihre Pkw bereits realisiert haben«[5].

Natürlich spielten auch knallharte finanzielle Gründe eine Rolle, um über ein modernes, neues Auto nachzudenken: Würde die Einführung einer neuen Ganzstahlkarosserie im Zeitraum bis 1995 nicht realisiert werden, so beschied das Politbüro, wäre im gleichen Zeitraum die komplexe Rekonstruktion der Karosseriefertigung für die gegenwärtige Karosserie mit Duroplastbeplanung erforderlich. »Vom VEB Sachsenring werden dafür Aufwendungen von 2,8 Mrd Mark bis 1995 eingeschätzt. Diese Aufwendungen reduzieren sich bei Einführung einer Ganzstahlkarosserie auf ca. 1,5 Mrd Mark«[6].

Die Tschechen hätten sich gar zu gern erneut eine Kooperation mit der DDR gewünscht. Spitzenpersonal von Skoda, darunter der Parteisekretär und der Gewerkschaftsvorsitzende, besuchte das Automobilwerk Eisenach, um sich über die Vorbereitungen zum Viertakt-Projekt zu informieren. »Die tschechischen Genossen brachten ihr Bedauern über die nicht fortgesetzte Zusammenarbeit mit der DDR im Pkw-Bau zum Ausdruck«, hieß es im Bericht der SED-Betriebs-Parteileitung[7]. Es habe zwar Versuche gegeben mit der UdSSR und mit Polen zu kooperieren, aber eine Zusammenarbeit mit der DDR würde die ideale Partnerschaft darstellen. Skoda wäre an einem Baugruppenaustausch interessiert, wenn die DDR EA 111-Motoren für den Quereinbau liefern dürfte. Den DDR-Planern um Genossen Ehrensperger war dies längst bekannt, lagen ihnen doch »inoffiziell beschaffte Informationen aus Prag« vor, die von Schwierigkeiten bei der Produktionseinführung des neuen Skoda Favorit wussten. Größter Knackpunkt sei der 1,5-Liter-Motor, der mit Mühe auf 1,1 Liter gebracht worden sei. »Tschechoslowakische Genossen haben geäußert, dass für die nächste Fahrzeuggeneration ein Partner gesucht werden soll, da der hohe Aufwand im Alleingang nicht zu bewältigen sei«[8].

Hieran knüpfte Botschaftsrat Karlheinz Schenk in einem Brief vom 3. August 1987 an die Staatliche Plankommission an: Die Tschechen strebten eine engere Zusammenarbeit mit den drei Kombinaten der DDR-Fahrzeugindustrie an und versprächen einen erhöhten Warenaustausch - also mehr Pkw-Importe für die DDR. Die ČSSR würde Baugruppen bis zur Karosserie in die DDR liefern, und strebe im Gegenzug den »Bezug des VW-Motors aus der DDR« an. Man sei jedoch derzeit aber auch hinsichtlich eines modernen Motors mit Nissan im Gespräch[9]. Im Oktober 1987 erfolgte zudem ein Arbeitsgruppenbesuch von DDR-Fahrzeugmanagern in der ČSSR, wo Skoda den Favorit auch als Kombi, als Coupé und als Pickup präsentierte - aber zu einer konkreten Zusammenarbeit kam es nicht mehr. Denn mittlerweile setzte die DDR-Seite auf westliche Kooperationspartner.

Polo-Derivat X03 alias Trabant 1.1 S

Obwohl auch Citroën gute Chancen für eine Zusammenarbeit bei einem neuen Modell bot, sprach noch mehr für Volkswagen. Allerdings musste hier mit Fingerspitzengefühl agiert werden: Nachdem 1988 erstmals darüber gesprochen, wurde, ein modifiziertes Polo-Modell in Zwickau zu bauen, hatte dies die DDR-Seite abgelehnt, um nicht in eine zu große Abhängigkeit von VW zu geraten. Und um nach außen zu demonstrieren, ein eigenständig entwickeltes Auto auf die Räder zu setzen.[10].

Die Wolfsburger interpretierten daraufhin den Begriff Polo etwas anders. Günter Klaus, Leiter Konzern-Entwicklungssteuerung, suchte im Auftrag des Vorstandsvorsitzenden ein passendes Modell aus - nämlich einen der sechs im Volkswagen Entscheidungskreis (PSK = Produktstrategie-Kommission) vorgestellten Entwürfe für den neuen Polo A03, der 1994 auf den Markt kommen sollte. Dieses von ItalDesign/Giugiaro geformte Derivat bot viel Innenraum und ähnelte ein bisschen

4 L. Leonhardt/www.de-konzepte.de in: 79 Oktan

5 Sammlg. Schinz/Bundesarchiv DY30/ ZK Abt. Maschinenbau u. Metallurgie: Fakten, Argumente, 29.09.1989

6 Sammlg. Schinz/Bundesarchiv DY30/Sitzung Politbüro der SED vom 31.01.1989

7 Sammlg. Schinz/Bundesarchiv/ Bericht BPO von AWE, 1987

8 Sammlg. Schinz/Bundesarchiv DY30, Zur Situation des Automobilbaus in der ČSSR, 01.07.1989

9 Sammlg. Schinz/Bundesarchiv DY30: Information der DDR-Botschaft in der ČSSR, 03.08.1989/

10 Sammlg. Schinz/ Bundesarchiv DY30, Mitteilung B. Beltrame (VEB Kombinat Pkw KMS, Zusammenarb mit Politbüro u MR, Rationalisierungskonzept), 28.01.1988

dem Alfa Romeo 45. Der VW-Vertrieb befand, dass der Wagen zu wenig zur bisherigen Polo-Linie passe – damit bot er genug Eigenständigkeit, um bei den DDR-Partnern Gefallen zu finden[11]. Allerdings würde die Umsetzung eines solchen Fahrzeugs mit seinen großen Glasflächen wohl nicht ganz einfach werden, sagte Hahn später.

Dr. Hahn persönlich führte Minister G. Beil in der Wolfsburger Designhalle (»Walhalla«) einen möglichen Trabant-Nachfolger vor: »Es war nur ein einziges Angebot, um Herrn Beil nicht zu verwirren. Im Vordergrund stand viel Platz im Innenraum eines kleinen Autos«, sagte Hahn[12]. Wie sich im Folgenden zeigen wird, hatte Hahn die Story um den Giugiaro-Entwurf, der quasi sofort in die DDR gebracht wurde, stark vereinfacht. Denn als nächstes lud IFA-Manager wie Voigt und Beltrame zu informellen Gesprächen ein und verabredete, wie man dieses Fahrzeug den Entscheidern des Politbüros schmackhaft machen könnte.

Zunächst erteilte am 31. Januar 1989 das ZK die konkrete Genehmigung, aktuelle Vorschläge für die Gestaltung von Ganzstahlkarosserien zu erarbeiten[13]. Dass bereits ein VW-Angebot in den Startlöchern stand, wurde im Protokoll der von Honecker geleiteten Sitzung (noch) nicht erwähnt. Allerdings hatte man sich bereits auf einen Pkw mit Viertaktmotor und 1,1 Liter Hubraum festgelegt, wobei es sich um eine Auftragsentwicklung handeln würde – für die eine »leistungsfähige Firma aus dem NSW angefragt werden solle« [14]

Am 27. Februar 1989 kam es im Internationalen Handelszentrum in Ostberlin (IHZ) »in einem kleinen Personenkreis autorisierter Führungskräfte von Volkswagen und dem IFA Kombinat Pkw zu einer ersten Besprechung« zu diesem Thema. Anwesend waren auf DDR-Seite die Herren B. Beltrame, R. Albrecht (Hauptabtlr. Erzeugnisentw. IFA Pkw), G. Hipp, H. Friedrich und W. Gündel, VW schickte V. Köhler (verantwortlich vor allem für die kaufmännischen Aspekte), V. Steinwascher und G. Klaus (für alle technischen Fragen).

Bis zum 1. März 1989 sollten Gestaltungsstudien des sogenannten X03 an IFA übergeben werden – offensichtlich befand sich zu diesem Zeitpunkt ein solches Fahrzeug aber noch nicht in Ostberlin. Drei bis vier große Termine mit jeweils acht bis neun Personen aus der Arbeitsebene sind verbürgt. Verbindungsmann war H. Roloff (Generaldir. AHB Industrieanlagen-Import, Berlin), dem die DDR-Manager Liedtke (Betriebsdirektor AWE), Hipp (Betriebsdirektor AWZ) und Beltrame (IFA Kombinat) zur Seite standen[15].
So weilten vom 21. bis 23. März 1989 sechs Verhandlungspartner (B. Beltrame, W. Liedtke, G. Hipp, AWZ-Technikchef Dr. Friedrich, Gen. Zeitzsch /IAI Berlin/ sowie Gen. Collin (Handelsvertretung Berlin) in Wolfsburg, um die Einbauversuche mit DDR-Bauteilen in das noch geheime Modell mit Stahlblechkarosserie zu diskutieren. Auf VW-Seite nahmen die Herren Köhler, Steinwascher, Klaus, Dr. Milbrad; Herr Ulrich und Herr Kappel teil. VW-Vorstand Dr. Münzner versprach dafür zu sorgen, dass noch vor seiner Pensionierung in einem Jahr »das sich anbahnende Vorhaben noch auf die Gleise zu stellen«.

Eisenacher Techniker waren nicht dabei und sollten erst im Nachhinein informiert werden: »Durch AWZ ist mit AWE abzustimmen, welcher Aufwand am Wartburg entsteht, wenn eine untenliegende Einheitslenkung auch bei ihm zum Einsatz kommt«, heißt es im Dienstreise-Bericht[16]. Man ging also davon aus, den Wagen auch für Eisenach neu einzukleiden. Der Radstand wäre gleich geblieben. Beraten wurde über die Eignung und Anpassung von Bauteilen wie Getriebe, Heizung, Kühler, Fahrwerk und Antrieb. Dafür wurde sofort ein Folgetermin am 17./18. April in Ostberlin verabredet.

Überraschenderweise durfte am 22. März die DDR-Delegation gleich vier Stylingmodelle im Entwicklungszentrum in Augenschein nehmen: drei Versionen des nächsten Polo A03 und den sogenannten A03 ID. Hier handelte es sich um den erwähnten, später X03 genannten Wagen. »Nach umfangreicher Diskussion wurde von der DDR-Delegation entsprechend der mit den Beschlüssen festgelegten Prämissen (kein VW-typ. Modell!) das Modell ID als das geeignetste herausgearbeitet. Einige technische Lösungen an den Polo-Versionen sollten in die ID-Lösung eingebracht werden – wobei ID ganz offensichtlich für ItalDesign/Giugiaro stand.

Dieses Modell sollte die Basis für alle weiteren Überlegungen sein. Erstmals in die DDR gebracht worden ist das Fahrzeug im März 1989. Es war mit Trabant-Logo und Sachsenring-S versehen, auch das Interieur war weitgehend funktionsfähig. VW-Manager Günter Klaus entsinnt sich, die Fahrzeugstudie im geschlossenen Lastwagen nach Ostberlin begleitet zu haben, wo es DDR-Wirtschaftslenker G. Mittag und Volkskammerpräsident H. Sindermann vorgestellt wurde. Der Kreis derer, die das Fahrzeug sehen durften, war indes extrem klein. Die nächsten Fahrten mit dem X03 gingen dann nach Zwickau.[17].

Für die Präsentation vor den höchsten politischen Kadern wurde das Auto auf einer Drehbühne aufgestellt, mit der fikti-

11 Infos G. Klaus (14.09.2023)

12 Infos C. Hahn

13 CH. Hermann: Dresdner Beiträge zur Geschichte der Technikwissenschaften Nr. 30 (2005

14 Sammlg. Schinz/Staatsarchiv/Sitzung Politbüro der SED vom 31.01.1989

15 Sammlg. Schinz/Bundesarchiv/ DY30 ZK Abt. Maschinenbau u. Metallurgie, 26.09.1989

16 Sammlg. Schinz/Reisebericht 78 Dienstreise vom 21.03.bis 23.03.1989 in die BRD

17 Infos G. Klaus (14.09.2023)

ven Zulassungsnummer XP 19-95 versehen und als Trabant 1.1 S gebrandet. Hinter dem »Einheitstyp« waren Modellskizzen eines Kombi- und eines Stufenheckautos sowie Vergleichsskizzen mit Trabant und Wartburg zu sehen. Wie in solchen Fällen üblich, waren linke und rechte Seite unterschiedlich ausgeführt – links mit einer, rechts mit zwei Türen. Zur Verfügung standen auch mindestens zwei Heckklappen-Lösungen, diverse Änderungswünsche wurden in Folgenden angeregt. Zudem sorgte DDR-Verhandlungsführer Bernd Beltrame dafür, dass auch eine Sitzkiste mit anderem Interieur bereitstand (Sitze mit Kopfstützen und Gurtverankerung am Sitz)[18].

X03 als Zweitürer mit Karl-Marx-Städter Nummer (11/1989), (oben links) Sitzkiste X03 ***Fotos: IFA/Ital Design***

18 Interview B. Beltrame (2015)

Viertürige X03-Lösung mit geänderter Heckpartie, Trabant-Schriftzug und Wolfsburger-Nummernschild **Foto: Ital Design**

Weitere X03-Karosserievarianten zunächst auf Basis der zweitürigen Grundkonstruktion, wie sie für den Wartburg realisiert werden sollten. Die ersten Skizzen waren bei Volkswagen entstanden **Fotos: Sammlg. Schinz**

Handskizzen von Volkswagen zur zwei- oder viertürigen Steilheckversion, beschriftet mit »A03-Modell 3«.
Quelle: Sammlg. Schinz

Ab der Sitzung vom 17. April 1989 durften erstmals VW-Techniker, darunter Fertigungs-Prozessplaner, bei den internen Verhandlungen in der DDR dabei sein. Knapp zwei Wochen später, am 29. April 1989, unterbreitete Volkswagen dann offiziell sein »Angebot Neue Karosserie«, das zwar auf Zustimmung der Ost-Seite stieß, aber längst noch nicht entschieden war. »Die angebotene Entwicklungsleistung übertrifft die Erwartungen« schrieben die AWZ- und IFA-Verantwortlichen am 2. Mai 1989, »es wird schwer sein, einen anderen Partner zu finden, der eine solche komplexe Entwicklungsleistung ... erbringt«. Zumal es sich um einen Vorschlag handelte, aus dem eine ganze Modellfamilie hätte abgeleitet werden können. Von der ZK-Fachabteilung wurde später anerkennend angemerkt: Es handele sich tatsächlich um eine Neuentwicklung und garantiere ein unverwechselbares Erscheinungsbild[19].

Im Mai 1989 wurde G. Tautenhahn, Minister für Maschinenbau und Metallurgie, angesichts der sich anbahnenden Zusammenarbeit mit VW der Auftrag erteilt, eine Entscheidungsvorlage fürs Politbüro des ZK der SED auszuarbeiten. Der Ablaufplan sah vor: Juli 1989 Entscheidung und Absichtserklärung; Dez. 1989 Auftrag zur Vertragsausarbeitung, Juni 1990 Vertragsabschluss, April 1994 bis September 1995 Probebetrieb und Leistungsnachweis. Auf der Arbeitsebene gingen derweil die Detailverhandlungen weiter.

19 Vortrag R. Albrecht, Förderverein A. Horch Museum (07.09.2023)

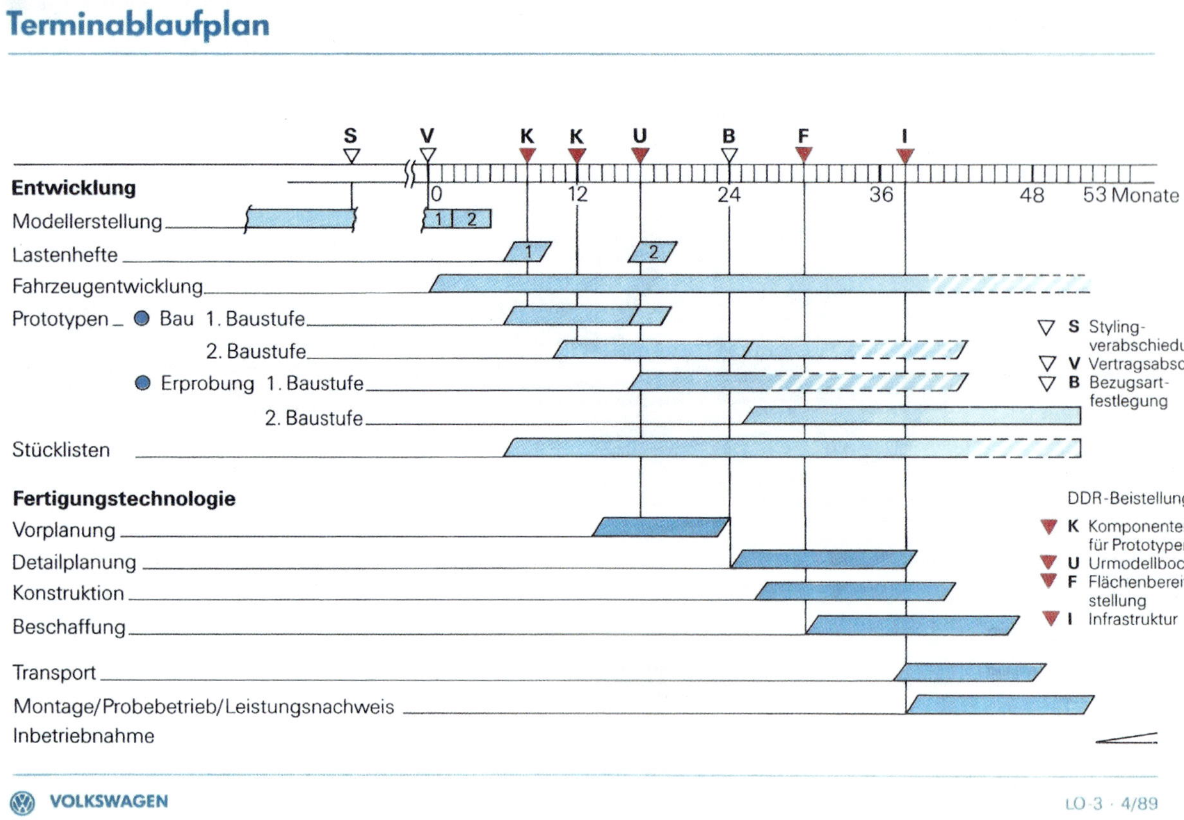

Auch die Terminablaufpläne (hier vom April 1989) für die Produktion des X03 wurden von VW erstellt. Der finale Vertragsabschluss hätte im Juni 1990 erfolgen müssen, und bis September 1995 hätte die Produktion beginnen sollen

Quelle: Sammlg. Schinz

Technische Daten des X03		
Motor (BM 820)	Vierzylinder-Viertakt, quer, 1 Fallstrom-Vergaser 32 TLA, Verd. 9,5 : 1	
Hubraum (cm³)	1.043	1.272
Bohrung x Hub (mm)	75 x 59	75 x 72
Leistung (kW/PS)	30 / 40 b. 5.500	43 / 58 b. 5.400
Drehmoment (Nm)	74 b. 3.000	98 b. 35200
Getriebe/Antrieb	4Gang (opt. 5Gang) / Front	
Abmessungen (mm)	3.680 x 1.584 x 1.419	
Radstand (mm)	2.405	
Spurweite (mm)	1.370/1.330	
Bodenfreiheit (mm)	125	
Türen/Breiten (mm)	2 (je 1.100) oder 4 (955 v, 855 h)	
Stirnfläche (qm)	0,6	
cW-Wert	0,33	
Gepäckraum (L)	270	
Karosserie	selbsttrag.	
Fahrwerk	v: Einzelradaufh, McPherson-Federbeine u. Dreieckquerlenker, opt. Querstabi	
	h: Verbundlenkerachse mit Längslenkern, Federbeinen	
Lenkung	Zahnstange	
Bremsen	v Scheiben /h Trommeln	
Bereifung	135/70 R13, 155/70 SR13; 165/70 SR13	
Leermasse (kg)	730	
Nutzmasse (kg)	425	
Tank (L)	45	
Fahrleistungen (km/h)	135	über 140

Angedacht war der Einsatz verschieden ausgelegter Motoren aus Karl-Marx-Städter Produktion: zum einen der 1,1-Liter Vergasermotor mit 40 PS sowie der im Wartburg 1.3 eingesetzte 1,3-Liter mit 58 PS. Das Projekt hätte um eine 55 kW/75 PS-Version erweitert werden können, vorgesehen war auch ein »perspektivisch vorgesehener Dieselmotor«[20].

Neun Komplettfahrzeuge hätten im Laufe des Jahres aufgebaut werden sollen, dazu 14 Karosserien. Im Folgenden wurden alle Baugruppen bis ins Detail durchgerechnet – immer auch mit Blick auf eine Automatisierung und einen geringeren Arbeitskräftebedarf bei größtmöglichem Ausstoß. Als Jahresvolumen ging man von zunächst 112.000 Exemplaren aus. Zum Vergleich: Vom Trabant entstanden jährlich rund 150.000. In der zweiten Ausbaustufe sollte der Produktionsausstoß für den X03 auf 220.000 p.a. steigen, parallel wären weitere 63.000 Trabant 1.1 im Altwerk Zwickau gebaut worden. Vorgesehen war zudem, dass die DDR den X03 in östliche Länder hätte exportieren dürfen. Entsprechende, von Volkswagen angefertigte Vergleichsbetrachtungen mit den aktuellen Wettbewerbern aus der ČSSR (Skoda Favorit) und der UdSSR (Lada Samara und Zaporoschets Tawrija) sowie mit Trabant 1.1 und Wartburg 1.3 fielen zugunsten des X03 aus.

Nach offizieller Lesart hätte VW eine Bodengruppe (Bodenanlage, Achsen und Lenkung) zur Verfügung gestellt, das Design aber aus dem Osten bezogen – so dass eine Ähnlichkeit mit gängigen VW-Modellen nicht bestanden hätte. Der EA111-Motor würde vor Ort produziert, angedacht war der spätere Einsatz des EA185-Diesels. Vermarktet werden sollte der Wagen als rein ostdeutsche Innovation.

Tatsächlich gab es wohl sehr viel mehr an Unterstützung durch Volkswagen, zumal die Ostpartner bereits mit der elektronischen Datenverarbeitung vertraut waren. Zur Finanzierung war vorgesehen, dass die DDR-Teile an VW liefern würde, die gleichzeitig für den eigenen neuen Polo A03 geeignet sein sollten.

Mindestens fünfmal ging die Studie zwischen Wolfsburg und Zwickau hin und her. Der Laderaum des Transportfahrzeugs durfte an der Grenze nicht geöffnet werden, dafür hatte die westdeutsche Begleitmannschaft entsprechende Papiere. Niemand sollte vorab von diesem Ost-West-Projekt wissen, auch Grenz- und Zollbeamte nicht[21].

Vergleich des X03 mit Wettbewerbern aus der ČSSR und der UdSSR, erstellt von Volkswagen ***Quelle: Sammlg. Schinz***

Fahrzeugvergleich A 0 - Klasse — RGW-Modelle

Vergleichsdaten	X 0 3	Trabant 1.1	SAS 1102 Tawrija	Skoda 136 Favorit	WAS 2109 Samara	Wartburg 1.3
Länge (mm)	3680	3521	3710	3815	4006	4216
Breite (mm)	1584	1528	1554	1620	1650	1640
Höhe (mm)	1419	1420	1410	1415	1402	1495
Radstand (mm)	2405	2020	2320	2450	2460	2450
c_W	0,33	0,48	0,37*	0,36*	0,36*	0,42
$c_W \times F$ (m^2)	0,61	0,81	0,64*	0,64*	0,63*	0,80
Komfortmaß (mm)	1800	1650				1795
Ellenbogenbreite v/h (mm)	1385/1385	1210/1150				1310/1320
Kopfraum v/h (mm)	970/945	915/855				920/900

*Herstellerangaben

VOLKSWAGEN LO-3 · 4/89

20 Sammlg. Schinz/Bundesarchiv DY30/ Staatl. Plankomm. Entwicklung u. Produktion einer Pkw-Ganzstahlkarosserie, 26.05.1989/.

21 Infos G. Klaus

Mit Schreiben vom 7. Juli 1989[22] ging man die Erstellung eines zweiten VW-Designmodells an, das sich in einigen Details unterschied. So schlug Volkswagen Scheinwerfer mit integriertem Nebellicht vor, während die DDR-Seite Nebelleuchten nur als Sonderausstattung in den Stoßfängern unterbringen wollte. Zum anderen wünschten die Ostpartner Scheinwerfer mit angesetzter Vorderblinkleuchte, die ab 1993 in der DDR gefertigt und auch an VW geliefert werden sollten. Die Heckleuchten sollten einschließlich Zuggriff und Schlossbetätigung in die Heckklappe integriert, unter der Heckscheibe sollte schwarze Dekorfolie aufgebracht werden. Und so weiter[23]. Man bemühte sich nun, immer je ein X03-Exemplar in Zwickau und Wolfsburg zu haben, um besprochene Änderungen sofort ausführen zu können, wie sich Erhard Zwingenberger (Leiter der Karosseriekonstruktion AWZ) erinnert[24].

Volkswagen erstellte zum 2. Juni 1989 eine Technische Produktbeschreibung mit allen wesentlichen Aussagen zur Produktstrategie sowie zur technischen Ausführung. Hervorgehoben wurde die gemeinsame Plattform mit dem Polo und die Vorgabe, dass der Vorderwagen für den Einbau von verschiedenen EA 111-Motoren ausgelegt sein müsse. Von der zwei- und viertürigen Kurzheck-Version sollten Stummel-Stufenheck und Variant-Version abgeleitet werden. Selbst eine Entwicklungsnummer, wie sie bei allen VW-Projekten vergeben wird, ist erteilt worden: EA 922-04[25].

VW-Entwicklungschef Dr. U. Seiffert berichtete, dass die Studie bei Volkswagen im Detail vervollständigt worden ist: »Der 1,1-Liter-Motor saß an der richtigen Stelle, und die Fahrzeugstudie war bedingt fahrbereit. Hätten es die DDR-Partner stemmen können, wäre dies sicher ein erfolgreiches Auto geworden«[26]. Hahn resümierte in seinen Memoiren[27], dass aber alle bisherigen Versuche einer Neuentwicklung in der DDR an den systembedingten wirtschaftlichen Realitäten gescheitert seien. »Der Auftrag an uns muss somit als verzweifelter, wenn auch völlig unrealistischer Versuch eines untergehenden Systems bewertet werden, das Volk noch einmal mit etwas ruhigzustellen, das man sich gar nicht mehr leisten konnte«.

Allerdings zeigte sich, dass eine Umsetzung trotz angedachter Kompensationen viel zu teuer geraten wäre. »VW ist bereit, durch einen erhöhten Kauf von DDR-Erzeugnissen für einen weitgehenden Ausgleich der bilateralen Handelsströme zu sorgen«, hatten die Wolfsburger noch im April 1989 geworben und auf mögliche Zulieferteile für den X03 aus der DDR verwiesen (Motor, Glas, Scheinwerfer, Fahrzeugelektrik, Normteile und Vormaterialien). Und sie versprachen, dass sich Karosserieentwicklung und -erprobung dank der einheitlichen Bodengruppe um 250 Mio DM reduzieren würden, zumal sänken Entwicklungsrisiko und -dauer[28]. Aber der Gesamtaufwand wurde im Oktober 1989 auf 9,451 Mrd Mark (7,1058 Mrd DDR-Mark plus 1,264 Mrd Valutamark) beziffert[29] – also nochmals die gewaltige Summe, die bereits das Viertakt-Geschäft gekostet hatte. Der Großteil der Investitionen wäre auf neue Ausrüstungen entfallen. Die ungeschönte Situation sollte in einer »Problemberatung mit Genossen Tautenhahn und Genossen des Automobilbaues« am 10. Oktober 1989 vorgestellt werden.

Tatsächlich wären die Kosten wohl noch höher gewesen: Dr. Erich Pasold, vom Planungsstab des ZK hatte seinen Chef Dr. Günter Ehrensperger, Leiter Abt. Planung u Finanzen beim ZK informiert, dass die Gesamtaufwendungen mit 11,7 Mrd M zu beziffern seien, und NSW-Importe incl. Lizenzgebühren und Zinsen rd. 1,7 Mrd VM kosten würden. »Der Preis des Fahrzeugs muss dann etwa 33.000 M betragen«, hieß es vertröstend[30]– sollte doch ernsthaft eine Kaufkraftabschöpfung von ca. 10.000 M pro Fahrzeug erreicht werden. Und für eine vernünftige Refinanzierung gesorgt werden. Selbst die zeitliche Streckung nach hinten, über das Jahr 1995 hinaus, wäre denkbar, anstatt sich von »der Investgrenze schrecken zu lassen und an dieser Stelle die Arbeit zu beenden«[31].

Nicht zuletzt aufgrund der ausufernden Kosten wurde von einer Ganzstahl-Neukonstruktion à la X03 dringend abgeraten, obwohl die Duroplast-Ausführung des Trabant 1.1 nur »dem wissenschaftlich-technischen Stand der 50er-Jahre entspricht«, resignierte die DDR-Seite. Aber bereits die Aktualisierung der Anlagen und der teilweise Blecheinsatz (vorgesehenes Invest 3 Mrd. M als Restsumme aus dem geplantem Budget Motorengeschäft bis Mitte der 90er) für den neuen Trabant hätten eine Amortisationszeit von zehn bis 15 Jahren erfordert – also über das Jahr 2000 hinweg Bestand haben müssen. Zudem wären Veränderungen des äußeren Erscheinungsbilds unumgänglich gewesen, was weitere Kosten nach sich gezogen hätte.

---

22 Sammlg. Schinz/ AWZ: Bitte um Anfertigung eines zweiten Design-Modells an IFA Kombinat Pkw/.

23 Sammlg. Schinz/ Sächs. Staatsarchiv: Schriftwechsel IFA Kombinat, 07.07.1989

24 Info M. Schinz (15.09.2023)

25 Vortrag R. Albrecht, Förderverein A. Horch Museum (07.10.2023)

26 Interview U. Seiffert (20.04.2020

27 C. Hahn: Meine Jahre

28 VW-Projektvorschlag, 4-1989

29 Sammlg. Schinz/Bundesarchiv DY30/ Information für Gerhard Schürer, 05.10.1989/

30 Sammlg. Schinz/Bundesarchiv DY30/ Schriftverkehr Pasold an Ehrensperger, 29.05.1989/

31 Sammlg. Schinz/Bundesarchiv DY30/ ZK Abt. Maschinenbau u. Metallurgie: Fakten, Argumente, 29.09.1989.

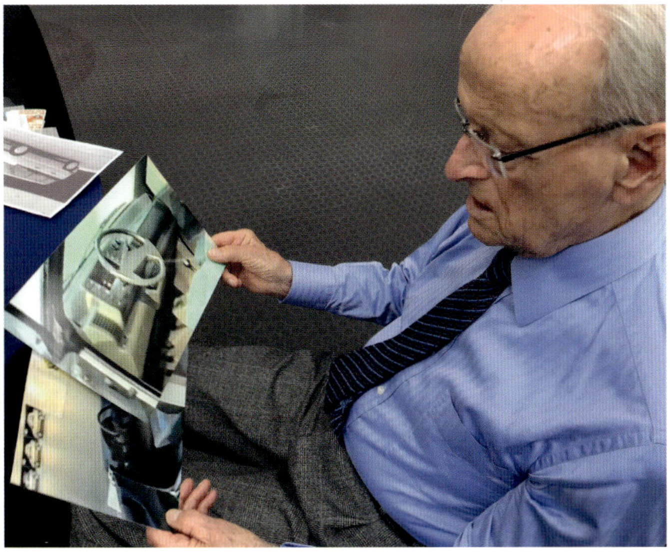

Dr. Hahn mit Interieurfotos des X03 **Foto: Kittler**

Wer trägt die Verantwortung für die Konzeption des Trabant 1.1?

Genau diese Frage haben wir dem Generaldirektor des PKW-Kombinates vorgelegt. Nun – nachdem die Verärgerung über die geharnischte Kritik am Trabant 1.1 (Hefte 2 und 3/90) wohl etwas verraucht ist – hat sich Herr Voigt zur folgenden Antwort bereitgefunden.
Die Übernahme einer persönlichen Verantwortung enthält dieses Statement nicht, auch nicht die Antworten auf unsere Fragen nach Preisvorstellungen sowie nach Fahr- und Aufprallsicherheit des Trabant 1.1. „Erst im nächsten Heft", lautete die Antwort. Wir werden nicht lockerlassen!
Die Stellungnahme enthält aber einige neue Fakten und auch interessante Fotos, weshalb wir sie unseren Lesern nicht vorenthalten möchten. Die Bilder lassen allerdings auch eines erkennen: Das „Face-Lifting", wie es für die sonst unveränderte Plastkarosserie versucht worden ist (Bild 1), hätte ebenfalls keine akzeptable Lösung gebracht. Die gemeinsam mit VW entstandene Vollheck-Studie (Bilder 2 und 3) sieht dagegen außerordentlich reizvoll aus. Schade, daß auch daraus nichts werden durfte.

Bild 1 Entwurf für Änderungen an Frontpartie des Trabant (Modell 1.1 E)

Zum Serienlauf des Trabant 1.1 mit Viertakt-Ottomotor

D. Voigt, KDT, Generaldirektor des IFA-Kombinat Personenkraftwagen

Zur Werksvorstellung des in diesem Monat in Serie überführten Trabant 1.1 gingen mir zum wiederholten Male Fragen der Redaktion der KFT zum Ablauf und zum technischen Inhalt seiner Entwicklung zu, die mich zu einigen einleitenden Bemerkungen veranlassen.

Die Kernfrage in den bisher erschienenen kritischen Testberichten und in der öffentlichen Diskussion über den Trabant 1.1 ist, analog zur 1988 erfolgten Serieneinführung der neuen Antriebstechnik mit der VW-Lizenzmotorenbaureihe im PKW Wartburg, die Weiterverwendung der bisherigen schon über 2 Jahrzehnte gefertigten Karosserie. Ich muß hier nochmals daran erinnern, daß trotz der in den vergangenen Jahren von den Automobilbauern in Zwickau und Eisenach unternommenen Bemühungen zur Einführung moderner Nachfolge-Fahrzeuge der Beschluß der damaligen Partei- und Staatsführung vorlag, die modernen Antriebsaggregate in die **vorhandenen** Fahrzeuge einzubauen.

Beim PKW Wartburg 1.3 konnten die notwendigen Änderungen am Vorderwagen zur Gewährleistung des Einbauraumes für das quer im Fahrzeug angeordnete Triebwerk genutzt werden, um das Erscheinungsbild in Verbindung mit den großflächigen Plastikstoßfängern und Folgeänderungen im Heckbereich aufzubessern, so daß zumindest die Front- und Heckansicht modernisiert werden konnte.

Anders beim Trabant. Durch die bereits vorhandene Queranordnung des Triebwerkes und durch den seit 2 Jahrzehnten angestrebten Übergang zu einer Vorderradaufhängung mit Schraubenfedern waren lediglich die durchgeführten äußeren Karosserieänderungen an Motorhaube und Mittelteil erforderlich, um das wesentlich größere Antriebsaggregat einzubauen.

Noch in der Überleitungsphase dieser Konzeption wurde zu den bis dahin erarbeiteten Lösungen für einen Trabant-Nachfolger die Version einer teilweise modernisierten Trabant-Karosserie (siehe Bild 1) zur Realisierung vorgeschlagen, die aber ebenfalls abgelehnt wurde. Es gelang lediglich – buchstäblich in letzter Minute – die Plastikstoßfänger zu realisieren.

Aus diesem Grund wurde bereits 1986 mit der Konzipierung von Nachfolgefahrzeugen für beide PKW-Typen begonnen, die in eine an den Standorten Zwickau und Eisenach zu fertigende Baureihe moderner PKW münden sollten. Auch hier gab es keine Reaktion zu einer möglichen zentral zu planenden Einordnung.

In Fortführung der seit 1982 angelaufenen guten Zusammenarbeit mit der VW-AG haben wir dann 1988 ein gemeinsames Konzept erarbeitet, mit dem wir auf der Basis einer eigenständigen Fahrzeugbaureihe die kurzfristige Modernisierung der Automobilproduktion in Zwickau und Eisenach realisieren wollten (Bilder 2 und 3). Die dabei vorgesehene teilweise Vereinheitlichung von Karosserie- und Fahrwerkbaugruppen zu Produktlinien des VW-Konzerns sollte – ähnlich wie bei der bereits bestehenden Kooperation in der Motorenfertigung – Voraussetzungen zur Rücklieferung weiterer Komponenten zwecks Finanzierung des Vorhabens schaffen. Auch diese Lösung erfuhr das gleiche Schicksal wie ihre Vorgängerinnen.

Soviel zu den konkreten Bemühungen der letzten Jahre, nicht nur das äußere Erscheinungsbild und den Gebrauchswert der PKW Trabant und Wartburg, sondern auch ihre Fertigung dem internationalen Stand anzugleichen.

Die in letzter Zeit öfter gestellte Frage nach der Sinnfälligkeit der Aufnahme der Serienproduktion des Trabant 1.1 zum gegenwärtigen Zeitpunkt möchte ich unter zwei Aspekten eindeutig beantworten:

1. Die notwendigen Überleitungszeiten einer neuen Erzeugnispalette reichen auch bei Übernahme des vollen Know-how eines potentiellen Partners bis in die Mitte der 90er Jahre. Das für 1990 vorgesehene Modernisierungsprogramm für den Trabant 1.1 mit dem Schwerpunkt der Einführung eines Viertakt-Ottomotors auch im Hinblick auf die heutige Marktsituation ist daher notwendig.
2. Wir sehen im Trabant 1.1 eine echte Alternative, sowohl für den Inlands- als auch für den Auslandsmarkt, der uns hilft, den Anschluß an eine neue Fahrzeuggeneration zu finden. Diese Zuversicht gründet sich auf die bisherigen Erfahrungen aus dem Nutzerkreis der Nullserie und der ähnlichen Situation bei der Markteinführung des Wartburg 1.3 mit einer zunächst zögernden Akzeptanz, die sich inzwischen in eine Anerkennung der erreichten Vorzüge umgewandelt hat. Durch die verbesserten Fahreigenschaften, die wesentlich verminderten Innengeräusche und die wirkungsvolle Heizung des Innenraumes kann für den Trabant 1.1 gleiches erwartet werden.

Unser jetziger Beitrag lautet: **Einjahresgarantie ohne Beschränkung der Kilometer-Fahrstrecke** für den Trabant 1.1 bei Zusicherung einer bedarfsgerechten Bereitstellung von Ersatzteilen, wobei letzteres natürlich auch für den Trabant 601 gilt.

Von unserer Fachpresse erhoffe ich mir eine objektive, durchaus kritisch differenzierte Berichterstattung zu unseren Erzeugnissen, um uns in unseren vielfältigen Bemühungen bei der Sicherung des Inlandmarktes zu unterstützen. Bei verschiedenen Publikationen der letzten Zeit mußte man eher den Eindruck gewinnen, daß Gegenteiliges erreicht werden sollte.

Ich hoffe, daß die nachstehende Werksvorstellung des Trabant 1.1 einen Beitrag in der positiven Richtung leistet.

(20 049)

Nach diesem kleinen Seitenhieb wohl auch auf die KFT müssen wir leider befürchten, daß die auf den nächsten Seiten folgende Vorstellung diesen positiven Beitrag kaum zu leisten vermag. Dazu war die Aufgabenstellung für die Konstrukteure wohl auch viel zu widersprüchlich.

Die Redaktion

Bilder 2 und 3 Konzeptentwurf P 1995 (zwei- und viertürig) aus dem Jahre 1988 mit teilweiser Vereinheitlichung von Karosserie und Fahrzeuggruppen zu Produktlinien von VW

Kraftfahrzeugtechnik, Berlin 40 (1990) 5

141

KFT vom Januar 1990

Am 20. Dezember 1989 wurde das X03-Projekt in beiderseitigem Einvernehmen still und heimlich beendet. Zwei Tage später wurde offiziell die Volkswagen IFA Pkw GmbH gegründet[32]. (vgl. Kapitel 21) Das nahe Ende der DDR vor Augen, verschwand die Studie – und blieb unerklärlicherweise verschollen. Ärgerlicherweise soll mitten in den Wendezeiten auch das Wolfsburger Zweitexemplar in den Osten gebracht worden sein, um dort ebenfalls spurlos zu verschwinden. Vermutlich ohne Zustimmung von Volkswagen. Andererseits war zwischen VW und seinem Ostpartner kurzfristig vereinbart worden, alle Unterlagen zu diesem Geschäft zu schreddern.

Tatsächlich sind aber Anfang 1990 Fotos des X03 in der DDR-Fachzeitschrift KFT[33] gezeigt worden. Angeblich sollen die Aufnahmen im Ostberliner Präsentationsraum des Internationalen Handelszentrums entstanden sein, vermutlich wurden sie aber in Karl-Marx-Stadt gemacht. Das Ganze war keineswegs ein Akt zivilen Ungehorsams, sondern geschah – so Dr. R. Albrecht – auf Anweisung von Generaldirektor D. Voigt, der zu beweisen versuchte, dass die sächsischen Automobilbauer nicht untätig geblieben waren... Hahn sagte später: »Da waren wir viel zu weit gegangen. Wir wussten damals nicht, dass die DDR wirtschaftlich gar nicht mehr in der Lage war, ein neues Auto zu bauen«[34].

Kooperationsgespräche mit anderen

Obwohl seit der Politbürositzung vom 1. Juli 1986 angesichts mangelnden Budgets klar war, dass eine neue Karosserie insbesondere für den Trabant erst nach 1990 kommen würde, beließ es die DDR-Seite nicht mit den eigentlich viel zu blauäugigen Verhandlungen mit Volkswagen zum X03. Zum einen wurde unverständlicherweise weiter an einer eigenen Lösung für einen Vollheck-Pkw gearbeitet werden. Noch 1989 wurden seitens des IFA Kombinats Aufträge für dessen Innenraumgestaltung vergeben. Noch am 1. Juni 1990 zeichnete IFA-Generaldirektor D. Voigt die Jungdesigner Andreas Olden und Bernd Hanisch mit einer Geldprämie aus. Die angestrebten 1:1-Modelle sind allerdings nicht fertiggestellt worden.

Kaluza hatte übrigens bis zum Mauerfall keine Kenntnis vom real existierenden X03 und hat ihn – ebenso wie Rainer Albrecht – nie in natura gesehen. Anders die leitenden Technik-Mitarbeiter im Automobilwerk Zwickau (Karl-Heinz Brückner als Hauptkonstrukteur, Werner Gündel als Leiter der Neuentwicklung sowie Erhard Zwingenberger als Fachabteilungsleiter Karosserie), die den Wagen kannten und in einem abgeschlossenen Raum beherbergten.

Am 9. Januar 1989 waren – als Teil der Ganzstahlkarosserie-Aktivitäten – in einem internen Arbeitspapier des VEB Sachsenring AWZ verschiedene Möglichkeiten zum »günstigsten Weg zur Erneuerung der Karosserie des Pkw Trabant«[35] durchgespielt worden: Eigenentwicklung, Auftragsentwicklung, Lizenznahme oder Kombination von Eigen- und Auftragsent-

32 Infos R. Albrecht

33 KFT 40 (1990)

34 E. Kittler in: Trabi Love

35 AWZ: Arbeitsprogramm Karosserieerneuerung

wicklung. Vorgefühlt werden sollte bevorzugt – neben Volkswagen – bei Fiat, Peugeot, Citroën und Opel. Auch Renault, Ford, Toyota und Nissan standen auf der Wunschliste. Dazu kamen italienische Karosseriegestalter von Bertone, Pininfarina, Michelotti und IDEA/Ital Design (Giugiaro), die ausschließlich für Entwicklungsdienstleistungen angefragt werden sollten.

Auch das Politbüro mischte sich ein und hatte am 31. Januar 1989 eine neue Karosserie für den Trabant gefordert, Anfragen seien an »eine leistungsfähige Firma« (gemeint war eine nicht näher genannte Firma aus dem westlichen Ausland) zu richten. Verschiedene Modelle wurden als Entscheidungshilfe in Tabellenform gegenübergestellt. Schon im März/April 1989 sollte dann eine technisch-ökonomische Bewertung durchgeführt werden. »Mindestens vier internationale Karosserieliefer-Fertigungen hätten technologisch und investitionsmäßig analysiert werden müssen«, hieß es. Auch westliche Hersteller von Karosseriewerkzeugen sollten bewertet werden, zudem war die Transformationsbereitschaft entsprechender DDR-Kombinate zu untersuchen. All diese Untersuchungen mussten zudem unter großem Zeitdruck (unter höchster Geheimhaltung) ablaufen – Kenner der Planwirtschaft ahnen, dass dies zu Problemen führen würde.

Geplant war jedenfalls, die Produktion des neuen Kleinwagens im Jahr 1995 aufzunehmen. Was bedeutete, dass Mitte 1992 die Karosserie-Entwicklung so weit sein musste, dass die Anfertigung der Umformwerkzeuge im VEB Formenbau Schwarzenberg (dort, wo einst die Käfer-Werkzeuge entstanden waren!) hätte beginnen können. Noch im Jahr 1989 musste entschieden sein, »von wem man eine Karosserie oder Karosserieentwicklung erhält«[36].

tisierung vom August 1989 betonten die Nähe des AX an die IFA-Erwartungen hinsichtlich Größe und Motorisierung (1.050 und 1.300 ccm). Für die von der DDR-Seite geforderten Karosserieanpassungen vorn/hinten für den Zwei- oder Viertürer müsste aber noch eine Machbarkeitsstudie in Auftrag gegeben werden[38].

Der Enthusiasmus der DDR-Seite verfolg jedoch schnell. Die Abt. Maschinenbau im Zentralkomitee erstellte am 5. Oktober 1989 eine »Information für den Vorsitzenden der SPK /Staatl. Plan-Kommission – d.V./, Genossen Schürer, zur Vorbereitung einer Problemberatung mit Genossen Minister Tautenhahn und Genossen des Automobilbaus am 11. Oktober 1989 zur perspektivischen Entwicklung der Pkw-Produktion«[39], das schonungslos die Situation aufdröselte: Wie erwähnt, hätten 9,5 Mrd. Mark für den neuen Trabant aufgewendet werden müssen. Der Wartburg 1.3 war bereits ausgenommen worden: Er solle bis 1995 keine neue Karosserie erhalten, dafür müsse versucht werden, die Jahresstückzahl von 75.000 auf 100.000 zu erhöhen (Aufwand 3 Mrd. M). Eine neue Karosse sollte zuerst der Trabant erhalten, wobei der zweitaktende 601 – wie erwähnt – aber eigentlich noch bis 1992 im Programm bleiben sollte.

Es mutet wie eine Verzweiflungstat an, dass IFA-Generaldirektor Voigt noch am 11. November 1989 – zwei Tage nach Mauerfall – eine Delegation hochrangiger DDR-Fahrzeugmanager ins sowjetische Togliattigrad zu Lada schickte. Delegationsleiter war Bernd Beltrame. Die dortigen Gesprächspartner hatten angesichts der Maueröffnung gar nicht mehr mit einem Kontaktversuch der Ostdeutschen gerechnet. Bei ihnen seien die Uhren bereits umgestellt worden, hieß es, und ihr Werk würde künftig noch enger mit Fiat zusammenarbeiten. Die Delegation reiste unverrichteter Dinge wieder ab – was konkret erreicht werden sollte, darüber ist nie gesprochen worden[40].

Maße/Massen-Vergleich Trabant 1.1 und X03 mit westlichen Kleinwagen[37]

	Trabant 1.1 Lim	Citroën AX	Fiat Uno	Ford Fiesta	Opel Corsa	VW Polo	Projekt X03
Länge (mm)	3.510	3.500	3.645	3.650	3.620	3.655	3.600
Breite (mm)	1.515	1.560	1.550	1.585	1.530	1.580	1.580
Höhe (mm)	1.420	1.350	1.430	1.335	1.365	1.355	1.370
Radstand (mm)	2.020	2.285	2,360	2.290	2.345	2.335	2.340
Leergewicht (kg)	700	545	730	760	745	720	725

Am 27. September 1989 verabschiedete AWZ-Betriebsdirektor Hipp einen »Technisch-ökonomischen Vergleich der vorliegenden Angebote[37]. Es handelte sich dabei um das aktualisierte VW-Angebot vom 30. April 1989 (X03) und ein Angebot von Citroën (AX) vom August 1989 auf Basis der überarbeiteten Anfragespezifikation der DDR vom 11. Mai 1989. Das Orientierungspapier von Citroën vom 18. Juli 1989 und die Konkre-

Dennoch wurde auch nach dem Mauerfall noch einige Wochen weiterverhandelt – sowohl mit Volkswagen als auch mit Cit-

36 Sammlg. Schinz/Bundesarchiv DY30/ Staatl. Plankomm: Kurzfristig einzuleitende Aktivitäten Karosserieerneuerung, 19.01.1989

37 Sammlg. Schinz/G. Hipp: Technisch-ökonomischer Vergleich VW-/ Citroën -Angebot

38 Sammlg. Schinz/Bundesarchiv DY30/ Automobilprojekt. Anregungen von Citroën zur Orientierung, 18.07.1989/August 1989

39 Sammlg. Schinz/Bundesarchiv DY30/Internes Papier SED Abt. Maschinenbau/ZK

40 Infos R. Albrecht (2023)

roën. In puncto Zukunftsfähigkeit lag der X03 klar vorn – war aber deutlich teurer als der Franzose. Noch Anfang Dezember weilten hochrangige Verhandler von PSA in Zwickau, um über nachgebesserte Möglichkeiten für den AX zu referieren: Daraus hätte sich eine Modellfamilie entwickeln lassen, in der DDR gefertigte Vollheck-Limousinen hätten nach Frankreich exportiert werden können, und viele DDR-Baugruppen einschließlich des EA 111-Motors (!) wären in den AX integrierbar gewesen. Vorab war zu Demonstrationszwecken in Zwickau ein AX-Versuchswagen mit dem 1,1-Liter-Triebwerk aufgebaut worden. Ob die VW-Seite davon erfuhr – und was sie davon gehalten hat? Das Angebot der Franzosen sollte jedenfalls noch bis 8. Dezember 1989 Bestand haben – und eventuell um einige Tage verlängert werden.

Volkswagen wusste natürlich von den ostdeutschen Fremdgängen, wenn auch nicht im Detail. Und machte zunehmend Druck, wie die DDR-Entscheider insgeheim konstatierten: »Wolfsburg geht von einer Fortsetzung der bestehenden ‚Kooperation' aus und erwartet eine entsprechende Entscheidung«. Gespräche mit PSA hätten ja kein für volkswirtschaftliche Aufwandsrechnungen verwendbares Konzept erbracht, »weil PSA sich als zur Schaffung einer Konkurrenzsituation, benutzt' (in Anführungsstrichen! – d.V.) betrachtet, ohne reale Chance, einen Auftrag zu erhalten«[41]. Die Verfasser des Papiers empfahlen darum die Einstellung aller Verhandlungen mit diesen NSW-Firmen.

Technisch-ökonomischer Vergleich der Angebote VW – Citroen Teil 3 Technologie Blatt 1

Merkmale u.Kriterien aus Anfragespezifik.	Citroen: Aussage im Angebot	Citroen: Bewertung	VW: Aussage im Angebot	VW: Bewertung	Vergleich Citr.	Vergleich VW
- Kap.v.220 T + 15% ET-Kar. bei 80 % Verfügbarkeit u. 2Schichtbetrieb	möglich als Erweitg. d.Baustufe 112 T Fzg.-Nachrüst. auf 220 T Fzg./a bei lauf.Prod. bei minimaler Beeinträchtigung mögl.	Entspricht voll den Vorstellungen von AWZ.	Entspr. d. 1. Angebots mögl..Auf Wunsch des AG zur Valutareduzier. nur noch durch Neubau eines zweiten vollst. Kar.-Rohb. möglich.	Ungünstig,da Erweit.-Fähigkeit. Erhöhter Flächenbedarf, erhöhte Fertigungszeitb.erhöhte Kosten erforderlich.	+	-
- 1.Baustufe mit 112 T + 15 T ET-Kar., bei 80 % Verfügbarkeit u. 2Schichtbetrieb	Angebotene Variante (Auss.zu ET-Kar.nicht ausgewiesen im Angebot)	Entspricht den Forderungen (Aussage zu ET-Kar. ist zu klären)	Im derzeitigen VW-Angebot gegeben.	Entspricht den Forderungen	+	+
- Vorschlag für vorzusehende Technologien	automatisierte Fert.-Linien unter Einsatz von Schweißrobotern u.Vielp.-Schweißeinheit. sowie manuelle AP	Entspricht den Vorstell. von AWZ	Entspr.Abstimmung mit VW: automat.Fert.-Linien unter Eins.v.Schweißrobotern u.Vielp.-Schweißeinheiten sowie manueller Arb.-Plätze	Entspricht den Vorstellen v. AWZ	+	+
- Vorschlag,Auswahl, Projektierung der adäquaten Einbeziehg. von DDR-Ausrüstg.	Vorschlag mit 20 % DDR-Beistellg.gegeben	20 % Beistellung erscheint zu hoch. Detaillierung u. Präzisierung erforderlich. Proj.-Leistg. im Angebot nicht angegeben.	Auswahl u.Proj.d.Ausr. f.Kar.-Rohbau im Angebot berücksichtigt.	Entspricht den Vorstellungen der AG.	?	+
- Gewährleistg. Varianten u.Stückzahlflexibilität	Varianten-u.Stückz.-Flexibilität gegeben: 2- oder 4-türig. Schiebedach	Entspricht den Wünschen des AG	Im Angebot v.30.4.89 Var.-u.Stückzahlflexibilität angeboten, mit Verhandl.zur Kostenreduzierg.durch Auftr.-Geber verzichtet.	unbefriedigend. Variantenerweiterung erst mit 2. Stufe des Kar.-Baues möglich.	+	(-)

Technisch-ökonomischer Vergleich der Angebote VW – Citroen Teil 3 Blatt 3

Merkmale u.Kriterien aus Anfragespezifik.	Citroen: Aussage im Angebot	Citroen: Bewertung	VW: Aussage im Angebot	VW: Bewertung	Vergleich Citr.	Vergleich VW
- Berücksichtigung technolog.Forderungen d.fortgeschr.Blechumformtechnik bzgl. Anwendung Pressenstraßen Transferpressen, Ziehtiefen- und Stufenanz.	keine Angaben im Angebot	Berücksichtigung wird vorausgesetzt	keine Angaben im Angeb.	Berücksichtigung wird vorausgesetzt	+	+
- Anzahl Blechteile	keine Aussage	ist in Gesprächen mit Citroen zu klären	215 für Karosserie lt. Angabe durch VW außerhalb des Angebots	Blechteileanzahl wird von AG akzeptiert, jedoch Größenaufteilung ist nochmals zu klären	?	+
Zusätzliches Angebot durch AN:						
Übergabe v.Umform.-werkzeugen zur Blechpreßteileherstellung	Übergabe von nicht mehr benötigten Umformwerkzeugen zur Blechpreßteileherstellg. zu ca. 25 % des Neuwertes	wird positiv bewertet, entspannt Werkzeugsituation, jedoch muß Kompatibilität mit DDR-Pressentypen in Verhandlungen geklärt werden.	keine Aussage, da nicht Bestandteil der Anfragespezifikation		+	-

Technisch-ökonomischer Vergleich der Angebote VW – Citroen Teil 3 Blatt 2

Merkmale u.Kriterien aus Anfragespezifik.	Citroen: Aussage im Angebot	Citroen: Bewertung	VW: Aussage im Angebot	VW: Bewertung	Vergleich Citr.	Vergleich VW
Parameter Karobau:						
. Flächenbedarf (Prod.-Prozeß ohne TUL-Prozeß u.Ver- und Entsorg.)	25 000 m²	günstig, offensichtl. nur Herstellung d.eigentl. Rohkar. berücksicht.. Nacharbeitslinien berücksichtigt?	29 600 m²	weniger günstig, betrifft nur die Herstellung der eigentl. Rohkarosserie	+	(-)
. Fertigungszeitaufw.	6,63 h	ungünstig, da AK-Situat.	5,56 h	günstiger, Basis: Verhandlungsergebnis v. 21.7.89	-	+
. AK-Bedarf	720 (dav. 360 PGA lt.Angeb.	ungünstiger	580 (dav. ca. 290 PGA geschätzt)	günstiger (Verhandlungsergebnis v. 21.7.89)	-	+
. Invest.-Aufwendungen	168 Mio VM bei 20 % DDR-Beistellg. 218 Mio VM ohne Beistellung	niedrige Investitionen im Beistellungsanteil u.niedrigen Anlagenaufwand durch geringere Punktanzahl u.geringeren Leistg.-Anteil begründet	317 Mio VM	hohe Invest., jedoch Planung, Inv.-Güter, Transporte, Montage, Inbetriebnahme u.Anlaufunterstützung im Inv.-Umfang enthalten	+	-
. Anzahl Schweißpunkte ≤2200	ca. 1900	real., da extremer Leichtbau, jedoch hoher Anteil v.Plastteilen angewendet, deren Herstellung in DDR zusätzl.Valuta-Mittel erfordert.	ca. 3000	Forderung nicht erfüllt, jedoch stabile Karosserie wird durch AN gewährleistet.	+	-
. Weitgehende autom. Punktschweißung	lt. Angebot real.	entspr.Forderungen d. AG	lt. Angebot real.	entspricht Forderungen d. AG	+	+

Teil 4: Sonstige Angaben Blatt 1

Merkmale und Kriterien aus Anfragespez.	Citroen: Aussage im Angebot	Citroen: Bewertung	VW: Aussage im Angebot	VW: Bewertung	Vergleich Citr.	Vergleich VW
Entwicklung einer 2/4-türigen Vollheckkarosserie bis Serienreife durch AN	. vorliegende bereits abgeschlossene Konstruktion . Ansatzpunkte zur Bereitschaft in das vorliegende Konstr. Konzept wesentliche Eingriffe entspr. DDR-Vorstellungen umzusetzen, sind kaum abhebbar . zwingende Änderungen seitens K-PKW erscheinen erforderlich . bzgl. DDR-Lösung werden konstruktive Änderungen an Karosserie gegenüber Citroen AX vorgeschlagen(30%) Die Herstellg. der Serienreife hat unter Verantwort. der DDR in der DDR mit evtl. techn. Betreuung durch Citroen zu erfolgen	unbefriedigendes Angebot	. im Angebot konkret untersetzt . durch eigene z.T. parallele Entwicklungsarbeit (A 03/X 03)geprägt . die Bereitschaft der Änderung des konstruktiven Konzeptes in Abhängigkeit des Einsatzes von DDR-Baugruppen wird deutlich und ist im Angebot bereits berücksicht.	günstig, da DDR-Belange besser umsetzbar	-	+

Gegenüberstellung der Angebote Citroën und Volkswagen vom 27. September 1989 (Auszug) ***Quelle: Schinz/Staatsarchiv***

41 Sammlg. Schinz/Bundesarchiv DY30 Information für Gerhard Schürer, 05.10.1989

20.

Übergang in die Marktwirtschaft

Mit dem Mauerfall am 9. November 1989 schwand die Eigenständigkeit der DDR. Hier die ungehindert in den Westen strömenden Zweitakter in Zichorie bei Wolfsburg
Foto: Willmann

Schon vor dem Mauerfall war Volkswagen auch auf anderen Feldern in die Offensive gegangen. 1988 war mit dem westdeutschen Automobilverband ADAC vereinbart worden, Einsatzfahrzeuge auf die Transitautobahnen zu entsenden. Es handelte sich dabei zunächst um rund 20 Volkswagen Passat B2 Variant, die über die Zentrale Kleinmachnow bei Berlin gesteuert wurden. Sie waren unterwegs um Leipzig, Dresden, Magdeburg, Potsdam, Berlin und Schwerin – und sie halfen auch Fahrern von DDR-Fahrzeugen bei einer Panne. 1989 gesellten sich Opel-Einsatzfahrzeuge hinzu. Mit der Grenzöffnung bot Volkswagen ab dem 15. November 1989 über das VAG-Netz allen Besuchern aus der DDR-Pannenhilfe für Trabant und Wartburg an. Volkswagen war zudem der Erste, der beim Aufbau eines Mietwagennetzes in der Noch-DDR mitwirkte: Ab dem 5. März 1990 bot Volkswagen-Tochter InterRent Europcar Autovermietung GmbH in Kooperation mit den Berliner Verkehrsbetrieben und Auto Trans die VW Modelle Golf CL, Passat Variant CL sowie T3 und LT29 D Kombi an.

Vielleicht wäre sogar eine erneute Lieferung von fabrikneuen Golf II für Ostmark-Käufer ins Land gekommen: Einkaufs-Hauptabteilungsleiter HJ Zimmermann berichtete von einem dreitägigen Meeting im Ostberliner Grand Hotel mit den DDR-Funktionären Mittag und Kleiber im Dezember 1988. Das VW-Einkaufsteam um Münzner, Briese, Nolde, Remmler und Zimmermann verhandelte dort um den Bezug weiterer 10.000 Fahrzeuge. Bekanntlich wurde daraus nichts[1].

1 Infos HJ Zimmermann

Noch kurz vor der Wiedervereinigung gab es heute absurd anmutende Vorschläge, den Bedarf an (West-)Autos in der DDR zu decken. So traf der ostdeutsche Rechtsanwalt Wolfgang Vogel – angeblich im Auftrag der damaligen DDR-Regierung – Anfang Januar 1990 den Düsseldorfer Autogroßhändler Helmut Becker, um über die Einfuhr von 30.000 Gebrauchtwagen aus Westdeutschland zu sprechen. Lt. Becker soll es noch um weit höhere Stückzahlen bis 100.000 Einheiten gegangen sein. Die Idee zerschlug sich aber, weil die Finanzierung in keiner Weise gesichert war[2].

Ein unanständiger Plan war noch 1989 gereift, als Stasi-Mitarbeiter Hunderte von Autos geflüchteter DDR-Bürger aus Tschechien und Ungarn zurückholten: Es wurde überlegt, diese Fahrzeuge auf dem Gebrauchtwagenmarkt der DDR zu verhökern. Umgesetzt wurde dies allerdings nicht.

Schon bald nach dem Mauerfall sickerten die ersten West-Pkw ins Land. Noch im Dezember 1990 hatte das DDR-Ministerium für Außenwirtschaft eine Liste mit 50 für den Import freigegebenen westlichen Autotypen aufgestellt – mit der Entpflichtung der DDR, für Reparaturen aufzukommen. Für Kompaktwagen wie den Peugeot 205 waren 1.400 DDR-M Einfuhrsteuer fällig. Teilweise wurde dies umgangen: So fuhren West-Pkw mit West-Zulassung im Osten, andere nutzten eine Zollnummer der Bundesrepublik[3].

Die bislang kritiklose (Motor-)Presse in der DDR begleitete Wandel und Wende mit erstaunlicher Offenheit, Kritik und Hoffnung. Nur wenige blieben ihren Überzeugungen treu und meinten, allein in Wirtschaftslenker Günter Mittag und Koko-Chef Schalck die Schuldigen für die Misere gefunden zu haben[4]. Mittag war noch im November 1989 seines Postens enthoben worden. In einem SPIEGEL-Interview [5] rechtfertigte er seine Wirtschaftspolitik, welche die individuelle Motorisierung hintanstellte. Dass man ihn in den Betrieben und Kombinaten fürchtete, bewertete er wie ein knallharter Manager: »In der Wirtschaft kann man nicht Schultern klopfen – dann hätte man als Trottel gegolten«. Der ökonomische Kollaps habe sich jedenfalls im Zusammenhang mit der von der Sowjetunion gekürzten Erdöl-Lieferung »bereits 1981 angedeutet und wurde 1983 offensichtlich«.

»Das sozialistische System insgesamt war falsch«, bekannte Mittag nun, »es ist eine Illusion, in der Planwirtschaft nach einem Weg zu suchen und zu finden. Die Wirtschaft muss mit Gewinn arbeiten«. In der DDR seien aber große Teile des Volkseinkommens schon umverteilt worden, bevor es überhaupt erarbeitet war. »Besonders falsch war die zwiespältige Haltung zur technischen Erneuerung«, wie sie bereits um 1970 im Rahmen des Neuen Ökonomischen Systems (NÖS) angedacht und auf Betreiben der Sowjetunion verworfen wurden. Im Zusammenhang damit stand die Zusammenfassung einzelner Betriebe zu Kombinaten, die nie wirklich selbstständig arbeiten durften.

Die DDR-Industrie wäre jedenfalls niemals aus eigener Kraft wieder auf die Beine gekommen, resigniert Mittag 1991: »Sicher hätte ich keinen Konkursantrag eingereicht, aber wenn es nach mir gegangen wäre, den Vorschlag, stufenweise den Weg der Konföderation mit der BRD zu gehen«. Die verzweifelte Annäherung an den Westen habe jedoch starke Gegner gehabt: Politbüro-Mitglieder wie Stoph, Krolikowski und Mielke hätten gegen den »Westdrall« opponiert und alle Chancen zunichte gemacht. Und dem ungeliebten Mittag insgeheim den Vorwurf gemacht, ein westlicher Spion gewesen zu sein. Selbst Honecker als »eingefleischtem Westdeutschen« sei von den SED-Hardlinern wie Stoph und Krolikowski bei den Sowjets denunziert worden.

Neue Uniformen und neue Autos für die Volkspolizei in Ostberlin, September 1990 in Vorbereitung der deutschen Wiedervereinigung **Fotos Bundesarchiv/Peer Grimm**

Sowohl Volkswagen als auch Opel gelangten über den ADAC als Straßenwachtfahrzeuge in die DDR. Hier Einsatzwagen im Juli 1990 in Dresden **Foto: Opel**

2 SPIEGEL 2/90 (07.01.1990)

3 SPIEGEL 8/90 (18.02.1990)

4 Sündram: Wir haben uns gewendet

5 SPIEGEL 37/91 (08.09.1991)

21.

Ende der eigenständigen DDR-Fahrzeugindustrie

Gemeinsame Projektgesellschaft

Das Zusammengehen von Volkswagen und der DDR-Automobilindustrie folgte keinem ausgeklügelten Plan. Vielmehr übernahmen die Wolfsburger die Initiative. Carl Hahn war am 4. Dezember 1989 auf Einladung von Dieter Voigt im Rahmen der erwähnten Feierstunde anlässlich der Auslieferung des ersten Rumpfmotors ins damalige Karl-Marx-Stadt gekommen: Voigt bezeichnete die begonnene Rücklieferung als Beispiel für die bereit langjährige erfolgreiche Zusammenarbeit beider Partner«[1]. Hahn setzte noch eins drauf und sprach während der Feierstunde davon »weitere, größere Vorhaben wie die Produktion eines Fahrzeugs anzugehen«[2].

»Fünf Jahre hatte die Vorbereitung gedauert, ehe die ersten von 430.000 Antriebsaggregaten für den Export nach Wolfsburg jetzt mit Verspätung vom Band laufen konnten«, schrieb der SPIEGEL[3]. »Zur Überraschung seiner Ost-Partner schlug Hahn beim Abendessen vor, die Zusammenarbeit so schnell wie möglich auszubauen. Ziel solle es sein, gemeinsam ein Nachfolgemodell für den völlig veralteten Trabi zu entwickeln. Noch in diesem Jahr könnten VW und der sächsische Autoproduzent eine Planungsfirma gründen«.

Weil die rechtlichen Voraussetzungen für ein solches Gemeinschaftsunternehmen noch fehlten, solle die Firma mit einem Stammkapital von zunächst einer Million DM als GmbH in der Bundesrepublik gegründet werden. Anschließend solle der Unternehmenssitz nach Karl-Marx-Stadt umziehen. Angeblich hätten die beiden Repräsentanten diese Idee per Handschlag besiegelt. Die zuständigen DDR-Ministerien seien erst anschließend unterrichtet worden. Allerdings hätte das Ganze auch die VW-Finanzer vor Rätsel gestellt – schätzte man doch den Anlauf-Investbedarf auf mindestens fünf Milliarden DM. Andererseits seien die Arbeitskosten in der DDR (noch) erheblich günstiger als in Westeuropa. Dieter Voigt hätte selbstbewusst gefordert (und dabei ganz sicher an das X03-Projekt gedacht): »Wir bauen hier keinen Polo nach VW-Plänen, wir wollen mit Hilfe des Volkswagen-Konzerns eigene, neue Fahrzeuge entwickeln«.

Tatsächlich ging dann alles erheblich schneller und anders als gedacht. Am 13. Dezember 1989 berichtete die amerikanische Nachrichtenagentur AP in der nunmehr freien DDR-Presse von den internen Plänen: »VW will noch dieses Jahr Jointventure mit IFA«. Das Gemeinschaftsunternehmen solle ein Nachfolgemodell des Trabant entwickeln, das einem Vergleich mit westlichen Pkw-Modellen standhalten könne, hieß es. Die

1 NEUES DEUTSCHLAND 05.12.1989/.

2 Stierand: Chemnitz

3 SPIEGEL 50/89 (10.12.1989)

Projektkosten lägen bei etwa fünf Milliarden DM. Auf Nachfrage von IFA-Manager R. Albrecht steckte man ihm unter der Hand, dass für Volkswagen die Sache quasi gelaufen sei und man sich nun auf eine weitere Kooperation mit Skoda vorbereite – der langjährige VW-Unterhändler Volkhard Köhler würde sich bereits auf seinen neuen Vermittlungsjob vorbereiten[4].

Gemeinsam mit VW wurde bereits am 22. Dezember 1989 die Planungsgesellschaft »Volkswagen IFA-Pkw GmbH« mit Sitz in Wolfsburg gegründet, um die »Entwicklung und Produktion international konkurrenzfähiger Autos vorzubereiten«[5]. Dabei ging es nicht zuletzt um einen Nachfolger des Trabant, »wobei diese Neuentwicklung sich am Polo orientieren und sowohl in Ost als auch in West verkäuflich sein sollte«[6]. Das VEB IFA Kombinat Pkw (mit dem Automobilwerk Zwickau und dem Automobilwerk Eisenach) und Volkswagen waren mit je 50 % an der Gemeinschafts-GmbH beteiligt.

Dass die »Wiedervereinigung der Industrie« so schnell ablaufen würde, ahnte zu diesem frühen Zeitpunkt noch niemand. Schon Anfang Januar 1990 veranstaltete der Bundesverband der Deutschen Wirtschaft ein Seminar in Friedrichshagen bei Berlin, zu dem die Creme de la Creme der DDR-Wirtschaft geladen war. Erschienen war – so der Agenturdienst alamy – auch IFA-Generaldirektor Dieter Voigt, der sich mit VW-Chef Carl Hahn an einem Zweitakt-Trabant mit Ostberliner Kennzeichen fotografieren ließ. Sein unübersehbar gequälter Blick sprach Bände, sein Traum von eigenständigen neuen DDR-Pkw war wohl bereits zerplatzt...Hahn schätzte den »tüchtigen IFA-Generaldirektor« und revanchierte sich später für dessen Kooperationsbereitschaft: »Nach der Wende halfen wir ihm aus politischen Strudeln heraus, und er fand bei uns eine Aufgabe in den USA«[7]. Voigt leitete dort von Detroit aus den Servicebetrieb von Volkswagen in Nordamerika.

Unterzeichnung der neuen Projektgesellschaft Volkswagen IFA-Pkw GmbH am 22.12.1989. Vorn: Münzner (VW), Voigt (IFA), Hahn (VW), hinten: Jacob (Dir. Ökonomie IFA), Kühn (Projektltg. DDR), Liedtke (AWE), Hipp (AWZ), Beltrame (IFA), Schneider (AHB Transportmasch.), Köhler (VW), v.l. ***Foto IFA***

4 Vortrag R. Albrecht, Förderverein A. Horch Museum (07.09.2023).

5 Stierand: Chemnitz

6 Volkswagen Chronik

7 C. Hahn: Meine Jahre

Durch die schwierige Umsetzung des Motorenprojekts »waren wir bestens vorbereitet, als praktisch über Nacht der Zugang auf den ostdeutschen Markt möglich wurde«, sagte VW-Chef Hahn[8] im Nachhinein. Volkswagen konzentrierte sich künftig auf Sachsen und nahm Zwickau, Karl-Marx-Stadt (6/1990 in Chemnitz umbenannt) und zugehörige Werksteile unter seine Fittiche. Bereits am 24. Januar 1990 wurde von den Herren Bartl, Beltrame, Hipp und Köhler eine erste Grobstudie zum Aufbau einer CKD (Completely Knocked Down)-Fertigung für den Facelift-Polo II Steilheck erstellt[9].

Dem neuen Gemeinschafts-Unternehmen war angesichts der nicht mehr zu stoppenden Entwicklungsdynamik kein langes Leben beschieden. Alte Zöpfe wurden im Folgenden radikal abgeschnitten: Noch auf der Leipziger Frühjahrsmesse 1990, wo sich traditionell das Management der IFA traf, begann die Auflösung des Kombinates. Als erstes trennte man sich vom bisherigen IFA-Vertrieb, dessen Rolle ins Bedeutungslose geschrumpft war.

Mitte März 1990 hatte Voigt im SPIEGEL[10] geklagt, dass sich die Absatzzahlen fast stündlich verschlechtern würden. »Noch vor vier Wochen wurden Trabant ausgeliefert, die Mitte der 70er-Jahre bestellt wurden. Anfang der aktuellen Woche seien sie bereits bei Bestelljahr 1982 angelangt. Und jetzt gibt es den Zweitakter frei zu kaufen«. Aber erst in drei Jahren sei die Produktion komplett auf West-Pkw umgestellt, bis dahin müssten – so die Hoffnung von Dieter Voigt – die zirka 100.000 Arbeitsplätze zur Herstellung von Trabant und Wartburg subventioniert werden...

Im Parteiblatt NEUES DEUTSCHLAND[11] hieß es, dass die Produktion des Trabant 601 bis spätestens zum dritten Quartal 1990 auslaufen würde. Der 601 könne ab sofort ohne Vorbestellung und ohne Einbeziehung des IFA-Vertriebs bei direkter Abholung ab Werk sogar mit Preisnachlass gekauft werden, habe IFA-Chef Voigt erklärt.

Am 12. März 1990 hatte die neue Gesellschaft erste Vorschläge für den Aufbau einer modernen Automobilindustrie in der Noch-DDR vorgelegt. Für die erste Stufe war eine SKD (Semi Knocked Down)-Montage von arbeitstäglich 50 VW Polo II vorgesehen – allen früheren Statements des DDR-Managements zum Trotz. Erst im zweiten Schritt setzte die CKD-Produktion ein. Als Chef der VW-Produktionsplanung engagierte sich der spätere Produktionsvorstand Folker Weißgerber mit viel Herzblut – kein Wunder, stammte er doch ursprünglich aus dem nahen Chemnitz. Eingebunden in alle folgenden Entscheidungen war die im März 1990 neu etablierte Treuhand-Anstalt, die sich um die Weiterführung der volkseigenen Betriebe und entsprechende Beihilfen bemühte.

Im Zuge der Währungsreform zur Jahresmitte erfolgte der Übertritt des IFA-Kombinats in die Marktwirtschaft, sprich: die Umwandlung in ein privatwirtschaftliches Unternehmen. Der VEB Barkas Werke wurde zur neuen IFA Pkw AG mit 17 GmbH-Untergesellschaften, die sich aus ehemaligen Kombinatsbetrieben rekrutierten. Eines der Tochterunternehmen, die neugegründete Barkas GmbH/später Motorenwerk Chemnitz GmbH, setzte die Motorenfertigung fort (bis 1991 weitere Rumpfmotoren und ab 1990 erste EA 111-Komplettmotoren). Geschäftsführer der GmbH war der erwähnte Siegfried Bülow, der später das Porsche-Werk in Leipzig leiten sollte. Er hatte die unangenehme Aufgabe, von bisher 4.55 insgesamt 3.900 Mitarbeiter zu entlassen – von denen aber viele in Tochter- und Auffanggesellschaften unterkamen. Ideen zu einem eigenständigen neuen Auto aus Sachsen waren nun endgültig vom Tisch[12].

In einer Informationsschrift vom Juni 1990 ging die VW IFA Pkw GmbH auf die »Entwicklung der Pkw-Produktion für VW und IFA-Pkw AG« ein: Bis 1995 würde sich der Pkw-Absatz in Ostdeutschland auf 530.00 Einheiten erhöhen, wobei die Nachfrage zunächst über westliche Gebrauchtwagenimporte gedeckt werden würde. Im Rahmen eines Stufenplans würden ab 1995 jährlich 280.000 Polo und Golf in Mosel hergestellt, während im Motorenwerk Chemnitz ab 1991 maximal 420.000 Motoren entstehen würden (mit schrittweiser Erhöhung des DDR-Fertigungsmaterialanteils). »Ein Produktionsstandort in der DDR hat ... die Rahmenbedingungen zu bieten, wie sie im internationalen Vergleich von europäischen Staaten üblich sind«, machte man sich Mut.

Zwei Lieferantentreffen – für 34 DDR-Betriebe und 60 traditionelle VW-Zulieferer – waren anberaumt (27. Februar und 12. Juni 1990). Aber zahllose Risiken und Unwägbarkeiten waren noch offen: beispielsweise Eigentums- und Bilanzrecht, Infrastruktur, Weiterführung bestehender Langfristverträge, Kontaminierung und Ökologie sowie das Thema Arbeitskräfteüberhang (bis 1994 Abbau auf 70 % geplant)[13].

Volkswagen hatte in diesen Fragen ein gutes Händchen und löste einen Großteil der Probleme. Am 26. September 1990 wurde in Gegenwart von Bundeskanzler Kohl der Grundstein für das neue Werk Mosel (VW Sachsen GmbH) gelegt. Im zweiten Schritt sollte der Ausbau der Zwickauer Fertigung auf arbeitstäglich 400 Fahrzeuge bis Ende 1992 folgen. Anschließend waren in einem neuen Werk bis zu 1.200 Fahr-

8 Infos Dr. Hahn

9 Infos R. Albrecht

10 SPIEGEL 13/90 (25.03.1990)

11 NEUES DEUTSCHLAND 17.03.1990

12 Stierand: Chemnitz

13 Sammlg. Schinz/Staatsarchiv Chemn./ Information zur Entwicklung der Pkw-Produktion für VW und IFA-Pkw AG

zeuge täglich angedacht[14], [15]. Das Richtfest für die erste Produktionshalle in Mosel (Karosseriebau, 70.000 qm) wurde Anfang Mai 1991 gefeiert – mit VW-Chef Hahn, Minister Möllemann, Vorstand Günter Hartwich sowie Gerd Heuß und Herbert Lederle (Geschäftsführung VW Sachsen GmbH). Die Einstellung der IFA-Motorenfertigung war zum April 1991 erfolgt.

Grundsteinlegung Werk Mosel (29. September 1990) mit VW-Chef Hahn und Bundeskanzler Kohl (links hinter Kohl steht Dieter Voigt, rechts neben Kohl der Architekt) **Foto: Volkswagen Sachsen**

Grundsteinlegung für die neue Motorenfertigung in Chemnitz mit Hahn und Schommer, 12. Juni 1992 **Foto: Volkswagen Sachsen**

14 Volkswagen Sachsen Chronik 2/2010

15 P. Kirchberg: Plaste

Eigene Lösung für Eisenach

AWE war nach internen Querelen aus dem IFA-Verbund ausgeschieden, dem folgte im März 1990 der Austritt aus der gerade gegründeten Volkswagen IFA Pkw GmbH. Denn Volkswagen hatte nur in Aussicht gestellt, dort eventuell den Jetta oder den Passat zu bauen – allerdings lediglich 100.000 pro Jahr. Zeitgleiche Verhandlungen mit General Motors waren erfolgreicher verlaufen, und so wurde am 26. März 1990 die Opel AWE Pkw GmbH gegründet. Das Automobilwerk Eisenach wurde noch 1990 von Opel übernommen[16].

Am 5. Oktober 1990 wurde eine gemeinsame Montaglinie für den Vectra in Eisenach eröffnet – der Wartburg 1.3 lief noch weiter. Bundeskanzler Helmut Kohl kam zu diesem Event, und Treuhand-Chef Detlev Rohwedder setzte sich dafür ein, die Produktion weiterlaufen zu lassen, um die Belegschaft halten zu können. Im Dezember 1990 unterschrieben Rohwedder, Opel-Chef Louis Hughes und Vertreter der Stadt einen Grundstücksverkaufsvertrag, aber schon wenige Wochen später beendet die Treuhand den AWE-Betrieb.

Am 9. September 1991 war Richtfest für das neue, eine Milliarde teure Opel-Werk. Die neuen Fertigungsanlagen wurden in Betrieb genommen, und ab September 1992 liefen Astra und Corsa an, 1994 erreichte man in Eisenach tatsächlich die versprochene Jahreskapazität von 250.000.

Wobei aber die mitten im dortigen Werk gelegene Zylinderschleiferei für die Alpha-Motoren zunächst noch für drei Jahre als Zylinderkopffertigung weiterhin bei Volkswagen Sachsen blieb. 1994 ging sie an die Fa. REGE und zog dann nach Chemnitz um[17].

Automobilwerk Eisenach, 1990 **Foto: AWE**

16 Kirchberg: Plaste

17 Infos B. Welkener

Noch am 30.11.1989 verhandelte VW (hier: Dr. Hahn und Münzner) mit Vertretern von AWE im Rothehof in Wolfsburg

Foto: Volkswagen. Smmlg. Liedtke

Erfolgreiche Verhandlungen in Eisenach 1990, mit den Herren Hughes (Opel), Dr. Rohwedder (Treuhand), Dr. Liedtke (AWE), dahinter Dr. Haussmann (Bundesminister) und Dr. Duchac (MP Thüringen) **Foto: Opell**

Nie veröffentlichte Trotz-Anzeige von 1990

Gründung der Opel AWE Pkw GmbH am 26. März 1990 (Frau Prof. Luft, Hughes, W. Liedtke und Maschinenbauminister H-J. Lauck **Foto: Opel**

Künftig baute Eisenach Opel-Pkw in Eisenach (hier Dr. Liedtke, Hughes, Frau Prof. Luft und Dr. Lauck) **Foto: Opel**

Grundsteinlegung Opel Eisenach mit Opel-Chef Louis Hughes, hinten rechts der letzte DDR-Maschinenbau-Minister Dr. Hans-Joachim Lauck ***Foto: Opel***

Richtfest Eisenach im September 1991 ***Foto: Opel***

Volkswagen Sachsen GmbH

Mit der Währungsreform Mitte 1990 und der dann folgenden deutschen Wiedervereinigung hatte sich die Struktur der VW-IFA-GmbH überlebt. Volkswagen-Chef Carl Hahn, IFA-Vorstand Dieter Voigt sowie die Treuhandvorstände Birgit Breuel und Hans-Dieter Wild erarbeiteten einen neuen Vertrag. Am 12. Dezember 1990 wurde dann die Volkswagen Sachsen GmbH als 100 %-ige Volkswagen Tochter gegründet (Umfirmierung der Volkswagen IFA Personenkraftwagen GmbH)

Die Grundsteinlegung dazu war bereits am 29. September 1990 erfolgt. Zum Fahrzeugwerk in Mosel (Zwickau) kam später der Motorenbau in Chemnitz hinzu, der bis dato zur Motorenwerke Chemnitz GmbH (ehemals Barkas) gehörte. Für die Gesamtinvestitionen von rund fünf Milliarden Mark durfte Volkswagen entsprechend der staatlichen Wirtschaftsförderung für die ex-DDR nicht unerhebliche Zuschüsse beanspruchen.

Ab dem 21. Mai 1991 wurden dann, parallel mit dem Trabant 1.1, im Werk Zwickau-Mosel die ersten Polo 1.3 Steilheck montiert – vier Monate eher als ursprünglich gedacht. Noch bis zum 25. Juli 1990 – fast zeitgleich mit der Währungsunion – war dort bei der Sachsenring Automobilwerke Zwickau GmbH der Zweitakt-Trabant 601 endmontiert worden.

Die Polo-Montage in Sachsen wurde bis zum 12. September 1991 weitergeführt (insgesamt 17.978 Fahrzeuge), wobei bereits von Februar bis September zusätzlich noch der Golf II vor Ort hergestellt wurde. Besonderheit einiger dieser in der exDDR montierten, grundsätzlich weißlackierten Polos sollen Kunststoff-Kotflügel gewesen sein[18], was allerdings von damaligen Produktionsfachleuten in Sachsen bestritten wird[19]. Künftig spezialisierten sich die Sachsen auf den Golf und dann noch zusätzlich auf den Passat. Ein kleines Jubiläum konnte am 18. Dezember 1991 gefeiert werden: Bis dahin wurden in Sachsen 50.000 Volkswagen produziert. Ein halbes Jahr spä-

Der erste Polo aus Zwickau, 31. Mai 1991 *Foto: Volkswagen Sachsen*

18 Infos S. Winkler/
19 Info R. Albrecht (07.09.2023)

Polo A02-GP und Trabant 1.1 gemeinsam auf einem Band
Foto: Volkswagen Sachsen

ter wurde der Grundstein für eine hochmoderne Motorenfertigung in Chemnitz gelegt.

Eine künftige Mixfertigung Trabant/Polo war zwar im Januar 1990 ausgeschlossen worden, sie lief aber dennoch für einige Monate. Dafür musste die Fördertechnik mit modifizierten Gehängen angepasst werden. Ein Trabant mit VW-Logo hätte sich aber nicht mehr gerechnet, beteuerte Hahn, zudem wollten die früheren DDR-Bürger nun »echte« Westwagen fahren[20]. Dazu gab es eine bis heute nicht veröffentlichte Marketinguntersuchung, die einem vom Trabant abgeleiteten VW-Einstiegsmodell im Osten null und im Westen nur sehr geringe Absatzchancen bescheinigte. Volkswagen unterstützte indes bei der Verschrottung ausgedienter Trabant und initiierte ein Forschungsprojekt bei der Ostfalia-Hochschule. So wurden eine Zeitlang mit einem Additiv angereicherte Trabant-Karossen im Heizkraftwerk des Werks Wolfsburg entsorgt.

Hahn etwas vereinfachend zum späteren Hauptwerk Mosel: »Geschäftlich überraschte man uns nach dem Fall der Mauer vor den Toren Zwickaus mit einer nagelneuen, eingemotteten Montagefabrik, die für eine Jahreskapazität von 100.000 Pkw ausgelegt war«. Tatsächlich dürfte die Kapazität wohl nur bei 50.000 Trabant gelegen haben – 1985 war Baubeginn für Werk und Lackiererei gewesen[21]. In Mosel entstand binnen kurzem eine moderne Montagefabrik mit einer Jahreskapazität von 250.000 Autos. Die Motorenwerke in Chemnitz produzierten anschließend konzernweit, anfangs lief ein Drittel aller 111er-Motoren dort.

Die Zwickauer Abteilung Forschung und Entwicklung war ausgegliedert worden und 1992 als Fahrzeugentwicklung Sachsen (FES) neu etabliert. Zudem ließ sich vor den Toren des Zwickauer Werks eine VW-Tochter, IAV, nieder, die als Ingenieurdienstleiter tätig war und von Dr. Albrecht, einem vormals hochrangigen Barkas-Techniker, geleitet wurde. Andere gute Fachleute der ehemaligen DDR kamen in Wolfsburg oder Ingolstadt unter. Der Wolfsburger Ingenieurdienstleister Volke übernahm das Prüfgelände von AWZ und führte es weiter.

Sehr schnell bauten Volkswagen in den neuen Bundesländern sein eigenes Vertriebs- und Servicenetz auf. Die meisten der Kleinbetriebe, die über Jahrzehnte die östliche VW-Szene am Leben gehalten hatte, gingen allerdings leer aus: Nur vier der genannten 22 Werkstätten bekamen nach der Wende einen Vertrag angeboten[22]. Dafür schossen neue, moderne Betriebe wie Pilze aus dem Boden – denn auch die Konkurrenz hatte mittlerweile großzügig investiert.

Es begann eine bis heute anhaltende Erfolgsgeschichte. Der letzte DDR-Staatschef Lothar de Maiziere schaut ohne Zorn zurück: »Blind und böswillig, wer die blühenden Landschaften heute nicht sieht«[23]. Später sollten in Sachsen arbeitstäglich 1.350 Golf, Golf und Passat Variant, dazu Phaeton und Bentley-Karosserien entstehen, die in Dresden bzw. im englischen Crewe endmontiert werden. Das Motorenwerk Chemnitz baute bis zu 800.000 Drei- und Vierzylinder-Aggregate im Jahr. Mit seinen Werken in Zwickau/Mosel, Dresden (seit 2001) und Chemnitz wurde Volkswagen größter industrieller Arbeitgeber Ostdeutschlands. Und heute? Aktuell ist Volkswagen Sachsen der wichtigste Standort für die auf Elektroantrieb umgeschwenkte Marke Volkswagen.

Volkswagen war nach der Wende noch einen sehr großen Schritt weitergegangen und hatte sich der Märkte Ostmitteleuropas angenommen. Es gelang, schrittweise ab 1990 das tschechische Traditionsunternehmen Skoda zu übernehmen[24]. Skoda hatte – wie erwähnt – einen Vollalu-Motor im Programm, den Volkswagen später in sein Sortiment aufnahm. Unterm Strich bleibt ein nachhaltiger Gewinn für beide Seiten.

20 C. Hahn in: Trabi Love
21 P. Kirchberg: Plaste
22 Info H. Enge
23 Ld Maiziere: Kinder
24 VW Chronik

22. Quellen, Dank, Register

Bücher u. Zeitschriften/Einzelbeiträge:

Rainer Albrecht: Chance für modernere Trabant, Wartburg und Barkas. Zur Strategie und Aktivitäten in der Entwicklung. AufgeHorcht, Förderverein August Horch Museum Zwickau, 2013

Helmut Bernotat: Volkswagen gab es auch im Osten (Eigenverlag, 90er-Jahre)

Reiner Austermann: VW 181. Der Kurier der Bundeswehr. Kleine-Vennekate Verlag, Lemgo, 2022

Michael Dünnebier/Eberhard Kittler: Deutsche Autos. Alle Personenwagen und Nutzfahrzeuge der DDR. Motorbuch Verlag, Stuttgart, 2006/2017.

Heidrun Edelmann: Heinz Nordhoff und Volkswagen. Vandenhoeck & Ruprecht, Göttingen, 2003.

Eik/Behling: Verschlusssache. Das Neue Berlin, Berlin, 2008

Sönke Friedrich: Autos bauen im Sozialismus. Universitätsverlag, Leipzig, 2008

Thomas Großbölting: Friedenstaat, Leseland, Sportnation? Ch. Links Verlag, Berlin, 2009

Luminita Gatejel: Warten, Hoffen und endlich Fahren. Campus Verlag, Frankfurt/M, 2014

Andreas Hager: Das Automobil im real existierenden Sozialismus ostdeutscher Prägung (Diplomarbeit Universität Wien, 2019)

Carl Hahn: Meine Jahre mit Volkswagen. Signum Verlag, München, 2005

Wilfried Hanisch: Vom schweren Anfang. Beiträge zur Geschichte der Grenztruppen der DDR, ca. 1970

Hans-Hermann/Hertle: Die Diskussion der ökonomischen Krisen in der Führungsspitze der SED in: Der Plan als Befehl und Fiktion. Westdeutscher Verlag

Thorsten Elbrigmann, in: Trabi Love, Delius Klasing, Bielefeld, 2019

Björn Hermann: Westautos in der DDR. Verlag 79Oktan, Zettlitz, 2019.

Hans-Christian Hermann, in: Dresdner Beiträgen zur Geschichte der Technikwissenschaften 30 (2005)

Lothar Herzog: Honecker privat. Das Neue Berlin, Berlin, 2012

Carl-Heinz Janson: Totengräber der DDR. Econ, Düsseldorf, 1991

Matthias Judt: Der Bereich Kommerzielle Koordinierung. Links Verlag, Berlin, 2013.

Ingolf Jern/Stefan Locke: Geteilte Geschichte. Christoph Links Verlag, Berlin, 2015

Peter Kirchberg: Plaste, Blech und Planwirtschaft. Nicolaische Verlagsbuchhandlung, Berlin, 2000.

Peter Kirchberg: Die Implantation des VW-Motors in den

DDR-Automobilbau. In: Dresdner Beiträge der Technikwissenschaften 28 (2003)

Kathrin Kleeberg: Spurensuche – 25 Jahre Volkswagen Sachsen. Zwickau, 2015

Felix Lee: China, mein Vater und ich. Christoph Links Verlag, Berlin, 2023

Lars Leonhardt: Warum? Einzelbeiträge in 79 Oktan, 2021/22?

Kurt Lotz: Lebenserfahrungen. Worüber man in Wirtschaft und Politik auch sprechen sollte. Econ, Düsseldorf, 1978

Lothar de Maiziere: Ich will, dass meine Kinder nicht mehr lügen müssen. Herder Verlag, München, 2010

Andreas Malycha: Der Konsumsozialismus der Honecker-Ära (Deutschland Archiv), 2012

Wolfgang Melenk/Mike Jordan: Rennsportlegende Heinz Melkus. Schneider Text/DK, Bielefeld, 2008

Wolfgang Melenk/Frank Rönicke: Meister des Sports. Der Automobilrennsport in der DDR. Motorbuch Verlag, Stuttgart, 2004.

Achim Mentzel: Alles Achim oder was? Schwarzkopf & Schwarzkopf, Berlin 1999

Torsten Meyer u.a.: Technik, Arbeit und Umwelt in der Geschichte. Waxmann Verlag, Münster, 2006

Günter Mittag: Um jeden Preis, Das Neue Berlin, Berlin, 2015

Safer Motoring: Berryman-Report (1965)

Walter Henry Nelson: Die Volkswagen-Story. R. Piper Verlag, München,1965.

Planetarium Wolfsburg, Pressemeldung (2011

Klaus Popp: Mein Weg vom Arbeiterkind zum Direktor in der Automobilindustrie. Zwickau (Eigenverlag), 2013

Norbert Pötzel: Mission Freiheit. Wolfgang Vogel. Heyne/Random House, München, 2014

Günter Schabowski: Wir haben fast alles falsch gemacht. Econ, Düsseldorf, 2009

Eberhardt Scharnowski: Nutzen und Möglichkeiten extremer Luftwiderstandsverminderung bei Pkw. In: KFT 2/1982

K.A. Schenzinger/H. Simon/A. Zischka: Heinrich Nordhoff. Wilhelm Andermann Verlag, München, 1969.

Bernd F. Schulte: Armageddon des Kommunismus. Edition Geschichte und Zeitgeschehen, Hamburg, 2006

Gerhard Schürer: Gewagt und verloren. edition ost, Berlin, 1996

Bodo Schwarzberg; Menschenbilder aus der Harz- und Kyffhäuserregion (Bd 2), 2013

Winfried Sonntag: Lizenznahme und Produktion des VW-Motors der Typenreihe EA 111 durch den Automobilbau der DDR, 1994

Marcel Stierand: Chemnitz – im Herzschlag der Mobilität. Zur Geschichte des Volkswagen Standorts an der Kauffahrtei. Hist. Kommunikation Volkswagen, 2019

Werner Sündram: Wir haben uns gewendet, nun wendet auch Ihr Euch. BoB, 2020

Christian Suhr: Fritz Fleischer und seine Busse. Verlag Kraftakt, Halle, 2006

Volkswagen Sachsen Chronik 2/2010

Markus Wolf: Als Spionagechef im geheimen Krieg. Ullstein, Berlin, 2003

Hans-Joachim Zimmermann: Überlebt. Eigenverlag, Wolfsburg, 2020

Websites:

www.doppelWOBber
www.motorrennsportarchiv.de
www.ostdeutsche-fahrzeuge.de
ww.porscheeigenbau-dresden.com
www.rotfuchs.de
www.verkehrsmuseum-dresden.de
www.volkswagen-classic.de
www.volkswagen-automuseum.de

Zeitungen/Zeitschriften/Pressemeldungen:

AufgeHorcht, Zwickau
Auto Bild, Hamburg
autogramm, Wolfsburg
GUTE FAHRT, Bielefeld
KFT, Berlin
Jugend + Technik, Berlin
NEUES DEUTSCHLAND, Berlin
79 Oktan, Zettlitz
OLDTIMER-Markt, Mainz
SPIEGEL, Hamburg
SuperIllu, Berlin
taz, Berlin
Volkswagen Classic Magazin, Bielefeld

Trabant und VW Käfer der 50er-Jahre stehen heute ganz selbstverständlich in einer gemeinsamen Ausstellung, hier im August Horch Museum Zwickau ***Foto: Sammlg. Kittler***

Danksagung

Allen nachfolgend Aufgeführten sei herzlichst für Informationen und Fotos gedankt, für ihre Zeit und für ihr offenes Ohr angesichts der endlosen Nachfragen und Bitten des Autors. Jeder Einzelne trug entscheidend zum Zustandkommen dieses Buches bei.

Ganz besonderen Anteil, auch in puncto Weichenstellung und Detailrecherche, haben in alphabetischer Reihenfolge die genannten Herren Bernotat, Elsing, Enge, Gerecke, Heinz, Heinz u. Uwe, Ilfeld Leonhardt, Lorenz, Pohl, Schinz, Wilkau-Hasslau und Zimmermann.

Dr. Rainer Albrecht, Chemnitz
Andreas Bauer, Wolfsburg
Bernd Beltrame, Chemnitz
H. Bielefeld, Lehrte
Hartmut Bernotat, Falkenstein
Konrad Bezold, Ohrdruf
Uwe Birnbaum, Gifhorn
Wolfgang Blaube, Hamburg
Prof. Dr. Joachim Böhme, Zwickau
Dirk Bothe, Braunschweig
Knut Böttcher, Berlin
Joachim Breuninger, Dresden/Berlin
Geritt Crummenerl, Leipzig
Dr. Mathias Dietrich, Rastede
Dr. Michael Dünnebier, Dresden
Guido Elsing, Berlin
Dr. Holger Enge, Zwickau
Rüdiger Folten, Wolfsburg
Karl-Heinz Forytta, Wolfsburg
Traugott u. Christian Grundmann, Hessisch-Oldendorf
Dr. Ulrike Gutzmann, Wolfsburg
Joachim Haacke, Flensburg
Dr. Carl Hahn (†), Wolfsburg
Björn Hermann (†), Worpswede
Holger Ippen, Berlin
Günter Klaus, Gifhorn
Ines Köhler, Barwedel
M. Köpfel, Stralsund
Johannes Kramer, Klötze
Dietmar Lagies, Braunschweig
Klaus Lantzsch (†), Ruhla
Walther Leisler Kiep (†), Kronberg
Dr. Wolfram Liedtke, Eisenach
Lars Leonhardt. Glückstadt
Dr. Rolf Mahlke, Wittingen
Harry Mehnert (†), Chemnitz
Dr. Horst Müller-Neuhof, Gifhorn
Lukas Nachtmann, Mlada Boleslav
Dr. Dieter Neyer, Wolfsburg
Eberhard Pohl, Magdeburg
Lothar Otto, Zwickau
Wolfram Riedel, Berlin
Peter Rothfuchs (†), Wolfsburg
Dr. Gunter Sandmann, Chemnitz
Martin Santoro, Stuttgart
Dr. Eberhardt Scharnowski (†), Halle/S
Klaus Schildbach, Berlin
Eckhard Schimpf, Braunschweig
Michael Schinz, Rostock
Peter Schlelein, Wolfsburg
Wolfgang Scholz, Rüsselsheim
Hanns-Georg Seeliger, Bautzen
Dirk Schmerschneider, Chemnitz
Michael Schubert, Siebenlehn
Dr. Ulrich Seiffert, Braunschweig
Dr. Dirk Steffens, Berlin
Michael Stück (†), Eisenach
Rüdiger Szengel, Wolfsburg
Gerulf Thienel, Hannover
Hartmut Warkuss, Wolfsburg
Dr. Burkhard Welkener, Braunschweig
Wolfgang Wall, Klötze
Dr. Burkhard Welkener, Braunschweig
Dr. Bernd Wiersch (†), Wolfsburg
Hans-Joachim Zimmermann, Wolfsburg
Dr. Klaus Zwingenberger, Lichtenstein
Mike Zwingenberger, Gersdorf

Ein Hinweis: Dr. Holger Enge wird im Laufe des Jahres ein eigenständiges Buch zum Thema Volkswagen-Service in der DDR auflegen.

Personenregister